JN065626

日本ワイン産業紀行

叶 芳和

Kano Yoshikazu

藤原書店

日本ワイン産業紀行　目次

はじめに　11

第Ⅰ部　日本ワイン産業（ワイナリー）の現地ルポ――ケーススタディ

第1章　日本固有種「甲州」を先頭に　ワイン輸出産業化めざす　17
――中央葡萄酒㈱（山梨県甲州市）

1　日本固有種「甲州」ブーム　18　2　日本ワイン輸出のイノベーター　20　3　明野（あけの）に自社農場開園　22　4　高級化志向の経営戦略　25　5　国産ブドウは不足するか？　26

第2章　甲州ワインの価値を高め　ワイン産地勝沼を守る　28
――勝沼醸造㈱（山梨県甲州市）

1　ワインのメッカ勝沼　29　2　アルガブランカの凄さ　30　3「甲州」に賭けた異端児　33　4　ワインの価格を高め生食用ブドウに勝つ　34　5　価格と原料のジレンマ　36

第3章　知的障害者のワインづくり　イノベーティブな経営者　38
――㈲ココ・ファーム・ワイナリー（栃木県足利市）

1　山のブドウ畑　39　2　次々とイノベーション　41　3　園生の仕事と自立のための仕組み　44　4　中堅トップの規模　47　5　ブルース氏は何を変えたのか　48

第4章　研究者の〝脱サラ〟ワイナリー　自己実現めざす働き方改革　51
――ビーズニーズヴィンヤーズ（茨城県つくば市）

1　ノーベル賞の町　52　2　筑波山麓でもブドウ栽培できる　54　3　研究者から脱サ

ラ　56　4　もう一つのPh・D・ワイナリー　59　5　経営概況　61

第5章　6次産業化した町ブドウ郷勝沼　ワインツーリズム人気　64
――山梨県勝沼地区

1　ワインツーリズム観光　65　2　ブドウ狩り・通信販売　売上1億円　67　3　毎年、ブドウに点数が付けられている　69　4　委託醸造　共同組合型ワイナリー　72　5　手絞りのブドウ酒　農家組合ワイナリー　74　6　勝沼の比較優位は何か　78

第6章　イノベーションで先導し　産地発展の礎を築いた　79
――シャトー・メルシャン（山梨県甲州市）

1　ワイン発祥の地　80　2　世界に認められる「産地」を目指す　81　3　イノベーション先導　83　4　CSV活動による地域貢献　85　5　メルシャン支える農家群　87

第7章　自社畑拡大に積極的に取り組む　日本ワインはステータス　91
――サントリーワイン（東京都港区）

1　日本ワインの統計的側面　92　2　サントリーの成長戦略　95

第8章　完全「国産」主義　規模の利益で安価なワイン提供　100
――北海道ワイン㈱（北海道小樽市）

1　日本ワインのガリヴァー　101　2　ブドウ生産者との共存共栄　103　3　名人のブドウは面積買い　106　4　精密、科学的管理の大型設備　107　5　規模の利益を活かしたテーブルワイン　108

第9章　日本の食文化を表現　世界と勝負するワインめざす
——ドメーヌ・タカヒコ（北海道余市町）　110
1　北のフルーツ王国　111　2　科学するドメーヌ・タカヒコ　114　3　繊細なワイン造りたい　116　4　科学と自然のリズム　118　5　登小学校は児童10人、内9人は新規就農の子弟　120

第10章　ワイン技術移転センターの役割　ブルース氏の空知(そらち)地域振興
——合同会社10R(とあーる)ワイナリー（北海道岩見沢市）　121
1　「炭・鉄・港」かワインツーリズムか　122　2　ワイン技術伝習の公共的役割を果たす　126　3　10R卒業生・中澤ワイナリーの輝き　131

第11章　本物のワイナリーをめざす　厳格な産地表示主義者
——㈱オチガビワイナリー（北海道余市町）　134
1　北海道を訪ねて　135　2　オチガビワイナリーの経営概要　137　3　落希一郎氏のワイン哲学　139　4　ワイン産業には哲学者がいっぱいいる　142

第12章　山形ブドウ100%の日本ワイン「ワイン特区」で地域振興めざす
——山形県上山(かみのやま)市（ワイン特区）　145
1　山形県はブドウの流出県　146　2　㈲タケダワイナリー　148　3　ベルウッドヴィンヤード　151　4　㈲蔵王ウッディファーム　153　5　山形ワインまとめ　156

第13章　ワインツーリズムのまちづくり　エッセイストの構想が実現　157
――ヴィラデストワイナリー（長野県東御市）
1　千曲川ワインバレー構想による地域創造　158　2　景観雄大なヴィンヤード、年間3万人訪問　162　3　醸造家のインキュベーション（孵化）　164　4　ワインツーリズムの難しいところ　168

第14章　地球温暖化追い風に技術革新　桔梗ヶ原メルローの先駆者　170
――㈱林農園　五一わいん（長野県塩尻市）
1　不毛の荒野から繁栄の地へ　171　2　開園100年の老舗ワイナリー　174　3　原料ブドウ対策と技術革新　177　4　ワイン人材供給、地元の取組み　181

第15章　水田地帯に大規模なブドウ畑　消費者志向で生産性を追求　183
――㈱アルプス（長野県塩尻市）
1　大規模生産による地域貢献　184　2　水田地帯に広がる大規模ヴィンヤード　185　3　低コストを支える仕組み　189　4　消費者のニーズに応えて品揃え　192　5　クラフト原理主義への疑問　194

第16章　ブドウ名人が移住者（人材）を呼ぶ　ブドウ先行ワイン追随型の産地　197
――㈱信州たかやまワイナリー（長野県高山村）
1　大手ワインメーカーが高山村詣で　198　2　県境を越えた高品質ブドウの供給基地　199　3　日本一のワイン産地を目指す　205　4　ぶどうワイン産業複合体の成立　209

第17章　金銀賞連続7回のワイナリー　家族経営で手作りの味醸す　213
――源作印㈲秩父ワイン（埼玉県小鹿野町）
1　武州街道をゆく　214　2　金賞ワイン連続受賞　217　3　家族経営で紡ぐ5代の経営発展史　220

第18章　品質優先・コスト犠牲の栽培技術　日本の風土に根差したワイン　225
――マンズワイン小諸ワイナリー（長野県小諸市）
1　上田・佐久地方のテロワール　226　2　ソラリス銘柄の産地　227　3　レインカット栽培による品質向上　231　4　小諸ワイナリー技術者の思想　234

第19章　条件不利乗り越え金賞ワイン　技術は自然に代替する　236
――㈱島根ワイナリー（島根県出雲市）
1　島根県に酒の歴史あり　237　2　島根から甲州の金賞ワイン　239　3　農協系ワイナリーの経営概要　241　4　温暖化対策　245

第20章　反逆のワイナリー　雨の多い宮崎でワイン造り　248
――㈱都農（つの）ワイン（宮崎県都農町）
1　反逆のワイナリー　249　2　風と太陽の台地に都農ワイナリー　252　3　土地の個性を表現するワインを造る　257

第21章　東京にもワイナリーがある　都市型ワイナリーの存立形態　260
——東京にある五つのワイナリー
1　深川ワイナリー東京（江東区）　261　2　東京ワイナリー（練馬区）　265　3　BookRoad
～葡蔵人～（台東区）　268　4　清澄白河フジマル醸造所（江東区）　271　5　ヴィンヤード多
摩（あきる野市）　273

第22章　夢追い人たちのワイン造り　泊まるワイナリーの観光地　278
——㈱カーブドッチ（新潟市角田浜）
1　開拓地から新しい観光地に　279　2　テロワール　海と砂のワイン　280　3　カーブドッ
チは泊まるワイナリー　284　4　異能人材の新規参入　285

第Ⅱ部　日本ワイン比較優位産業論——日本ワインは成長産業か？

第23章　総論——新しい産業社会への移行　293
1　未来の産業社会の先駆け　294
わくわくするクリエイティブな仕事　294　ペティ＝コーリン・クラーク法則の新段階　295　ヌーベル
バーグ　297
2　テロワールより人！　298
技術は自然に代替する　298　ワイン北上説　299
3　ワインの産業特性　301
ガルブレイス依存効果　301　クラフト原理主義vs.大規模大量生産（消費者利益）　302
4　成長戦略　304

カリフォルニア・コンセンサス　304　成長戦略　305　技術進歩でスマホを使ったワインの目利き　307
5　公共政策　309
ワイン産業の公共性　309　人材革命　310

第24章　世界ワインは成長産業か？——西欧先進国は消費減 輸出伸長　312
1　スモールビジネス優位　312　2　米国のワイン産業　314　3　主要国で高まる輸出産業化　317　4　新興国向け輸出が増大　321

第25章　日本ワインは成長産業か？——北上仮説 都道府県別産地動向（統計的分析）　324
1　輸入ワインの優勢つづく　324　2　日本ワインは新規参入ラッシュ　329

第26章　日本ワインの産業構造——ワイン用ブドウの供給メカニズム　333
1　ワイナリーの規模分布　333　2　日本ワインvs国内製造ワイン　336　3　ブドウ品種別ランキング　337　4　ワイン用ブドウの供給体制　339　5　原料ブドウの流通　343

〈コラム〉日本のワイン勃興に薩摩人　345

あとがき　349

日本ワイン産業紀行

はじめに

ワイン産業の調査を始めた時、悪ガキ仲間たちから、「お前、いいテーマを見つけたな」と言われた。私がワインを飲みたいため、ワイン研究を始めたと思ったのである。

日本ワインは「新しい産業」である。２０１８年に新しい表示基準が制定され、日本国内で栽培されたブドウ１００％を原料として醸造されたワインだけが「日本ワイン」と表示できる。輸入ワインやブドウ濃縮果汁を輸入して国内で製造される海外由来のワインと区別するためである（国産ブドウ１００％でワインを造る企業は数は少ないが明治以来ある）。

当初、新しい産業であるため、興味本位で1つ、2つワイナリーを見学することにした。しかし、実際に調査して、ワイナリーにはかなり重いものがあることが分かった。耕作放棄地の解消、土地の価値上昇（生産性向上）、過疎化の抑制、生物多様性という、地域振興に貢献する公益性がある産業のように思えた。まさに地方創生であり、成長を応援したいと思った。

それで、もう少し続けることにした。半年くらいはワイン産業の調査研究に時間を費やしてもいいかなと思うようになった。ところが、調査を進めるうちに、今度はワイン産業は「未来の新しい産業社会」を先駆けしていることが分かってきた。それで本腰が入って、結局2年余もワイナリー調査にのめり込んだ。産業と言うものがどのようにして誕生してくるかも興味深かった。

もちろん、どの産地、どのメーカーのワインを買えば美味しいかの産地情報にも興味があったのは間違いない。悪ガキ仲間たちのお見通し通りである。しかし、それだけではなく、研究者としてのまじめな目的も強かったのである。一挙両得のいいテーマなのだ。

ワイン産業は新規参入が相次いでいる。若い人たちがこの産業に集まっている。脱サラ組も多い。それはワイン造りがクリエイティブな仕事であって、面白いからだ。わくわくとした気持ちで働ける産業を増やすことが「働き方改革」であり、ワイン産業のようなクリエイティブな産業を増やすことが改革なのだ。そんな思いで、ワイナリーの実態調査を続けた。

「働き方改革」というテーマがあるが、生産性を高め残業時間を減らす、休日を増やすということではなく（それは発展段階の低い経済社会での改革目標）、わくわくとした気持ちで働ける産業を増やすという、産業構造の改革こそが、目指すべき方向と思われる。

新規参入ラッシュは、１９７０年代、欧州でサイエンスパークが形成され、ハイテク産業が各国で生まれた状況に似ている。ワイナリーの現地取材は、産業誕生の歴史的瞬間に立ち会っているみたいで興味深かった。その仕組みの本質はインキュベーション（孵化）機能であり、人材育成である。ワイン産業は自立自興型の〝地方創生の手法〟になろう。

産業論としてのワイン論をめざす。華やかな世界ではなく、「土」からワインを考えた。

日本にはワインの経済分析がない。ソムリエ型解説や底の浅い紀行だけで、産業論がない。本稿は「産業論としてのワイン論」を目指した。ワイン造りは長時間労働も厭わず時間を忘れて働いている（楽しいから）。ワイン産業には、若者の自己実現をはじめ、「労働」Laborではなく「仕事」Workが主体の働き方があり、未来の新しい産業社会の先駆けが見られる。日本では新しい産業である。評論ではなく、現場に語らせる手法、現地ルポでその実態を明らかにした。

また、日本ワインはまだ競争力が弱い。ワインの国内流通に占めるシェアは6％程度である。和食に合うはずであり、日本で比較優位産業になりうるはずである。競争力が高まれば、輸入由来のワインを駆逐して、もっと成長できる。どのようにしたら、日本ワインは競争力を高めることができるか。先進事例（産地）に学ぶ――というのが、本書のもう1つの狙いである。

急いで付け加えると、ワインの本場、フランスより進んでいる側面もある。日本は雨が多く、ワイン造りには不利であるが、このテロワール（風土）の不利を乗り越えて、良いワインを造っているワイナリーもある。技術が自然に代替した訳だ。「反逆のワイナリー」たちの挑戦が見ものだ。

本書は第Ⅰ部（現地ルポ）と第Ⅱ部（総論的）からなる。総論が前に来るのが通常であるが、ワイン産業の実態をまず理解してもらいたいとの思いから、各論（現地ルポ）を先にした。後の総論を読むことで、現地ルポの狙いがよりよく理解できるようになると思う。

ご多忙にもかかわらず、時間を費やして対応して下さったワイナリーの方々にお礼を申し上げたい。本書が、日本ワイン産業の発展に些かでも寄与できれば望外の喜びである。

二〇二四年一月

叶　芳和

第Ⅰ部　日本ワイン産業（ワイナリー）の現地ルポ——ケーススタディ

グレイスワイン本社（甲州市勝沼）

第1章 日本固有種「甲州」を先頭に ワイン輸出産業化めざす

中央葡萄酒㈱（山梨県甲州市）

「甲州で世界市場へ進出する」ことを社是とする中央葡萄酒の三澤茂計（しげかず）社長は、欧州市場を開拓したイノベーターだ。また、糖度「20度の壁」を超えるなど〝ブドウ栽培面〟からワイン造りを革新し、旨いワイン造りを目指している。

国内では「日本ワイン」表示の制度化が国産ブドウの供給を増やし、ワインは成長産業への基盤が成立した。

1　日本固有種「甲州」ブーム

ワイン新時代の到来か。現在は第7次ワインブーム（2012年—）と言われるが、特に「日本ワイン」の人気が高まっている（〝国産ワイン〟ではなく、日本ワイン）。中でも、日本固有品種「甲州」が脚光を浴びている。

従来、日本国内で製造されるワインの多くは、南米チリやフランス等からブドウ果汁を輸入しその濃縮還元を原料に使っていた。これに対し、国内産のブドウだけを使い、国内で醸造したものを「日本ワイン」という。輸入原料が混ざっているものは「国産ワイン」とはいっても、「日本ワイン」と称することはできない。こうした表示規制が2018年10月30日から実施された（国税庁調査によると、現状は日本ワイン20%、輸入原料を使った国内製造ワイン80%である。アンケート回収率が一番多い2018年値）。

図1—1に見るように、日本ワインはこの数年、二桁の高い伸びを見せている。ワイン全体の伸び率は5%程度であるから、日本ワインの高成長が分かろう。なお、輸入ワインを含めて国内で流通するワインに占める日本ワインのシェアは約6%である。

「本物」志向は、輸入自由化、国際化という潮流の中で、食品産業全般の動きである。清酒は2010年から17年にかけて、アルコール添加の普通酒は22%も減ったが、純米酒は38%も増え、シェアは21%に上昇した。純米酒は輸出も伸びている（2万kℓ。7年で70%増）。

ワインブームのもう一つの背景は、日本ワインの〝輸出〟だ。日本は長年、ワインの輸入国である。ところが、最近、国内製造ワインの輸出が伸び始めた。ワインの輸入大国から輸出国への転換の期待も大きい。この輸出をリードしているのが日本固有種「甲州」で造った日本ワインである（甲州種は白ワイン）。日本の醸造技術は高く、近年、清酒もウイスキーも輸出が伸びている。ウイスキーは原液不足のため販売中止の銘柄が続出するくらいだ。ワインもと、柳の下のドジョウを期待する見方が出ている。

日本ワインの原料となるブドウの品種は多様で、欧州系、米国系、日本交配品種があるが（欧州系品種であっても日本国内で栽培されたブドウであれば、「日本ワイン」を名乗れる）、いま、脚光を浴びているのは日本固有の品種「甲州」である。甲州種は古くから日本に伝わってきており、日本にオリジナリティがある（「甲州」の起源については奈良時代718年大善寺説と1186年説の2説があるが、DNA解析によって欧州系と判明しており、中央アジアのコーカサス地方からシルクロードを通じて伝来したとされる）。この甲州を使ったワインづくりが本格化したのは明治初期の文明開化期、1870年代と言われる。

ただし、日本で最初にワインが造られた時期は400年昔、江戸時代初期に遡るという説が出て来た。熊本大学永青文庫研究センターの研究によると、細川家文書の分析から、1620年代にワインが醸造されたことが確認された[注]。カトリックのミサにはワインがつきものであるが、当時はキリシタ

表 1–1　ワインの生産・輸入の推移

（単位：千kℓ）

年 度	国内製造（課税数量）	輸 入（税関課税）	消費計
2012 年	99	246	321
2016 年	114	254	353
2017 年	121	261	364
2018 年	119	236	355

（出所）国税庁『国税庁統計年報』

（注）ここでは取材時に入手可能な最新データを示すが、その後の推移は表 25–1 を参照されたい。なお、国内製造ワインの内、日本ワインの割合は 20%、それ以外（国産ワイン）の比率は 80% である（国税庁『国内製造ワインの概況』平成 30 年度調査分による）。

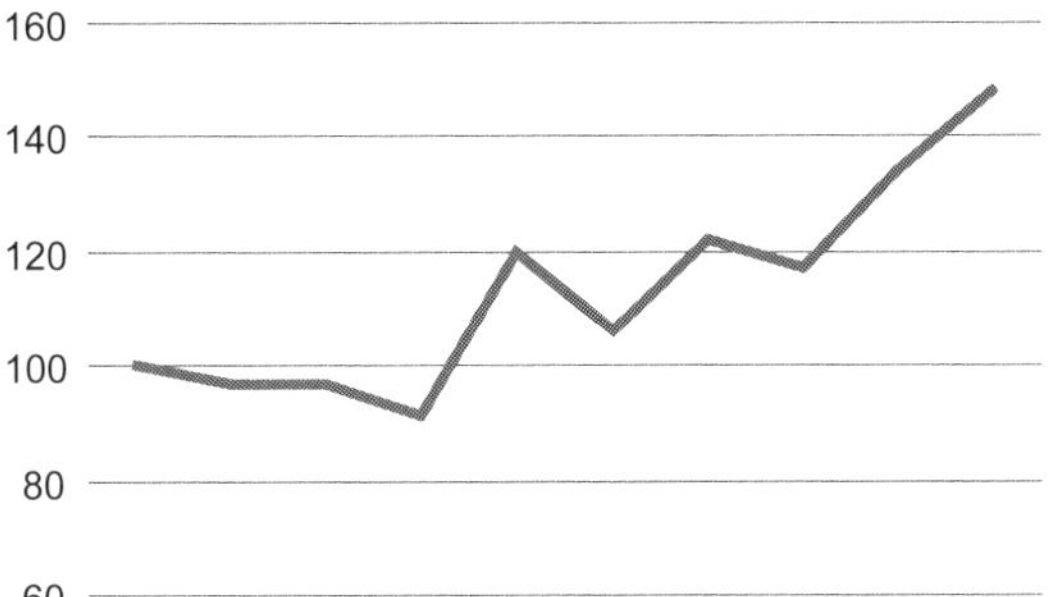

（出所）日本ワイナリー協会調べ

（注）統計数値は日本ワイナリー協会の会員の中から、日本ワインを製造している上位14者（全国の課税移出数量の7割超を占めるグループ）を対象に算出した。

図 1–1　日本ワインの生産推移（2007 年＝ 100）

ン禁制の時代であったため、隠されていたのではないか。明治初期・山梨発祥説（定説）は、明治になり禁制が解かれ文明開化の風潮の中でワイン造りが本格化した時期を言うのであろう。

（注） 後藤典子「小倉藩細川家の葡萄酒造りとその背景」熊本大学永青文庫研究センター紀要『永青文庫研究』創刊号（２０１８年３月）（ただし、山梨のワイン関係者によると、それはワインではないと言う）。また、それ以前、安土桃山時代には南蛮貿易やポルトガル人との交流が盛んであったので、ワインの存在は知られていた（イエズス会宣教師と懇意にしていた信長はワインを飲んでいた）。一方、ブドウは１３００年前、奈良時代には日本に伝わっていたので、ワインという飲み物が伝来した以上、自分たちで試行錯誤、ワイン造りをした可能性は高い（清酒は奈良時代からある）。つまり、日本でのワイン造りは江戸初期より早い可能性もある。

2　日本ワイン輸出のイノベーター

国際ワインコンクールで度々「金賞」を受賞しているのが、山梨県甲州市勝沼町の中央葡萄酒株式会社である。銘柄名「グレイスワイン」が通称になっている。三澤社長は日本ワインの輸出市場開拓のイノベーターだ。

中央葡萄酒㈱は１９２３年（大正12）創業で、三澤社長は4代目である。大手商社に10年務めた後、家業を継ぎ（82年）、ワインの醸造を始めた。甲州種ワインへの情熱と産地勝沼を守りたいという気持ちの強さは、父親譲りだ。

しかし、まもなく、甲州種は厳しい冬の時代に入った。１９８０年代後半、「プラザ合意」（85年9月）を受けて、円相場は1ドル２４０円から1年後には１５０円台、2年後には１３０円台へと大幅な円高になった。この円高によって、安価な輸入ワインが日本市場を席巻した。ワイナリーは農家からのブドウ買取を拒んだ。ブドウの価格は落ち込み、以前、醸造用は1kg２５０円以上の値を付けていたが、その3分の1に落ち込んだ。買い手がない以上、加工用ブドウを作る農家は減り、甲州の収穫量は91年の1万５７００tをピークに下がり続け、05年には半分以下の6900tに落ちた。

そういう状況の中で、2000年、ワイン市場で大きな影響力がある英国ロンドンで、甲州ワインが話題になった。「私がこれまで飲んだ日本で一番良かったワインは、『グレイス甲州』。甲州ブドウのワインだ」と、ワインジャーナリストが『フィナンシャル・タイムズ』紙に書いた。この記事をきっかけに、日本に甲州というブドウを使ったワインがあるらしいと話題が広がった。

その後、2005年には、パーカー・ポイントという独自の指標でワインを評価する米国のワイン評論家ロバート・パーカーが、米国に輸出した「甲州」に点数を付けた。アジアのワインで初めてのパーカー・ポイントだ（しかも、87＋という高得点）。パーカー氏は市場への影響力が絶大であり、すぐに、内外から問い合わせが殺到、甲州種ワインを巡る環境は大きく動き始めた。

2007年には酒類総合研究所が輸出証明機関として甲州ワインを認定。2008年1月、EU輸出認定第1号として、ロンドン向けに本格的に輸出された（480本）。EUの品質規定をクリアした日本のワインが初めてEUに上陸したのである。

2009年には、オール山梨で欧州市場に甲州種ワインを売り込む共同プロジェクト「Koshu of Japan（KOJ）」が結成されたが（経産省JAPANブランド育成新事業、県内15ワイナリー参加）、三澤社長はKOJの初代委員長になった。ロンドンは世界のワイン情報の7割が集まると言われる中心地だ。ロンドンで勝負しなければだめだという言葉に押され、ロンドン市場への挑戦が本格化したわけだ。三澤社長が〝甲州〟にこだわるのは、EUではオリジナリティがないと認められないからだ。2010年、甲州種はOIV（世界ブドウ・ワイン機構）において品種登録された。

KOJは2010年から、ロンドンプロモーション（ワインテイスティング）を毎年実施することになったが、同年秋、初めてブドウ品種名「甲州」の名を冠したワイン2000本を欧州に輸出した。KOJの成果で、世界が「甲

写真 1–1　グレイスワインのエチケット

州」を知るのに3年はかからなかったと言われる。なお、エチケット（ラベル）が良い。センス、風格を感じる。いかにも日本固有種ワインだ。

こうした動きを背景に、中央葡萄酒は世界のワインコンクールで「金賞」受賞に輝いた。２０１４年、数多あるワインコンクールの中でも最難関といわれる「デキャンタ・ワールド・ワイン・アワード」（開催地ロンドン）で、同社の「キュヴェ三澤 明野甲州２０１３」が日本初の金賞を受賞した。翌年、翌々年も「金賞」を受賞。結局、5年連続で「金賞」を受賞した。甲州種ワインとグレイスワインのブランドが世界の舞台に躍り出たのである。

今、中央葡萄酒は、世界20ヵ国に輸出している。２０１８年の輸出量は2万2千本、生産量の1割が輸出だ。主な輸出国は英国、ベルギー、オランダ、フランス等、アジアもシンガポール、香港、オーストラリア等に輸出している。

「甲州で世界市場へ進出する」が社是である。元商社マンという経歴だけではなく、国内には「清酒」という強力なライバルもあり、市場の広がりには限界があることも輸出市場開拓に駆り立てているのではないか。

中央葡萄酒㈱の売上高は5億円、従業員25人である。勝沼地区の地元資本ワイナリーとしてはトップ3に入る。リーダー的存在である。

3　明野（あけの）に自社農場開園——甲州を垣根栽培

甲州種ワインの評価は高まった。しかし、今度は原料となるブドウが不足してきた。ワイナリーは農家からブドウを「購入する」形で原料を確保してきたが、問題が生じてきた。

もともと、ブドウ栽培は生食用の方が収益性が高いので、山梨県では生食用ブドウを主体に生産、醸造用に出荷する農家は少ない。加えて、甲州種の栽培農家の減少に歯止めがかからない。上級ワインを指向するも、〝良質〟な原料ブドウを安定的に入手できない。

そこで、三澤社長は、良質な原料を確保するには「自社生産」しかないと考え、2002年、茅ヶ岳山麓、北杜（ほくと）市明野町に〝自社農場〟を開園した（8・6ha。現在は12haに拡張）。標高550〜700mと高く、日本一の日照時間、昼夜の寒暖差、なだらかな傾斜による水はけの良さ、礫（こいし）混じりの土壌など、ブドウ栽培に適した土地だ。しかも、12haとまとまっている。

写真 1–2　垣根栽培の甲州収穫 三澤農場（北杜市明野）

現在、中央葡萄酒の生産量は20万本（720㎖）であるが、うち5万本は自社畑ブドウを原料にしている。あと15万本は甲州種を主体に、勝沼地区で契約農家、農協から買い受けた原料ブドウから造られている。甲州種はこの明野の三澤農場と、勝沼地区の契約栽培で供給しており、自社栽培の比重は2割程度だ。

明野の三澤農場は、同社の技術哲学の塊である。日本で初めて、甲州種を〝垣根栽培〟した。伝統的な棚仕立栽培から垣根栽培に変え、自然に収量を落とすことや光合成効率を上げることで、ブドウそのものの凝縮度が高まり、ワインの熟成に耐えられる甲州ブドウになった。

また、同圃場（ほじょう）は〝高畝（たかうね）式〟である。しかも、暗渠（あんきょ）排水まで導入している。いずれも水はけを良くするためである。大変な高コスト圃場である。しかし、ここで採れる甲州の糖度は20度以上になる。

中央葡萄酒は上級ワインを目指し、〝栽培面〟から挑戦している。

糖度「20度の壁」を超える

甲州は糖度が上がりにくい性質があり、「20度の壁」が言われるが、それを超えた。勝沼地区の甲州の糖度は通常16度であるから、驚くべき高さだ。糖度が高いので、旨い白ワインが生産できる。この三澤農場単一畑のブドウで造ったものが「キュヴェ三澤 明野甲州」である。同社の最高級ブランドである。「デキャンタ・ワールド・ワイン・アワード」で金賞を受賞したワインは、この高い糖度のブドウから醸造したワインである。

栽培の技術革新「垣根栽培」は、三澤社長が挑戦と失敗を繰り返したが、再挑戦を提案し成功に導いたのは、現在同社の栽培醸造責任者に就いている三澤社長の長女・彩奈（あやな）である。彩奈氏は仏ボルドー大ワイン醸造学部やブルゴーニュの専門学校で学び、「良質なワインは、良質なブドウから」という本場の醸造家たちの声に影響を受けた。「垣根栽培でなければ」という考えもそこから来ている。

日本のブドウ栽培は、1本の木から沢山の果実を収穫する「棚（たな）仕立栽培」が主流である。しかし、棚仕立てだと、一枚一枚の葉や房に十分な陽光が当たらず、糖度の高い良質なワイン用のブドウが採れない（欧州のワイナリーは垣（かき）根（ね）仕立て）。問題は垣根栽培にすると房が制限され、収穫量が減ることだが、中央葡萄酒は品質向上を選択した（革新には苦労と失敗のドラマがつきものであるが、ここでは省略する）。

産地発展のため技術開放

ワインの品質はブドウで決まると言っても、やはり醸造技術の役割も大きい。甲州種ワインの品質を高めたのはシュール・リー製法である。従来のワイン醸造では、発酵が終わった後、発生した澱を早やかに取り除くのが常識であったが、シュール・リーではそのまま発酵容器の底部に残し、旨味成分を引き出す製法である。フランスの技術であるが、甲州種ワインへの応用を大手ワイナリー、シャトー・メルシャンが開発した。これで〝淡麗で薫り高い辛口〟のワインが出来るようになった。醸造法の画期的な革新である。

当時のメルシャン製造責任者が技術を公開した。「技術を共有して、ワイナリーが切磋琢磨しないと、勝沼は銘醸地にならない」という哲学だ。産地形成への強い思いからの決断である。1990年、公開技術説明会には勝沼地区のワイナリーがこぞって参加した。甲州種ワインのほとんどがシュール・リー製法に転換した。「辛口の甲州」だ。日本のワインの評価が上がっていくための転換点になった。三澤社長も、今日の市場拡大につながったと、メルシャンの決断を高く評価している。

4　高級化志向の経営戦略

3年後、輸出比率を3割に伸ばすことを目指している。しかし、三澤社長は生産量の伸長は優先していない。貯蔵できるワインを醸造できるブドウを作る〝上級移行〟を考えている。「時が醸し出す価値」を生むブドウづくりである。〝長期貯蔵〟で付加価値を高める戦略だ。

ワインは〝個性〟を尊重する世界であり、また日本固有種というロマンに魅かれて伸びていく。甲州種の日本ワインには前途が広がっている。しかし、競争環境はブルーオーシャン（従来存在しなかった新しい領域・競合相手のない市場。逆はレッドオーシャン。血みどろの競争市場）ではない。日本には日本食に合う「清酒」というライバルがある（清酒50万kℓに対し、日本ワインはまだ2万kℓと少ないが、生産量が増えるに伴い競合関係が出てくる）。また、輸入ワインも関税撤廃で価格競争力を強める。「日本ワイン」はワイン産業の構造変化期における成長産業ということであろうか。新時代への適応力のあるワイナリーが伸びていく。

5　国産ブドウは不足するか?――ワイナリーの原料戦略

ワイン業界全体では、国産ブドウの需要が大きく伸び、ワイナリーは数年以内に原料不足に陥るとの見方が広がっている。

「日本ワイン」の表示規制が変わり、100%国産ブドウでなければ「日本ワイン」を名乗れなくなった。一方、EUとの経済連携協定（EPA）が発効すれば、安い輸入ワインが増える。混ぜこぜ原料の「国産ワイン」は厳しい競争にさらされ不利になる。ワイナリーは高品質を目指し、100%国産ブドウの「日本ワイン」を増やす戦略をとるのではないか。国産ブドウへの需要が増えるだろう。しかし、醸造用ブドウを供給する農家は増えるだろうか。

今、ブドウ栽培は〝バブル〟と言われるほど、高収益に潤っている。生食用の価格が上昇している。巨峰、ピオーネは従来、1kg700円だったが、18年は900円に上がった（勝沼地区）。加えて、「シャインマスカット」という化け物的な高級品種が出現（1kg1500円以上）、勝沼など山梨県峡東地区のブドウ栽培農家の粗収入は50aで1000〜1500万円に増大している。単価の安い加工用「甲州」を作る農家は簡単には増えない。

しかし、高齢化、後継者不足で、ブドウ栽培農家および結果樹面積の減少には歯止めがかかっていないのも事実だ。**表1―2**に見るように、山梨県の結果樹面積は1990年5190ha、2000年4230ha、18年3800haと減少トレンドにある。つまり、すべての果樹園が有効に活用されているわけではない。いま、農村の現場は離農と、残存者利益を得て成長期を迎えている農家に2極分化しているのが実態であろう。耕作放棄、遊休農地の発生は、農地の受委託が発生する条件が出ているといえよう。

今後、次のような展開が予想される。「日本ワイン」表示規制、ＥＰＡ協定の発効に伴い、醸造用ブドウの需要が増えているので、遊休樹園地の活用が増えるとみられる。加工用ブドウは単価は安いが（1kg200～250円）、生食用に比べ粗放的栽培で済むからだ。１kg250円なら意欲が出るという農家もいる。

離農家の樹園地を借りて規模拡大する農家が現れるだろう。例えば、現状50ａ規模の農家が規模拡大し、50ａ位は生食用に作り（生食用の拡大は限界あり）、残りは粗放的な加工用ブドウを作る。中には、数ヘクタールの借地で、加工用ブドウ専業農家も現れるであろう。ブドウ栽培農家の経営形態が多様化し、醸造用ブドウの供給は増えるのではないか。

また、ワイナリーが自社農場を開園し、ブドウを供給する動きも増えよう。この場合、良質なブドウを目指し、「垣根栽培」を志向するワイナリーも増えるであろう。

「日本ワイン」表示規制が加工用ブドウの供給を増やす。新時代に適応できるワイナリーは成長できる。一方、安い輸入ワインも入ってくるので、ワイナリーも二極分化だ。日本のワイン産業は、構造変化の時期に入っていく。

表 1–2　ブドウ生産・生産額の推移（山梨県）

年	結果樹面積（ha）	出荷量（t）	産出額（億円）	平均単価（円／kg）
1980	5,250	80,076	269	336
1985	5,520	78,396	288	367
1990	5,190	64,500	317	491
1995	4,930	61,700	320	519
2000	4,230	54,800	263	480
2005	4,140	52,100	249	478
2010	4,060	41,800	251	600
2015	3,910	38,500	242	629
2018	3,800	39,400	348	883

（資料）農水省「作物統計」、「生産農業所得統計」
（注）取材時に入手可能な最新データを示した。その後も同じトレンド上に推移している。大きな質的な変化が生じている場合を除き、以下の各表も同様に対応する。なお、その後の推移は第25、26章の諸表を参照されたい。

第2章

甲州ワインの価値を高めワイン産地勝沼を守る

勝沼醸造㈱（山梨県甲州市）

勝沼醸造ワイナリー（甲州市勝沼）

生食用ブドウが「日本ワイン」の競争相手だ。この卓越した状況分析こそ、有賀雄二社長の経営論の出発点である。勝沼のワイン産地を守るには、ワイン価格を高め原料ブドウの買い付け価格を上げることが必要と、ワインの高級・高価格戦略を実践している。

原料ブドウの供給を増やすため、業界では自社畑も拡大。「日本ワインは原料制約から成長できない」という見方は実証できない。

1　ワインのメッカ勝沼

日本にはワイナリーが約330ある。その内、85は山梨県にある（国税庁調査）。その内、32醸造所が勝沼地区（甲州市旧勝沼町）に立地している。人口8000人の町に、ワイナリーが32（2018年現在）。この密度の高さが、勝沼がいかにワイン造りに適した地であるかを物語っている。

勝沼は、甲府盆地の一角にあり（東端）、扇状地や川が作った起伏のある土地である。地形は山の南面に傾斜しており、水はけがよく、積算日照時間が長く（山梨は全国1位）、昼夜の気温差も大きいため、ブドウ栽培に適している。実際、山裾に広がるブドウ畑と町並みの景観が勝沼の風景である。「日本一のブドウ郷」と言われている。また、ブドウの発祥の地は、甲州種の起源が奈良時代説にせよ1186年説にせよ、勝沼である。明治時代、文明開化と共にワイン造りが本格化したが、その地も勝沼である（日本最初のワイン醸造は400年前に遡るという説あり。第1章第1節参照）。

こうした歴史と景観を背景に、勝沼は観光地になっている。観光ブドウ園が沢山あり、ワイナリーツアーも賑わっている。秋の収穫期には、土・日曜になると、細い道でも観光客が何十人にもなる。ワイナリーにはテイスティングを楽しむ観光客が各社1日200人位訪れる。

ワイナリーは小規模が多いのは世界共通である。山梨県ワイナリー産業は、大手資本2社、中堅10社、小規模70社から成る。マンズワイン（キッコーマングループ）、サントリーワインが2大ワイナリーで、主に外国産原料を処理してきた。中堅グルー

表 2–1　国内のワイナリー数

都道府県	2012 年	2018 年
山　梨	55	85
長　野	14	38
北海道	7	37
山　形	11	15
新　潟	6	10
全　国	157	331

（出所）国税庁『国内製造ワインの概況』
（注）最近の推移は表 25–5 参照。

プは地元資本が多く、勝沼醸造、中央葡萄酒、丸藤葡萄酒、シャトー・メルシャン（キリングループ）など、国産ブドウを使用する日本ワインを主に生産している。これらが勝沼に集中立地していた。

ただし、この構造はいま急速に変化し始めている。大手資本が北杜市や南アルプス市に自社畑を開設する動きが多く、また全国各地で小規模な家族経営ワイナリーの新規参入が続出し、メッカ勝沼のシェアは低下方向にある。

ワイナリーの産業組織は、世界の産地を見ても、小規模が多数存在する構造になっている。仏ブルゴーニュのドメーヌ（ワイン生産者）の保有農地は平均4ha程度である（ボルドーのシャトーは規模が大きく、ブドウ畑10haといえば小さな畑になる）。勝沼の中堅クラス、10万本はブドウ畑換算で約5haであり（自社畑＋契約畑）、ブルゴーニュと比べても遜色ない。

勝沼醸造㈱は地元資本ワイナリーで、生産規模45万本（750㎖）と大きく、勝沼地区のトップリーダーである。1937年（昭和12）創業。戦国武将武田軍団の末裔で、有賀社長はワイナリー業3代目である。世界をマーケットに日本の風土を生かした高品質ワイン造りを目指している。子息3人がそれぞれ醸造、営業、栽培を担当し家業に就いている。「3本の矢」は毛利元就が残した教訓であるが、「アルガ3兄弟」の結束力が勝沼のワイン産地の持続的発展を支えていきそうだ（有賀は長野・山梨ではアルガと読む）。

2　アルガブランカの凄さ

「アルガシリーズ飲んだらぶっ飛ぶ」「これ甲州じゃない」と驚嘆されるワインがある。勝沼醸造の白ワイン「アルガブランカイセハラ」を飲んだ時の大方の感想である。伊勢原圃場の甲州種ブドウで造られたワインである。

笛吹市御坂町伊勢原（昔の小字）は笛吹川支流の金川の河川敷にあり、砂礫土壌である。水はけがよく、地力がないので、根が下に伸びていく。地力があると根は横に伸びるので、一定の層の養分しか吸収できない。下に伸びると、多くの養分が獲れ、果実は香りが強く、ミネラル分が他のワインより高いものになる。「甲州は香りがない」と言われるが、これに一石投じたのが「アルガブランカ」である。

勝沼醸造㈱は、この伊勢原でブドウ作りの名人と言われるK氏と契約栽培している。K氏は甲州種ブドウを〝棚仕立て〟で1ha栽培している（約15t）。棚仕立栽培の甲州は通常、1ha当たり100～150本であるが、イセハラは400本植栽している。密植である。ちなみに、伊勢原地区でブドウを栽培しているのはK氏だけである。

「イセハラ」ブランドの原料ブドウは1kg500円である。通常、醸造用の甲州種ブドウは200～250円であるから、2倍以上の価格である。製品価格（750㎖）は5500円と高い。

「アルガブランカ イセハラ」は国際ワインコンクールで数々のメダルを受賞している。一番歴史の古いヴィーノリュブリアーナ（スロベニア）をはじめ、世界最高峰の国際酒類品評会IWSC（ロンドン）などで連続して銀賞を受賞した。ボトルのラベル（エチケット）はスペイン人デザイナーによるもので、日本離れしている。

有賀社長は勝沼の風土に向かい世界に通ずる高品質なワイン造りに挑戦してきた。世界を舞台にしたとき「日本」と言えるものは何かを考え、取り組んできた。

そのため、輸入原料から脱すべく、1990年から自社農園でカベルネ・ソーヴィニヨンなど欧州系ワイン専用品種の垣根栽培に着手した。

日本固有種「甲州」に自信

一方で、日本固有種「甲州」を用いたワイン造りにも情熱を傾けてきた。ブドウの品種は1万種もある。その産地にどれが適合するかを考えた時、世界に通用する品種は欧州系であるとはいえ、日本の風土に合わない。「人と自然の関りによる表現がワインである」との考えから、日本古来からの品種である「甲州」にたどり着く。幸いに、ブドウ発祥の地は中央アジアコーカサス地方であるが（欧州系品種の元）、甲州はその血を引いている（DNA解析により判明）。

2003年、甲州種ワインはフランス醸造技術者協会主催のワインコンテストで銀賞に輝いた（2300種出品のうち）。翌年も連続で銀賞受賞。これで、「甲州」でも、世界のワインと比肩できるものが出来るという自信がついた。甲州は日本にしかなく、日本のテロワール（土壌、気候など風土がもたらすワインの特徴）を生かしやすい品種である。甲州で世界と勝負することに決めた。カベルネ・ソーヴィニヨンやシャルドネなど国際品種でのワイン造りも方向性の一つであるが、「日本」の個性を出すため、甲州を選択した。甲州は日本の食文化にマッチすることも要因だった。甲州は酸味が強い辛口であり、寿司や刺身など和食に合う。こうしたことで、「甲州」への特化を決めた。

君のワインのプライシングは間違っている

2004年、「アルガブランカ」（「有賀の白」の意味）というブランドを立ち上げた。「変な甲州」にプライドを持っているのだ。

2007年、仏ボルドーのシャトー・パプクレマン社と提携し、日本のワインとして初めてEU諸国に輸出した。フランスのシャトーが勝沼醸造のワインを売ってくれている。「驚きや感動に国境や人種はない」という訳だ。有賀社長がボルドーの晩餐会に招待されたとき、シャトー・パプクレマン社のマグレ社長は「君のワインのプライシングは間違っている。僕なら君の3倍の価格で売って見せる」と言ったそうだ。当時、「イセハラ」の価格は2600円（750㎖）であった。マグレ社長に示唆を受け、価格はコストの積み上げではないと考え、その後、「イセハラ」は5500円に改定した（2014年）。マグレ社長の言う通りに従うなら1万円であるが、結局、そこまで上げる勇気はなかった。

甲州ワインの価格を５５００円に引き上げたことは、他のワイナリーにとっても値上げが容認されたに等しく、産地に貢献したと見られている。トップリーダーの貢献と言えよう。

3　「甲州」に賭けた異端児——日本の風土はタナ式

勝沼醸造は「甲州」30万本（７５０㎖）、総計45万本の生産規模である。甲州種ブドウ３００ｔ、その他はマスカット・ベーリーA、メルロー等１５０ｔである。ワイン業界では２００２年、純日本産で行くか、外国原料依存か、大論争があったが、勝沼醸造は２００４年から、全量、国産ブドウ使用に切り替えたという。山梨県産ブドウの使用量は県内1位である。

自社農園（１３０ａ）の栽培品種は、８割は甲州種である。甲州種ブドウ３００ｔの調達先は自社農園から20ｔ程度、残り9割は購入で、農家との契約栽培２００ｔ（１００人）、ＪＡ１００ｔである。

有賀社長は、ブドウ栽培に関して独特の理論を持っている。日本固有種の甲州は垣根栽培に合わないという。世界のワイン産地は乾燥地帯であり、垣根栽培である。しかし、日本は乾燥地帯ではないから、垣根栽培に合わない。勝沼各地で見られるように、先人の工夫が棚式栽培を採用してきた。実際、欧州系ブドウを棚式と垣根式の両方で作ってみると、棚式のほうがベターだった。日本は湿潤なので、地面に近いと、病気にかかりやすい。棚式の場合、地面から離れているからよい。先述のイセハラも〝棚仕立〟栽培である。

自社畑を7圃場、計１３０ａ所有しているが、主な圃場は番匠田（30ａ）、水分（70ａ）である。その8割は甲州種ブドウである。２０１２年には、ワイナリーの裏手に広がる畑、番匠田圃場に植えていた樹齢22年のカベルネ・

写真 2–1　テイスティングカウンター（勝沼醸造）
年間 10,000 人が訪れる。9–11 月は月間 2,000 人に達する盛況

ソーヴィニヨンをすべて甲州に植え替えた。いまや「甲州にこだわっている会社」である。

甲州に特化、その甲州は棚式栽培。垣根が合う欧州系も甲州に転換。勝沼醸造の自社畑からは垣根栽培が消え、棚仕立てになってきた。有賀社長の技術哲学を明瞭に反映している。

ただし、山梨県果樹試験場の研究では、棚仕立て栽培と垣根栽培に差はない。垣根式の方が病虫害に強いという研究結果もある（某ワイナリー）。また、大規模化は垣根の方がやりやすい。しかし、有賀社長は「欧州は乾燥地帯だから、垣根式だ。しかも地力もない。日本は水分が多く、地力が高いから、垣根式はダメ」という。風土論に頑なにこだわっているところが、異端児を自認する背景か。ただ、タナ式で1kg500円の高品質ブドウを作っているイセハラという実績は強い。

4　ワインの価格を高め生食用ブドウに勝つ

有賀社長は勝沼のトップリーダーとしての立場を自覚している。トップリーダーの役割は「甲州の付加価値を高めること」と明言する。「甲州ワインの価格を高めたい。高いワイン、1万円の甲州を作ることだ」という。これをやらないと、ブドウ栽培面でシャインマスカットに負けるということだ。勝沼をワイン産地として守れない。

従来の国産ワインは輸入原料を混ぜて使い、安価なワインを造ってきた。しかし、「日本ワイン」表示規制（「日本ワイン」と称するには100%国産ブドウを使わないといけない）や、輸入ワインの流入との競争から、ワイナリーは100%国産ブドウを使用した日本ワインに成長戦略を切り替えている。国産原料の供給増加が不可欠であるが、醸造用ブドウの確保には強力なライバルがいる。それが生食用シャインマスカットである。

ワイン原料となる甲州種ブドウの価格は1kg200～250円である。生食用の巨峰、ピオーネは700円、新しい高級品種シャインマスカットは1500円以上だ。農家は当然のことながら、収益率の高い生食用のブドウを作りたがる。巨峰・ピオーネとの競争の時は、粗放栽培で済む原料用の甲州は250円でも取り組む農家が居た。しかし、1kg1500円のシャインマスカットと競争するには甲州の買い付け価格はもっと高くならないと、原料ブドウを供給する農家が居なくなる。ワイナリーは〝シャインマスカットとの競争〟の時代になったのである。

ワインの価格は、原料ブドウ価格の10倍と言われる。2000円ワインは1kg200円のブドウを使っている。500円のブドウを使うとワイン価格は5000円になる。

ところで、現在売れているワインは1000円以下が8割（輸入ブドウ果汁が主体）、1500円以上は2割である（国産ブドウを使用か）。こういう低価格では、原料ブドウの買い付けに高い価格を出せない。つまり、醸造用ブドウの供給は増えない。農家に高収益を保証するシャインマスカットと競争するには、醸造用ブドウの買い付け価格をもっと上げる、そのためにはワインの価格が高くならないといけない。

有賀社長の議論は、経済学的に、まったくの〝正論〟である。ワインの価格がもっと高くならないと、勝沼をワインの産地として維持し続けることはできない。生食用ブドウとの競争に敗れ原料ブドウを確保できないからだ。これは日本ワインの「根本問題」である。有賀社長は日本ワイン産地のリーダーとして非常に明快である。

5　価格と原料のジレンマ——第3の道は自社畑拡大

ワインは価格を高くすると売れない。日本の現状である。有賀社長は「日本市場では2000円以上のワインはシェア6％である。せめて20％以上になればいいのに」という思いがある。「アメリカはフランスに次ぐ高価格になっている。皆で、そういうブランドを作り上げた。山梨も、皆がそうならないと、産地の将来はない。高いワインでも売り抜けるようになりたい」。

有賀社長は、世界の上流クラスの人が飲むワインを目指している。レストランで安くて5000円、ちょっと良いので1万円クラスのワインを追及している。今の甲州ワインの価格では、産地維持できないと考えている。もちろん、ただ価格を上げることはできない。もっと原料ブドウの品質を高め長期貯蔵に耐えるワインを造り、「時が醸し出す価値」を付けた高級なワインを造って価格を高めに持っていこうということである。高級・高価格を目指している。

経営戦略としては、量は増やさない方向だ。沢山売るのは安くすることになるからだ。それでは勝沼に生産者が居なくなるという。

有賀社長の考えは「正論」である。ただし、価格が高くなりすぎると、消費者の支持を失うのも経済学の教えだ。原料の買い付け価格は上げるにしても、醸造・流通経費を抑えて、ワイン価格の上昇は極力抑えることが望ましい。もっとコストダウンできないか工夫も必要であろう。原料買い付けに高い価格を払っても製品価格を上げなくて済むように、イノベーションが俟たれる。

「日本ワイン」の競争相手は、輸入ワインだけではない。清酒も強力なライバルである。加えて、シャインマスカットなど生食用ブドウとも競争しなければならない。さらに、「消費者の壁」も忘れてはならない。価格アップ要因と価格ダウン要因が混雑している。プライシング（価格付け）は結構難しい。日本ワイン業界は、経営者の挑戦が続きそうだ。

もう一つの道がある。生食用ブドウとの競争に惑わされないように、ワイナリー側は自社畑を増やしている。原料ブドウの供給は自社畑とブドウ生産者との契約栽培がある（後者が多い）。ブドウ生産者は生食用価格が高騰すると醸造用を減らす選択もありうるので、ワイナリー側は「日本ワイン」の成長期待を前に、原料の安定的確保を目指し、大手は自社畑の拡大を急いでいる。例えば、サントリーは17年4・6ha（中央市）、18年14ha（南アルプス市）、自社畑を開設した。レストランやカラオケチェーンを手掛けるシダックス㈱は新規参入し、北杜市に14年20haの自社畑を開設した。山梨ワイナリー業界では、2014～18年の5年間で自社畑が約20％、55ha増えた。

勝沼地区は圃場面積が小さいので、自社畑は北杜市や南アルプス市などで展開するケースが多い。ブルゴーニュを超えてボルドー規模の自社畑だ。規模の利益からコストダウンもあろう。さらに、日本ワインは生食用と競合し原料の制約から成長できないという見方もあるが、そうした見方が現実的ではないことを示している。ワイン産業はダイナミックな構造変化期に入っている。

第3章

知的障害者のワインづくり イノベーティブな経営者

㈲ココ・ファーム・ワイナリー（栃木県足利市）

山のブドウ畑。傾斜度38度の急斜面に広がるブドウ畑

知的障害者たちが美味しいワインを作っている。

ワイン造りは人間を蘇らせている。

また、池上専務はイノベーションに積極的だ。米国人醸造技術者を迎え入れ、火入れの廃止、野生酵母の使用など、次々と日本従来の醸造法を覆した。「ブドウがなりたいワインになれるように、お手伝いをするだけ」という醸造方法だ。

1　山のブドウ畑

傾斜度38度、山のブドウ畑が知的障害者たちが働くブドウ園である。見上げるような急斜面だ。ここで栽培されたブドウから造るワインは、主要国首脳会議（G7サミット）の夕食会で使われたり、あるいはJAL国際線ファーストクラス機内に搭載されてきた。知的障害者の園生たちが造るワインであるが、おいしいワインだ。100％国産ブドウで造る「日本ワイン」である。

知的障害者がワイン造りをしている「ココ・ファーム・ワイナリー」（池上知恵子専務）の凄さは、この「山のブドウ畑」がすべてを物語っている。ここは栃木県足利市の北部の山の中である。1950年代、足利市の公立中学校の特殊学級の教員だった川田昇氏と、特殊学級の生徒たちが中心になって開墾した畑である（3ha）。

山の高さは200m、南西向きの急斜面であるため陽当たりが良い。山は1億5000万年前ジュラ紀に海溝の底に溜まった岩石が地殻変動により押し上げられて形成された地質から成り、ボロボロの岩だ。水はけが良く、また根っこが細かくジュラ紀の岩と岩の間に深く張っている。小さな松が自生しているように、もともと自然に収量制限の可能になるような痩せた沢だ。ブドウの生育にとって良い条件である。

山のブドウ畑は、朝はカン、カン、カン、……の音で始まる。ブドウ畑の頂上で、K君が缶を叩いて、ブドウ畑を荒らすカラスを追い払っているのだ。夕方、足利の街に明かりが灯る頃、K君は缶を叩くのを止めて山を下りる。降りると、決まって、「明日、何時？」と、翌日の仕事の開始時間を尋ねるようだ。1年のブドウ栽培が終わる11月、明日からはもうカラスを追わなくてもいい最終日、K君は「来年、何時？」と尋ねるそうだ。来年の出番を待つほど、K君はカラス番の仕事に責任を感じている。ココ・ファームでは、知的障害者や自閉症の子供たちが協力し助け合いながら、ワイン造りに携わっている。

都会の自宅や学校では手に負えない子供たちも、ここでは生き生きとして生活している。急斜面の畑はブドウの生育に良いだけではなく、障害を持って可哀そうと過保護にされてきた子供たちにとっても、大きな教育効果がある。皆、心身の鍛錬により、健康と精神安定を取り戻した。「人間復興」だ。入園希望者が多く、待機者が30人もいる。

１９６９年、成人対象の知的障害者厚生施設として「こころみ学園」がスタートした（こころみ学園を運営するのは社会福祉法人「こころみる会」。「こころみる」は「試みる」の意）。山のブドウ畑はブドウ栽培としいたけ栽培を中心にした農作業を通して園生の心身の健康を目指す場として使われた（ワイン醸造は１９８４年から）。

園生を成長させる山のブドウ畑

急斜面のブドウ畑は上がったり下ったりすることで足腰を鍛えられる。屋内や平場では養えないバランス感覚や臨機応変の注意力も育った。

山の畑の作業は、それほど難しい仕事ではない。木の下草を刈る、畑の石を拾う、肥料をやる、ブドウやシイタケを収穫する、収穫したものを籠に入れて運ぶ、どれも簡単にできる仕事ばかりだ。うるさく言われずに、仲間たちと一緒にやれば、楽しい仕事だ。

知恵が遅れているから何もできないと思われ、何もさせてもらえなくて育ってきたお陰で、赤ん坊のような手をした子や、うまくバランスが取れなくて平地でもすぐに転んでしまう子がいる。川田昇氏は、赤ちゃんみたいな子供たちの手を見て、これでは社会に出て生きていけないと思い、仕事をさせることを決めたようだ。

山の畑では、大地を手で掴まえなければ登れないような急斜面を、何度も何度も大地を掴んでは踏ん張り、やっと登る。毎日、その繰り返し。そうして少しずつ自分を鍛えて、白魚のような手が子供の手になり、やがて労働者の手になった。

山の畑の仕事で、子供たちは頑張る力を養い、作業能力を高めていった。園生たちが夢中になる仕事を創ることが大切なのだ（政府の「働き方改革」は園生に幸せをもたらすものであろうか）。「仕事をつくる」ことが、先生たちの仕事だ。草刈りが然りだ。ブドウ畑の南から草を刈りだして、北側が刈り終わる頃には、また南側の草が茂ってくる。また南側から草を刈りだしてと、この繰り返しである。やってもやっても切りのない仕事だ。これがいい。

山のブドウ園の開墾は、ここに来ると子供たちが元気になることに気づいたのが元もとの出発点であった。山のブドウ園の教育効果については沢山の逸話がある。創設者の川田昇氏の著書『山の学園はワイナリー』1999年初版（2017年新装版）に詳しい。素晴らしい本である。筆者にはその半分も描写できない。この本は全ての人に読んでもらいたい本である。

ワイン造りというのは偉大な仕事だと思う。知的障害者の心身を鍛え人間復興を成し遂げ、また関係者を優れた哲学者にする。こころみ学園の創設者・川田昇氏とその後継者・池上知恵子氏（川田昇の娘）を偉大な社会事業家にした。

2　次々とイノベーション

池上知恵子氏は醸造家である。東京女子大学卒業後、父の勧めもあって、東京農大醸造科で学び、1984年にワイナリー運営に従事した。お話を聞いていて、インスピレーション力のあるイノベーターという印象が強く残った。前を向いている。

「ブドウがなりたいワインになれるよう」、ブドウの声に耳を澄ませ、ワインを造っているという。ブドウ本来の自然の持ち味を存分に生かす、人はそのお手伝いをしているだけと言う。

プティ・マンサン種を使い、〝野生酵母〟で醸した白ワインをテイスティングした（２０１７プティ・マンサン）。美味しさに驚いた。味が面白い。最初にほどよい酸味があり、ほのかな甘みが続いて、そして、さわやかな後味。フルーティで苦味はない。甘口か辛口かと問われると、「？？？」のワインだ。グルメ界でいう「神の雫」を想った。

醸造場での発酵は、培養酵母に頼らず、野生酵母による発酵である。培養酵母は働きもので、速攻で予想通りの効果が現れるが、口当たりが四角いきっちりしたワインになる。これに対し、野生酵母は発酵がゆっくりで、どこでどのような効果が現れるか読めないため、予想できない面白い味わいになる。柔らかく繊細で、後味に深みが出ることが期待できる。予期しない複雑な香りや味わいを生み出すことがある。個性的で上質なワインになる可能性を広げる。野生酵母の採用は新機軸だ（１９９１年の甲州種白ワインが最初）。もちろん、「火入れ」はしない。

新品種の導入も積極的だ。上述のプティ・マンサンは、21世紀に入って早々、「気候変動」に対応する品種を求めて世界中のワイン産地を歩き回る旅で見つけた。フランス南西部、スペインとの国境の町ポー（バスク地方）で見つけた。ジュランソンワインの地域だ。石に苔が生えているのを見て興奮したという。

高温多湿の日本でも元気に育つ品種を探しに行ったわけであるが、正解だった。２００６年に植樹、11年に初リリースした。筆者がテイスティングしたのは17年産であったが、あれだけ美味しいワインを醸すことができているは、北関東の気候風土に定着したのであろう。

品種も、醸造法も、次々とイノベーションが生まれた。池上専務は新しいことへの挑戦が好きなのであろう。

ワインをつくるのは微生物

池上専務のワイン醸造論は、科学と宗教の一体化、醸造と信仰の結びつきを感じさせる。「地球の誕生は46億年前、その地球の最初の命、微生物の誕生は38億年前、山のブドウ畑の母岩となっているジュラ紀は1億5千万年前、人類が発生したのはつい最近の20〜25万年前……。宇宙カレンダーを考えると、人間の小ささを考えさせられる」。「はじめてここの野生酵母の顕微鏡写真を見てDNAを知った時は、国境の無い微生物の世界に感心しました。微生物はブラジル、アフリカ喜望峰と地球を移動している。目に見えないだけで、微生物も植物も動物も、あらゆる命がワインづくりに重要な働きをしています」。

「微生物が働く畑の土壌で、ブドウ樹が光合成でブドウ糖を造り、そのブドウ糖を酵母や乳酸菌などの微生物がワインにします。微生物がワインを造っているのであって、人の手ではない。そのワインもお客様という命が楽しんでくださって、また次の年にワインを造ることができます」。つまり、飲んでもらわないと次のワインは作れないというわけだ。

高価格、しかしフェアトレードではない

ＣＯＣＯ（ココ）ワインは高い。そもそも日本ワインは価格が高い。輸入ワインのほうがコスパが良いのではないかというのが、筆者の率直な意見だ。ＣＯＣＯワインは、その日本ワインより3割くらい高いように思える。当初、「フェアトレード」価格かと思った[注]。重度の知的障害の園生たちが造ったワインなので、再生産価格を保証するつもりで、主に保護者たちが高値で買っていると思った。

（注） フェアトレード Fair trade とは先進国の市場で、途上国で生産された商品（バナナなど）が安い価格で流通していることがある。一方、現地ではその安さを生み出すため、農薬が必要以上に使用され環境が破壊されたり、生産者の健康に害を

及ぼしたりしている。そこで、生産者が良質の商品を作り続けていけるように、持続可能な取引を可能にするような適正な価格で継続的に購入することを「フェアトレード」という。

しかし、そうではなかった。出荷先は普通の市場である。そして、何よりも「美味しい」のである。この1年、日本ワインの研究を始めて以来、沢山の日本ワインを試飲してきたが、今まで飲んだ中では一番美味しかった。もちろん、筆者の嗜好での比較である。

3　園生の仕事と自立のための仕組み

実際には、どんな仕事を園生は担っているのか。**表3―1**はブドウ栽培の作業分担である。ブドウの栽培工程には様々な仕事がある。それぞれが自分にあった仕事――草取りや、石拾いや、カラス追い、袋掛け、等々を、自然に囲まれて、のんびりと作業している。

園生が分担している工程を省くと、いいブドウは出来ない。ブドウは袋掛けすることで良質のブドウが収穫できるが、今年は16万枚袋掛けした。園生たちの袋掛け作業で良質なブドウが出来る。単純な繰り返し作業を丁寧にやる人がいて、初めて他の畑よりも良いブドウが収穫できる。

効率的に仕事を処理することは考えない。ビン詰め作業では、園生たちが手でビンを運んでいるが、そういう仕事ならできるわけである。単純で、繰り返す仕事である。先生の仕事は、園生の仕事を創りだすことであるから、自動化はしない。

表 3–1　スタッフと園生の仕事分担（1）〈畑作業〉

出来るだけたくさんの園生が畑に入るようにすること
スタッフの補助的仕事を中心に　以下主な作業として

- **剪定**　栽培スタッフが担当
- **剪定枝運び**　**園生**が担当　下に落とさず剪定者が手渡します
- **芽かき**　栽培スタッフが担当。一部**園生**もする。　新芽はフライにすると結構いけます
- **つる切り**　**園生**が担当　枝を下に向けやすくなる。ブドウは切らないでね
- **誘引**　栽培スタッフが担当
- **摘房**　栽培スタッフが担当　**園生**がコンテナを運搬　ベルジュのために捨てません
- **傘かけ**　**園生**が担当　人海戦術の素晴らしさ
- **腐れ取り**　栽培スタッフ、**園生**が担当
- **収穫**　栽培スタッフ、**園生**が担当
- **傘集め**　**園生**が担当　スタッフは収穫に集中できます
- **コンテナ運搬**　**園生**が担当
- **草刈り**　学園職員、**園生**が担当　刈り払い機、木の周りは鎌で手刈り
- **消毒**　栽培スタッフが担当
- **カラス番**　**園生**が担当　日の出から日没まで。真っ黒に日焼けします
- **石拾い**　**園生**が担当　斜面なので落石が無いように
- **幹の皮むき**　**園生**が担当　やりだすと剪定が進まなくなる、魔の仕事
- **コウモリガのチェック**　**園生**が担当　山際は多い

（出所）ココ・ファーム・ワイナリー HP から。醸造担当・柴田豊一郎氏による作成

表 3–2　スタッフと園生の仕事分担（2）〈ビン詰め〉

無菌ろ過～無ろ過まで
出来るだけ園生にやってもらう　それぞれの持ち場のスペシャリストになる

- **ビン出し**　**園生**が担当
- **ラインでキャップシールを乗せる**　**園生** 2 人が担当　リズミカルな動き
- **異物チェック**　スタッフ、**園生**が担当　コルクダストを見つける精度が高い
- **箱詰め**　**園生**が担当　ラベルチェックも兼ねる
- **パレット積み**　**園生**が担当
- **2000 本／時**

ビン詰めは気の抜けない作業だが、単調作業なので飽きがちになる。だが園生たちの集中力とモチベーションはとても高い。「またやろうね」と言って帰っていく園生もいる

（出所）ココ・ファーム・ワイナリー HP から。醸造担当・柴田豊一郎氏による作成

給与は出せないが、利益は配分する

こころみ学園の園生は１５０人、最高齢は88歳と高齢化が進んでいる（96歳もいたが5月死亡）。約半分が高齢の知的障害者だ。障害度は6が7割、残りは5（4が数人いる）で、重度の障害である。自分の名前さえ書けない、雇用できない人たちである。この園生たちがワイン造りに携わっている訳である。

発端は、園生たちが自力で生活できるようにするための資金稼ぎだった。山のブドウ畑では生食用ブドウを栽培していたのであるが、農作物は市場に左右され、自分で価格は決められない。豊作貧乏がしばしばだ。保護者たちが子供の将来を考え、国からの補助を当てにせず、学園で自力で生活するための会社を作りたいという思いもあって、ワイン部門に進出することにした。

しかし、こころみ学園は社会福祉法人であり、ワイン製造の免許が取れないので、保護者らの出資で有限会社ココ・ファーム・ワイナリーを設立した（１９８０年）。ところが、問題が生じた。園生がブドウを育て、ワイン造りに携わっている訳だから、ワイン販売から得た利益を学園のために使おうとしたら、自由に使えない。利益贈与とみなされ、贈与税などが課される。

そこで、ワイナリー部門とこころみ学園の関係に興味深い工夫がなされた。６haのブドウ畑は学園が管理し、そこからワイナリーがブドウを買うことにした。ブドウ販売代金が学園に入る。ワイン醸造工程に関しては、業務委託費にした。仕込み、ビン詰め、ラベル貼り等のワイナリーでの作業は、学園が請け負って園生が作業をし、ココ・ファームから労務費として支払われる。最低賃金で計算する（ワイナリーが園生を「雇用」すると、仕事をして給料をもらえる人は重度の知的障害者ではないということになり、学園に入所できないという矛盾にぶつかる。そこで、業務委託方式をとった）。

学園がブドウ販売や業務委託費で得た収入は、園生１５０人で分ける。A君はビン詰めをする。B君はブドウ畑や醸造場で働く仲間のために洗濯をする。C君は掃除をする。それぞれが得意な、可能な仕事を分担している。

4　中堅トップの規模――海外先進地に学ぶ

ＣＯＣＯワインの年間生産量は24万本である。売上高は3億円である（カフェ、ＣＯＣＯグッズを含むワイナリー売上高は7億円）。ワイン業界では大きい方だ。国税庁酒税課の調査によると、ココ・ファームは上位20％に入る中堅ワインメーカーである。メルシャン、サントリーなど大手資本を除けば、トップクラスの規模である。知的障害者が主役を果たしているため、企業弱者と見られがちであるが、実際には池上専務の卓越した企業家能力がうかがえる。

原料ブドウの使用量は３００ｔ、うち自社畑（６ha）からの供給は40ｔ、契約栽培農家等からの購入ブドウは２６０ｔである。購入ブドウの内訳は、その6割は契約栽培農家（20数戸）、4割はＪＡ等である。契約栽培は栃木県のほか、北海道余市、山形、長野、山梨、埼玉の5県に及んでいる。それぞれの土地に適したお得意のブドウを作ってもらっている。

自社畑は、足利市と佐野市に5つある。なお、山のブドウ畑の10ａ単収は一番上段のマスカット・ベーリーＡは４５０kg、一番下段のプティ・マンサンは６００kgである。一時、カリフォルニアのソノマに5haの畑を所有し（１９８９年）、園生たちが苗木植えや収穫していたが（日本に果汁輸入）、今はこころみ学園の古い友人が現地でワインを造り、それを輸入している。

購入ブドウの価格は1kg当たり２００円台後半から、最高は７００円、８００円もある。糖度買いで18度を基準に1度上昇ごとに20円位上がる。ベスト農家は収量制限や遅摘みをお願いし、収入保障の目的で〝面積買い〟している。

栽培品種は、適地適品種の考えを取り入れ、各々の土地や土壌や気候風土のなかで無理なく元気に育つ品種を栽培している。そうすることによって、病気に罹りにくかったり、虫の害があっても自分の力で回復することができやすくなる。

従業員は100人（パート含む）。ワイナリー部門は30人、カフェ10人である。

注目したいのは、研修制度である。スタッフは国内だけでなく、海外のワイン産地を10ヵ国あまり訪問している。米国、フランス、イタリア、オーストリア、スペイン、ドイツ、オーストラリア、ニュージーランドなど、優れたワイン産地やワイナリーを訪問し研修を重ねているようだ。研修を兼ねた海外出張は数えきれない。最先端のワイン造りを学ぶ姿勢がある。

もちろん、国内にあって、内外から講師を招き、気候条件の変化に対応すべく、また最新の栽培技術や醸造技術を身に着けている。こうした学びが、イノベーションにつながり、上質なワインを生み出している。

5　ブルース氏は何を変えたのか

ココ・ファームワインを今の品質に高めたのは、米国人ワインコンサルタントのブルース・ガットラヴである。ワインコンサルタントとは、ブドウ品種の選定、栽培、醸造、販売のすべてのプロセスについてアドバイスするワイン造りのプロである。

ブルース氏はカリフォルニア大学デーヴィス校で醸造学を学び、ナパやソノマ（いずれも米国）の有名なワイナリーでワインコンサルタントの仕事をしていた。こころみ学園のワイン造りの指導を依頼され、当初は断ったが、障害のある人のワイン造りに興味を持ち、引き受けた（1989年秋来日）。ブルース氏のアドバイスを受け、学園のワイン造りは大きく変わった。ブルースは日本のワイン造りの何を変えたのか。本人に直接、聞いた。

ブルース「自分は、畑は理解できなかった。毎年、台風は来るし。蔵の仕事を中心に改革した」。

まず取り組んだのは「火入れ」を止め、「無菌濾過方式」(生詰め)に変えることだった。すぐ止めた。「火入れ」は海外では見たことがない。火入れをすると、香りや味がなくなる。火入れは日本酒の「淡麗」からの習慣であろうか。筆者が山梨県勝沼で聞いた話では、日本は現状でも、約半分は「火入れ」が残っているのではないかという。

第2は衛生管理の仕事だった。掃除をしっかりしましょうということ。ワインは酸化しないように、亜硫酸を適量使うが、日本では亜硫酸塩の使用量が多すぎる。超微量に変えた。ココワインの亜硫酸塩使用量は、日本の食品衛生法の使用基準(0・35g/kg)の10分の1以下で、ヨーロッパの厳格な基準を持つ国際的なオーガニック団体の基準もクリアしている。

第3に、搾汁率を下げた。当時は高圧で搾り、搾汁率は78%だった。これではワインにエグミがあるので、このエグミを取るため整調剤を入れていた。それなら、最初からエグミが出ないようにすればよいと、搾汁率を65%に引き下げた(現状も63〜64%)。

第4に、白ワイン用の甲州ブドウは糖度が低いので、〝補糖〟していた。24度まで入れていた。そのため、どんくさい、重いワインになっていた。今も補糖しているが、少量である。甲州は糖度が18度と低いので、20〜21度まで補糖している。

当時、日本のワインは甘かった。「赤玉ポートワイン」の時代だった。最初に飲んだココワインも「甘い!」、「もう一杯」はノーサンキューしたようだ。辛口のワインを造ったら、皆に文句を言われたという。

野生酵母

第5に、培養酵母に頼らず、管理の難しい野生酵母による発酵に変えた。先述したように、野生酵母は個性的で上質なワインを造る。

池上専務によると、野生酵母を使うのは「ブドウがなりたいワインになれるように、ブドウ本来の自然の持ち味を存分に生かすためです。そうしたワイン造りの基礎を作ってくれたのはブルースさんです」。

ブルース氏のお陰で、日本のワインは美味しくなった。しかし、まだ、「知らないことが多い」と言う。新しい技術を使いたくない、学ぼうとしない日本人は多いようだ。日本のワイン技術は「50点」という。

ブルース氏は、ココ・ファームで約20年間働き、２００９年から北海道に移住し、自分独自のワイン造りを行っている（現在も、ココ・ファーム・ワイナリーの取締役で月1回はココに来ている）。ブルース氏に師事する若いワイン醸造家は多く、彼は日本のワイン産業のイノベーションに大きな役割を果たしている（第10章参照）。

こころみ学園とココ・ファーム・ワイナリーの実践は、頭の中の哲学をかきむしる。もっと多くの人に知ってもらいたいと思う。

小山駅で乗り換え、両毛線で足利に向かった。山々の連なる遠望がいい。足利市には〝日本最古の学校〟「足利学校」の史跡が残っている。フランシスコ・ザビエルによると、１５４９年に「学徒三千」名が学んでいた。筆者は初めての訪問である。歴史を偲ばせる教育遺産の前に立つと、少し緊張、精神が引き締まる思いがした。研究者として現場主義を標榜する筆者は、研究テーマに関しては日本全国は言うに及ばず、世界各地を歩いてきたが、足利学校を後期高齢になる今日まで訪問しなかったのは、教育者としては本物ではなかったのではと述懐する心境であった。「こころみ学園」の教育効果が私にも及んできたのかもしれない。

第4章

研究者の〝脱サラ〟ワイナリー　自己実現めざす働き方改革

ビーズニーズヴィンヤーズ（茨城県つくば市）

ビーズニーズヴィンヤーズ沼田圃場（つくば市神郡）

製薬の研究者として充実した生活を送っていた、今村ことよさんは、40歳で脱サラし、ワイン造りの道に入った。ワクワクする仕事であり、研究者時代よりもハッピーだという。

研究学園都市・つくば市には科学的なデータに基づき農業する人が増え、新しいワイン産地化に向けた動きが活発化している。

1　ノーベル賞の町

筑波山麓がブドウ・ワイン造りに沸いている。〝脱サラ〟の新規参入である。３つのワイン会社のうち（それぞれ12年創業、14年創業、15年創業）、二つは研究者の脱サラ組で、博士号の取得者だ。ワイン造りは自己実現できるクリエイティブな仕事であり、また、「ワインは人を呼ぶ」という特性があり、人との交流を作り出す楽しい産業であることも、脱サラの対象なのであろう。全国各地で、医者や大学教授がワイナリー経営に新規参入しているが、ここ研究学園都市・つくば市でもその動きが出ている。時代の変化を感じる。

筆者は長年、農業は広汎な科学の上に成り立っており、頭脳労働が決定的に重要な「先進国型産業」であり、頭脳労働ができる人が農業に就けば成功できると主張してきたが、日本ワインブームは思わぬ現象を生み出したと言えよう。40年前、ニュージーランドやアメリカの例を引きながら「農民は最高の職業である」と書いたことが思い出される（労働省職安局『職業安定広報』１９８０年６月21日号巻頭言、拙稿）。

つくばエクスプレスの終点「つくば駅」の近くに、小さな公園がある（中央公園）。筑波大学ゆかりのノーベル賞受賞の科学者たちが並んでいる。江崎玲於奈博士、朝永振一郎博士、小林誠博士のモニュメントだ。入口近くに江崎博士、そして朝永博士、小林博士と続く道は「未来への道」と名付けられている。その道を踏みしめながら歩くと、身が引き締まる思いがする。子供連れの母親たちにとっては最高の教育の場ではないだろうか。筆者は「来るのが遅かった」という思いが込み上げてきた（もう遅いのである）。そのくらい、感動の場所である。

公園の端に、動物の像が見えた。もしや「ガマ蛙」と思い近づくと、「フクロウ」の像であった。フクロウは古代ギリシャ以来、「森の哲学者」「学問の神様」「農業の神」と言われている。「ガマの油売り」からノーベル賞の町へ、筑波は変わったのだ。

筑波研究学園都市は、非日本的なものを感じさせる。東大通りのトウカエデ樹の並木も日本離れしているが、中身はもっと日本離れしている。国の研究・教育機関のほか、民間研究所等の集積も厚く、研究者が多いのが一番の特徴だ。研究者数は日本人研究者1万3481人、外国人研究者7277人もいる。合計2万758人（2016年現在。**表4—1**参照）。人口24万人に対し、研究者が2万758もいる。しかも、外国人研究者が多い。

表 4–1　筑波研究学園都市の研究者数

（単位：人）

	日本人研究者	外国人研究者	合　計
国の機関等	10,141	7,243	17,384
公益団体等	310	34	3,287
株式会社等	2,943		
無回答	87	0	87
合　計	13,481	7,277	20,758

（出所）茨城県政策企画部資料『筑波研究学園都市』2018 年 4 月発行（原出典は「平成 28 年度筑波研究学園都市立地機関概要調査」ほか）

表 4–2　研究職・教授職の在留外国人数ランキング（市区町村別）

（単位：人）

	研 究	教 授	合 計	［参考］人口（千人）	1 万人当たり研究職
つくば市	255	174	429	227	11.23
東京特別区	289	1,441	1,730	9,273	0.31
港区	31	79	110	243	1.28
江東区	26	62	88	198	1.31
世田谷区	23	111	134	903	0.25
和光市	181	13	194	81	22.35
横浜市	97	135	232	3,725	0.26
神戸市	54	128	182	1,537	0.35
京都市	27	610	637	1,475	0.18
大阪市	19	109	128	2,691	0.07
仙台市	12	236	248	1,082	0.11
名古屋市	11	385	396	2,296	0.05
札幌市	5	218	223	1,952	0.03
福岡市	5	195	200	1,539	0.03
全　国	1,480	7,354	8,834	127,090	0.12

（出所）法務省「在留外国人統計」（第 7 表の 2）、2019 年 12 月末。人口は 2015 年国勢調査による

表4―2は法務省「在留外国人統計」で見たものであるが、市区町村別にみると、つくば市の研究職の在留外国人はダントツに多い。人口比でみると、人口1万人に対し、つくば市は11人、これに対し東京都特別区は0・3人である。

つくば市は1960年代に建設が始まった。東京の過密緩和と科学技術振興・高等教育の充実を目的に、筑波山や霞ケ浦を擁する農村地域に、東京にあった国の研究機関や東京教育大学（現筑波大学）を移転し新都市を建設したものだ。6町村の合併で生まれた町であり総面積2万8372haであるが、そのうち中央部の研究学園地区は2700haである。中央部の都市機能の集積地以外は、依然、農村地帯であるが、ここも変化の波に襲われている。筑波というと、筆者が知っているのは「ガマの油」と「北条米」であるが、ここにブドウ&ワインという新しい産業が発展しようとしている。㈱ビーズニーズヴィンヤーズ（今村ことよ代表）も、その一つである。

じつは、茨城県は山梨県勝沼と並ぶワイン産業発祥の地でもある。牛久シャトー（牛久市）は明治36年（1903年）、日本ワイン産業の黎明期の人、神谷伝兵衛氏が創業したもので、フランス種のブドウとボルドー高級ワイン製造法を取り入れた日本最初の本格的なワイン醸造場である。しかし、それ以来、長らく茨城県ワインは鳴かず飛ばずの状態だった。ワインの立地適性がなかったのであろうか。しかし、ここにきて、この数年、ワイナリーの新規参入が続いた。このほかに、ブドウ栽培を始める人も出てきた。新しい産地化に向けた動きが活発化している。現代と牛久シャトー時代の違いは何であろうか。

2 筑波山麓でもブドウ栽培できる――筑波大学の先生の論文を読み判断

筑波山麓を南に流れ霞ケ浦（土浦）に注ぐ桜川は、筑波山の花崗岩から豊富なミネラルが溶け出し、流域沿岸に恵みをもたらしている。この流域に戦前の皇室献上米「北条米」の水田地帯があるが、花崗岩土壌のミネラル成分が北条米の旨みを作っていると言われる（筑波山麓付近は花崗岩土壌であるが、北条米地区まで広がっている）。北条米は冷えると甘みがあり美味しいコメである。

ビーズニーズヴィンヤーズは、山麓の沼田と臼井の両地区にブドウ園があるが、北条米地区と同じ桜川の東側に位置する（北条米より上流）。

沼田地区の圃場を訪れて（収穫直後）、ちょっとビックリした。草茫々である。ネコジャラシ等が50㎝位伸びている。惰農かと思い、取材に来たことを後悔したほどだ。しかし、雑草が多いのは畑が新しいせいだという。耕作放棄地（借地）を開墾して最近使い始めたばかりだ。年に5回、除草しているという（草刈は10 a約30分でできる）。別の圃場は雑草の茂りはなく土地が落ち着いていた。

畝は東西に切ってある。筑波山麓は「陸海風」が東から西に吹いているので、東西に畝を切ると風通しがよく、病気の発生を抑制できるという。ブドウの房回りの温度も低下する。なるほどと思った。借地も、風が通るように東西に横長の土地を借りた。東西に畝を切ってあるので、霊峰筑波山をバックに垣根栽培の美しさを写真に撮ることはできない。

雑草茫々に驚き、最初少し距離を置いたが、理にかなった説明に次第に感心するばかりだった。しかも、就農してわずか5年しか経っていないのに農家的知恵も持ち合わせている。今村さんは研究熱心である。

逆転層が冷気をもたらす

筑波大学の先生方の研究論文などを読み、筑波山が花崗岩質土壌であること、筑波山には特徴的な「逆転層」現象があり、中腹に温かい空気が集まり裾野に冷たい空気が残る逆転が起きているから、裾野がブドウ栽培に適して

表 4–3　気象条件の比較（生育期間 4–10 月平均、昼夜気温は 9–10 月平均）

	つくば（館野）		勝沼	塩尻	上田	余市	東京
	年間	4–10 月					
降水量（mm）	1283	138.0	121.3	118.1	101.5	99.0	165.5
平均気温（℃）	13.8	20.0	19.9	17.8	18.4	14.6	20.7
日最高気温（℃）	19.1	24.4	24.5	22.2	22.9	19.5	24.2
日最低気温（℃）	8.8	15.2	14.4	11.9	12.6	9.6	17.0
昼夜の寒暖差	10.3	9.2	10.1	10.3	10.3	9.9	7.2
日照時間（時間）	1913	149.4	173.7	179.0	182.1	169.9	148.2

（注）気象庁データ。1981–2010 年平均。塩尻は松本今井観測所 2003–10 年平均（日照時間は松本）。

いるのではないか。東西に吹く「陸海風」に合わせて畝を作ることで病気の発生をより抑制できるかもしれない等を知った。

こうした研究情報から、「筑波山麓でもワイン用のブドウを栽培できる！」と判断したという。科学を活かしたブドウ栽培だ。

筑波のテロワール（気象や土壌等の自然条件）は、必ずしもブドウに最適ではない。**表 4–3** に示すように、雨が多い。また気温も高い。しかし、ビーズニーズの今村さんは気象の「逆転層」現象や「陸海風」の存在から、この不都合なテロワールを乗り越えることができることを知った。「逆転の発想」を導く自然現象が、筑波山麓にはあるわけだ。研究熱心が逆転を成功させたといえよう。

「普及員」は要らない。今村さんには自分で専門的な研究論文を読み、それを活用できる能力がある。

3　研究者から脱サラ――ワイン造りの方が幸せだ

今村さんは筑波大学で生物学を学び、さらに大学院に進み（生命環境科学研究科）、Ph・Dを取得した。卒業後、製薬会社の三共㈱に研究者として就職し、関節リュウマチ領域で世界的にも絶賛された治療薬の開発に成功したグループで充実した研究活動を送っていた。「面白く、やりがいがあった」「今思えば、あまりにもエキサイティング過ぎる仕事でした」という。

しかし、開発事業が第二相試験から第三相試験へと進んだ段階で、今村さんは「科学的に一番面白かった時期は終わった、こんなにやりがいを感じる潜在的ポテンシャルを持つ薬剤には恐らく定年まであと1回出会えるかどうかだ」「第三相試験は第二相試験の再現性を取るだけのこと。論文を読んで頭を使うというより、管理業務が中心となり、サイエンス的側面はあまり必要なくなる」と考え、会社を辞め、以前から興味を持っていたワイン造りの世界に入った。研究者生活は順調であったが、それを捨て、脱サラしたのである。

科学的知見が総合的に動員されるワイン造り

ブドウ栽培には植物生理学に加えて、害虫や病気や農薬の知識に、土壌学や雑草の年間遷移についての知識が必要だ。醸造となれば酵母によるアルコール発酵、乳酸菌によるマロラクティック発酵に関わる微生物学的知識が必要で、果汁の酸や糖度などの分析も必要。まさしく科学的知識が総合的に動員される世界だ。生物学好きの今村さんにとって、ブドウの植物生理や土壌微生物のことを考えるのは何よりも楽しい時間だ。研修のため長野県のワイナリーに通う度に、この仕事を生業にしたいと強く思うようになったという。

もう一つ動機があった。ワイン造りを職とすれば、筑波に戻れるのではないかということだった。生まれ育った地への愛着だ。

確かに、筑波は夜温が下がらず、少々冷涼に欠け、ブドウ適地ではないように思われるが、郷土愛と探求心が問題を克服した。

筑波山麓の「逆転層」現象がこの見方を覆した。上層が温かく下層に冷気が入る逆転層現象は秋から晩冬に発生するが、この現象のお陰で地表の気温は4℃くらい下がるので、春の芽吹きが遅れる。その結果、収穫期が遅れる。気温が下がってから、収穫することになるので、ブドウの品質が良くなる。温暖な当地方でも、逆転層現象のお陰で品質の良いブドウが出来る。

一方、筑波山麓には花崗岩が崩壊して積もった独特な土壌がある。ブドウは各種微量ミネラルに対する要求量が高く、土壌は中性に近い方がよいが（pH6・0〜6・5位）、花崗岩度合いの高い臼井はpH6・0であり最適である（沼田はpH5・0〜5・5と低いため、牡蠣殻石灰などを施用してpHを上げる方向の施肥を行っている）。花崗岩土壌は海外のワイン銘醸地、伊のサルディーニャ島や、仏のアルザスやローヌ地方などでもみられる、水はけのよい、ミネラル分の豊かな土壌だ。

つまり、筑波山麓は、逆転層現象によって気象上の不利な条件を覆し、一方、美味しいブドウを作る土壌条件があるわけだ。

ワクワクする仕事の選択こそ真の働き方改革

そこまで考えたとき、今村さんは製薬での仕事とワイン造りの仕事を天秤にかけ、ワイン造りの仕事に挑戦することにした。40歳の時である。

会社の研究者の時代と、ワイン造りに就農した今の比較を聞いた。「仕事に向き合った時ワクワクするのは同じです。ただし、今の方が楽しい時の時間の割合が大きい」と言う。つまり、今の方がハッピーと言えよう。1人でワイン造りをしているから、「8時間労働」はない。寝る時と食事の時以外は仕事のことを考えている。特に夏場は長時間労働だ。「残業」という概念はない。労働時間が倍増しても、楽しい時を過ごしているのであり、むしろ幸せなのである。

また、「何よりも嬉しいのが、毎年その成果がワインになってビン詰めされること」だと言う。

ワクワクする仕事に従事できることこそ、一番幸せなことであろう。それは多くの場合、探求心を背景に、クリ

表 4–4　今村ことよ氏の歩み

（2020 年 10 月現在）

1973 年	茨城県守谷町生まれ
1992 年	筑波大学生物学類入学
2001 年	筑波大学生命環境科学研究科卒（Ph.D.）
〃	三共株式会社入社、研究部門配置
2013 年	第一三共㈱退社（40 歳）
〃	長野県東御市のワイナリーにて栽培・醸造研修
2015 年	新規就農、筑波山麓にてビーズニーズヴィンヤーズ開園（50a 借地、ブドウ 1,500 本植栽）
2016–17 年	初収穫、㈱リュードヴァン（東御市）にて委託醸造
2018 年	法人立上げ、㈱ビーズニーズヴィンヤーズ代表取締役
2018–19 年	㈲マザーバインズ長野醸造所（高山村）にて委託醸造
2020 年	㈱牛久醸造場（茨城県牛久市）にて委託醸造
〈経営の現状〉	ブドウ園 1.5ha、ブドウ 2.5t、ワイン 2,000 本（成園ベース 8t ＝ワイン 8,000 本）

エイティブ（創造的）な仕事に取り組んでいる時感じるものだ。ワイン造りはそういう仕事なのであろう。「働き方改革」とは、時間短縮等よりも、クリエイティブな仕事を増やすことではないだろうか。今村さんは脱サラによって、「〝真の〟働き方改革」を自ら達成したと言えよう。

牛久シャトーは、日本の近代化現象として、ワインという新しい食品産業の成立を意味したのであるが、この数年の、現代のワイナリー立地は自己実現を目指す人たちの職業選択である。「働き方改革とは何か」を問うものであり、牛久シャトー時代とは意味が違う。日本社会の進化の現れである。

4　もう一つのPh・D・ワイナリー――Tsukuba Vineyard

つくば市には、もう一つ、Ph・D保持者が新規参入したワイナリーがある。「Tsukuba Vineyard」である。代表の高橋学氏は国の研究機関である産業技術総合研究所活断層・火山研究部門の研究者であったが（主に岩石の空隙構造と物性の相関関係の解明）、定年（2016年3月）を待って、ワイナリーの経営者に転じた（定年の2年前から、ブドウ栽培を始めている。なお、現在も再雇用で週3日、研究所へ)。

2014年5月、つくば市栗原の借地にプティ・マンサン150本定植したのがスタートだ（ビーズニーズより早い)。つくばの気候風土に適したブドウ品種の選定や高品質なブドウのための土つくりを目指し、土壌診断の上に施肥設計し、科学的なデータに裏打ちされ、合理的な経験則を採用した栽培技術でブドウを作っている。これまでの職業(研究職)とは縁もゆかりも無い、そして土地も無い、資金も無い、経験も無い全くの素人からの農業挑戦である。

現在、約2haの土地に、プティ・マンサンやマスカット・ベーリーAなど12種類のブドウを栽培している。土壌は粘土に富んだ沖積土壌で、ビーズニーズの花崗岩土壌とは違い水はけはよくない。土地は耕作放棄地の借地である（利用権設定、賃料無料)。2019年のブドウ収穫量は約2トン、隣接する筑西市の「来福酒造」で委託醸造したが、2020年夏、醸造施設が完成した。今年は予想収量4tであったが天候不順で2t、ワイン約2000本生産した。市民に親しまれるテーブルワインを目指し、価格は1500~2500円程度。

日々どういうお気持ちで仕事をされているか、研究者時代との比較をお尋ねした。

高橋氏「現役時代は多くの学生指導や共同研究・外国からの受託研究などを実施してきました。しかし、狭い専門的知識を有する大学や研究機関の人間との付き合いになりますので、ある意味では多様性の少ない人間関係とでも言えるものでした。しかし、農業に突入してみると、もちろん年齢層も広く、かつワインというキーワードで種々な人間と接することが可能となります。いわゆる社会性が上がったような気分を感じています。裾野が広がる分、人に接する時のワクワク感も大きくなります。はっきり言って今の方が楽しいです。新しいことばかりですので、余計そう感じるのかもしれません」。

人との交わりが楽しいと強調する。「ワインは人を呼ぶ」という特性があるが、高橋さんはまさに多様な人たちと交流できて、日々、満たされた気持ちで過ごされているようだ（週3日研究所、残り4日好きなワイン農業は最高の暮らしと思われる）。数多くの友人・知人や家族と楽しみながら、良いブドウと良いワインを作ることに向けて余生を投じるという。90歳までは現役として、畑やワイナリーに立ち続けたいという。

つくばは、農業を楽しみの大きい職業として捉え、科学的なデータをもとに農業を営む人の新規参入が増えている。さらに、高橋さんや今村さんに先導されて、最近、ブドウ栽培を始めた人が3人いる（ワインを造っている3社のほかに）。この2年で、すでに倍増した。

5 経営概況――「人」に着目したとき長野よりも有利

今村さんが就農したのは5年前である。ブドウを収穫しワインを出荷しているが、まだ醸造施設はなく、委託醸造している。英語表記の会社名「Bee's Knees Vineyards」は、直訳すれば「エクセレントなブドウ園」という意味であるが、（命名の由来はわからないが）働き蜂のように頑張って小さくても最高のワインの花を咲かそう！ということであろうか。

現在、経営面積は1・5ha（沼田0・8ha、臼井0・7ha）、ブドウ収穫量2・5tである。ワイン生産量は19年は2500本であったが、今年は2000本に減らし、500本分は東京都内のワイナリーにブドウで販売した（ブドウ価格の相場は1kg400円であるが、今村さんは500円で売れた）。成園になると、1・5haで8t収穫できる。高品質ブドウを取るため、10a当たり500kg程度を目標にしている。

土地はすべて、耕作放棄地を借り受け、自分で篠竹や雑木林を伐採し、整地した。借地料は10a当たり1万円である。周辺には借地予備軍がたくさんあり、規模拡大は難しくないようだ。

労働力は1人である。収穫はSNSで呼びかけると、1日当たり20人超、収穫ボランティアが集まる（日当無し）。

つくばは、長野より容易に人が集まる。

ブドウの品種は、ネームバリューのある有名品種を選んで9品種植えている。白ワイン用はシャルドネ（これが多い）、セミヨン、ヴィオニエ、ヴィルディ、赤ワイン用はシラー（これが多い）、カベルネ・ソーヴィニヨン、メルロー、タナ、プティヴェルドである。花崗岩土壌で、水はけもよいという利点を考えて品種を選んでいる。

つくばを満喫できるワインを造りたい

今村さんのワインはプレミアムワインである。1本3500〜4000円（税込み）である。茨城県内では一番高いワインのようだ。

つくばは市場として有利という。「人」を重視している。つくばは研究者の町であり、給料が高い。留学経験もあり、皆ワインを経験している。良いものであれば、4000円でも買ってくれる。5000円でも売れる。地元で高価なワインが売れる（実際、4分の1はつくば市内の酒屋で売っている）。東京の人も来やすい。長野はそうはいかない。つくばは、人に着目した時市場として有利だという。

どういうワインを目指しているか聞いた。酸と糖のバランス、香りを重視したブドウづくりを心掛けている。ブドウは完熟に近づくと、糖は高まるが、酸は低下する。酸が抜けたブドウで醸造すると、味わいのないワインになる。収穫のタイミングがポイントだ。

長野県北信地方のようなテロワールの良い産地は夜間の気温が低く、酸が落ちない。これに対し、つくばは夜の気温が高く、酸が抜ける。かといって、酸を残すため早く収穫すると、香りがなくなる。香りは足せないので、酸が少し抜けても収穫を遅らせ、酸不足は補酸する対応のようだ（補糖はしていない）。しいて言えば、フレーバー（香り）に着目したアプローチだ。アチラ立てればコチラ立たずの状況で、最適解を求めている。微妙な収穫期の見極めが重要なのである。

ちなみに、長野は補糖はしても、補酸はしないで済む。温暖化の進んでいる関東は酸抜けするので、補酸が必要である。今村さんは酒石酸を足している（リンゴ酸、クエン酸を足す人もいる）。

品種の選択で、赤ワイン用はシラー品種を多く植えてあるが、シラーはオーストラリアのような温暖地でも酸抜けしないから、筑波の温暖な条件を考えての選択である。

「つくばに来ないと味わえないプレミアムなワインを作る」のが目標である。「ブドウはその土地の個性を反映する。ここに来た人に、つくばを満喫できるようなワインを振舞って、筑波を好きになってもらえたら良いなと思っています」。

醸造場を計画している。すでに2万本規模の設計図は引いてある。しかし、社長業をやりたいわけではないので、拡大よりも、「畑にへばりついているのがいい」と考え、1万本にサイズダウンを考えている。数年後、醸造施設が完成した時、ビーズニーズヴィンヤーズがどういうワイナリーになっているか楽しみにして待ちたい。

第5章

6次産業化した町ブドウ郷勝沼
ワインツーリズム人気

山梨県勝沼地区

勝沼の観光ブドウ園全景

勝沼はワインツーリズム人気で観光地として発展している。日本一のブドウ郷が6次産業化した。一口飲んで、「ワッハッハー」という気持ちになった旨いワインも見つかった。大資本の立地から、中小・家族経営ワイナリーまで集積。まずブドウ栽培者ありきである。

地域を支えるブドウ栽培農家、観光農園、ワイナリーの実態を観たい。日常の原風景である。

1　ワインツーリズム観光

勝沼（甲州市）は結構、観光地である。人口8千人の小さな町に、年間250万人の観光客が訪れる。人口1人当り入込観光客数は、鎌倉市118人、北海道富良野市83人、等々であるが、勝沼は300人である（表5―1参照）。超有名な観光地より、勝沼は観光密度が高い。ちなみに、軽井沢は449人である。軽井沢を除けば、勝沼は最上位にある。全国トップレベルの観光地域といえよう。

観光農園でのブドウ狩り、ワイナリーでのテイスティングやワイン購入の客が多い。風光明媚な田園都市の散策も人気の背景だ。観光客は女性客が多い。女性比率6割以上と言われる。「ワインは女性を呼ぶ！」至極名言と思う（『山梨日日新聞』18年12月24日付拙稿「時標」）。

洒落たレストランが多い。ワイナリー付設もあるが、独立した街のレストランも洒落たものが多い。勝沼バイパス沿い下岩崎にあるビストロに入ると、ここは東京銀座の有名フランス料理店のシェフが開業したフレンチであるが、フランス人ツアー客も大勢いた。景観と美食が楽しめる。

勝沼はブドウ発祥の地であるが、明治初期、ワインが本格的に産業化したのも勝沼であった。大正期には、欧州系品種の導入、養蚕業の衰退に伴い、桑畑がブドウ畑に転換されていった。

観光農園も明治期に発生したが（明治25年宮光園）、大きく発展したのは戦後、1958年の新笹子トンネル開通（国道20号線）や、1977年の中央自動車道の開通で、団体ベースの観光客が増えたことが要因だ。その後も、マイカーによる家族連れ観光客が増えた。近年は農家の高齢化、後継者不足によって減少しているが、今でも観光ブドウ園は150軒ある。一方、少子高齢化の影響もあって、近年はブドウ狩りよりもワイナリー訪問客の方が増えている

表 5–1　入込観光客数の比較

	人　口 （千人）	延べ人数 （千人）	人口1人当り （人）
甲州市	32	3,132	98
（旧勝沼町）	8	2,480	310
甲府市	193	4,877	25
北杜市	45	6,005	133
富士吉田市	49	7,661	156
富士河口湖町	25	6,829	273
長野県松本市	243	5,123	21
軽井沢町	19	8,529	449
小布施町	11	（1,100）	100
安曇野市	95	5,088	54
神奈川県鎌倉市	173	20,424	118
北海道函館市	266	5,250	20
小樽市	122	8,060	66
富良野市	23	1,890	82
美瑛町	10	1,680	168

（注）人口は 2015 年国勢調査。入込観光客数は 2018 年。北海道は実人数。小布施町の（　）内は 10 年前の値。

表 5–2　勝沼町のブドウ農家の推移

	農業経営体等			就 業 構 造		
	農業経営体数 （戸）	販売目的でブドウ栽培		就業者数 （人）	農　業 従事者 （人）	比　率 （%）
		農家数 （戸）	栽培面積 （ha）			
2005 年	1,194	—	623	5,244	2,055	39.2
2010 年	1,084	1,043	—	5,063	1,694	33.5
2015 年	989	944	571	4,816	1,744	36.2
山梨県	17,970	7,247	3,103	409,000	28,000	6.8
全　国	1,377,000	32,169	12,997	58,919,000	2,004,000	3.4

（出所）「農業センサス」。就業構造は「就業構造基本調査」。山梨県、全国は 2015 年値

ようだ。

現在、山梨県にはワイナリーが85あるが、そのうち32が勝沼地区に立地する日本一のワイナリー集積地である。このように、勝沼はブドウ栽培、そして、それを1次産業とした2次産業（ワイン製造）、第3次産業（観光）の集積で栄えてきた。現在も、**表5―2**に示すように、農家の95％はブドウを栽培し、経営耕地面積の83％はブドウ園が占拠し、就業者の36％はブドウをはじめとした農業に従事している。勝沼はブドウ依存度の高い地域である。(注)

（注） 2019年1月、勝沼を含む「峡東地域の扇状地に適した果樹農業システム」が日本農業遺産に認定され、さらに22年7月、「世界農業遺産」に認定された。

生活面でも、結婚式や懇親の集まりでは清酒ではなく、ワインを一升瓶から湯飲み茶碗でがぶ飲みする等、生活習慣の中にワイン文化が浸透している。

2 ブドウ狩り・通信販売 売上1億円――久保田園 久保田雅史氏

勝沼はブドウ狩り観光農園が多い。久保田園（4代目園主 久保田雅史氏）は売上高1億円、一番人気の観光ブドウ園である。勝沼のど真ん中に位置し、ブドウのほかは一切ない地域だ。久保田氏はマーケティングに優れ、新品種開発にも積極的で、「赤いシャインマスカット」も持っている。

大学で経済学を学び（マーケティングに興味）、2001年卒業、父の跡を継いで就農した。当時の売上高は2000万円。2003年にTVの「王様のブランチ」に取り上げられ、売上は4000万円に増大、その後、ネットを利用したブドウの紹介や、トイレを綺麗にする等の改善の結果、6500万円、7500万円と伸び、近年のシャインマスカット効果で1億円に上昇した。大学で学んだマーケティング手法を活かしたという。アレヨアレヨという間に、1億円になった。本人曰く「バブルだ」。

久保田園は経営面積2・4haである。ブドウ狩り観光農園、通販をしている。シャインマスカット（30ａ）、巨峰・ピオーネ（70ａ）など、約50種類のブドウを栽培している（まだ販売していないものを含めると80種類）。シャインマスカットは2006年に品種登録された新しい品種で、糖度が高く、果皮は青々としている。また、果皮が薄くて柔らかく、皮ごと食べられ、ジューシーで上品な甘みと香りが楽しめる。現在、一番人気のある品種である。市場価格は巨峰1000円、シャインマスカット1700〜1800円である。久保田園はシャインマスカットだけで売上が数千万円になる（仕入れを含めて。販売の30〜40％は仕入れ分）。

ブドウ狩りの価格は、どの品種も1kg1600円にしている（今年19年からはシャインマスカットは値上げ予定）。こうすることで、消費者がどれを買うか、選好を見やすい。「自分は売れるものを作る。あるものをどう売るか、これは農家の姿だ」。マーケティングに秀でている久保田氏の経営戦略である。

赤いシャインマスカット

久保田園は、「赤いシャインマスカット」を持っている。シャインマスカットの果皮は緑色であるが、2013年に果皮が〝赤い〟シャインマスカットを売り出した。久保田氏が開発した新品種である。「赤いシャインマスカット」とは〝ワード〟がすごい。集客力がある。「他人が何を言っても、うちが一番だ。客はうちに集中している」。今、久保田氏はオリジナル品種を3品種持っている。差別化に成功しているという。このイノベーションが「1億円農家」の背景だ。

1300年の歴史がある在来品種、甲州種も栽培している。生食用のほか、ワイン向け加工用も栽培している。加工用の収量は生食用の1・5倍で、10ａ当たり2〜2・5ｔ、粗収入10ａ当たり40万円になる。

加工用の分は、ワイナリー向け販売300～400kg、残り300kgは自家用のため委託醸造している（720㎖、300本、マルサン葡萄酒）。自家用のワインは、ブドウ狩りに来園する観光客に販売している（白1500円）。

久保田園のブドウ狩りには年間2・5万人も来る。9月のトップシーズンには1日1500人、去年18年は2000人も来たと言う。

労働力は、常雇1人、5月以降は主婦パートも使う。栽培の時期は10人、収穫期の9月は30人雇用する。時給1250円、1日1万円、月収25万円である。

コメント 久保田園の高収益の背景には、ブドウ栽培業界の供給力の低下もある。**表5―2**及び先の**表5―1**に示すように、近年、高齢化等から農家数が減少し、出荷量も減少している。消費需要はこれほどの減少はないので、価格が上昇し（高級化要因も大きい）、残っている農家はその恩恵を受けている。「残存者利益」だ。ブドウ価格は1kg当たり、05年478円、10年600円、15年629円、17年802円と上昇した。労働集約型作目一般でみられる興味深い現象がここでも確認できる。もちろん、マーケティング、イノベーションの成果も大きい。

3　毎年、ブドウに点数が付けられている――加工用ブドウ専業　矢野貴士氏

矢野貴士氏（1980年生）との出会いは興味深いものであった。甲州市の農業経営者たちと懇談する機会があり、私はブドウ農家の将来の姿について試論を述べた。近い将来、ブドウ栽培の経営形態は多様化する。観光園を含めて生食用ブドウを栽培する農家、生食用とワイン醸造向け加工用ブドウを栽培する兼業農家のほか、〝加工用専業〟が発生し多様化していくだろうと予想を述べ、皆に感想を求めた。価格が安く経営が成り立たないと見られる「加工用専業」など誰も考えていなかった。

約40年前、筆者は「4つの革命」を提唱し、〝借地による規模拡大〟という「土地革命」を展望した（拙稿「農業

革命を展望する」『経済評論』1980年11月号。拙著『農業・先進国型産業論』所収)。この借地農業論から演繹した、理論上の農家タイプが「加工用専業農家」であって、現実にはまだ存在していなかった(と思っていた)。ところが、「もう、1人いますよ。熊本から最近来た人」という発言があった(先の久保田氏)。皆驚いた。そこで、連絡先を調べてもらって、矢野貴士氏に会った。その出会いは衝撃的であった。

矢野氏は熊本生まれ、福岡出身で、飲食サービス業を転々とし、ホテルオークラ福岡でワインに触れる機会があった。「地場品種」に魅力を感じ、8年前(2011年)、甲州市に来た。他の産地は欧州系や世界品種であった。勝沼町下岩崎の「レストラン風」に就職。当初は正社員であったが、途中でバイトにしてもらって、3年間、朝は畑(借地)、昼間は「レストラン風」で働き、夕方は畑の仕事をした。4年前、ブドウ栽培農家(借地)一本鎗になった。甲州市のアグリマスター制の支援を受けて、ブドウ棚掛け職の仕事を研修した。

現在、経営耕地面積は1・6haである(自作13a、借地1・5ha)。高齢農家や爺さんが他界した農家など8戸の地主から借地している。耕作放棄地にすると周辺から嫌がられるようである。

地代は、全部(1・5ha)で10万円。10a当たり6600円だ。安い。粗収入は10a当たり60万円(推定)、1・5haで900万円(推定)であるから、地代の売上高原価は1%である。今後も借地で規模拡大し、2年後、3haを目指している。すべて加工用ブドウである。品種は甲州(60a)、デラウェア、マスカット・ベーリーA、ピノ・ノワールなど。将来、どの品種も増やすが、日本食に合わせやすい甲州が多くなると見込んでいる。

この地域のブドウ農家は生食用と加工用の「兼業」が多い。加工用専業は矢野氏だけである。加工専業でやると言うと、「無理ムリと言われた」。加工用は単価が安いからだ。実際、シャインマスカットは1kg1500円、観光園卸し800円、これに対し、加工用の甲州はJA買取240円である。

ブドウが働きを採点している

加工用ブドウは「粗放的栽培」といわれる。規模拡大できるのも、粗放的栽培で済むからだ。筆者がそう指摘すると、矢野氏「片手間ではなく、一生懸命、醸造用ブドウを作っている。ワイナリーが一生懸命にワインを造っているように」「摘粒があるかないかだけの違いです」「愛情を欲しない生物はいない。手を掛けたら掛けただけ反応してくれる」「ブドウは人を見ている。手抜きはできない」「ブドウは黙って見ていて採点する。〈お前の働きはこうだよ〉と。1kg500円のブドウだったり、200円のブドウだったり」「手を抜いたら手を抜いただけの収入になる。やったらやっただけの収入になる」。

写真 5–1　勝沼 雪景色のブドウ畑（矢野貴士氏提供）

矢野氏は「毎年、ブドウに点数を付けられている」という。ブドウが矢野氏の働きを採点している、それがブドウの価格だという。なんと素晴らしい哲学だろう。

今年200円のブドウだったら、来年は300円と採点されたいと頑張るのが普通だ。だから、粗放的栽培だなんてことはないという。

「生き物である以上、手を掛ければ掛けるほど応えてくれる」「ブドウに点数を付けられている」、こんな哲学で経営している以上、矢野さんは将来、立派な経営者になると確信した。

矢野さんのブドウは、1kg240円もあるが、1kg300円、1kg500円もある。もっと高くてもいいよと言ってくれる人もいるようだ。

栽培者の名前入りワイン

取引先ワイナリーは、各栽培者のブドウをブレンドして醸造することが多いが、矢野さんは自分だけの「単一」のブドウで醸造してくれることを願っている。このタンクは矢野のタンクと決められて。そして、栽培者の名前がボトルのラベルに載る（畑の代わりに、栽培者の名前入り）。このワインは矢野のブドウで造ったものと名前が入ると、励みになるという。既にそういうワイナリーがあるようだ。「日本ワイン」表示規制になり、原料ブドウが不足気味になっている以上、原料ブドウを確保するため、ワイナリー側の対応も変化が出てきたようだ。

4　委託醸造　共同組合型ワイナリー──㈲マルサン葡萄酒　若尾亮氏

勝沼には、戦前から、農家が地区や集落ごとに組織した共同醸造組合による小規模なワイナリーが沢山ある。㈲マルサン葡萄酒（若尾亮代表）も、1935年（昭10年）、地域の共同醸造場「勝沼第5地区ぶどう酒共同組合」が前身である。1963年（昭38）法人化し、㈲マルサン葡萄酒になった。

ブドウ狩り観光園「若尾果樹園」も経営している（50年前から）。現在、果樹園60ａに、シャインマスカット、ピオーネなど、25種類のブドウ品種を栽培している。シャインマスカットは1kg1800円、ピオーネは1500円で販売している。醸造施設の横に附いた階段を上がると、展望台になっている。山々とその麓に広がるブドウ畑の景観が素晴らしい。

ワイン醸造は、ブドウ使用量2万5000kℓ（ワイン720mℓ2万5000本）である。年産2万5000本のうち、4割（1万本）は委託醸造分である（農家数30軒）。農家がブドウを持ってきて、手数料をもらって醸造、全量引き取ってもらうシステムである。農家はワインを自分の観光園で販売している。ブドウ1kgでワイン1本（720mℓ）、多い人で500本。委託醸造分は皆、一緒のタンクで醸造する（勝沼には100％委託醸造から成るワイナリーもある。「ブロックワイナリー」と言う)。

つまり、2・5万本のうち、1万本は委託醸造、1・5万本は自分が販売する分である。出荷は県内外の飲食店や酒屋に出す。売店売りが2〜3割近くある(本数ベース)。8、9、10月に仕込んだものを3月にビン詰めし、1年間で売り切る(ビンテージなし)。この冬はテイスティング客が多かったという。

「混醸」もある。観光園で余ったブドウを全部つぶして造る(ロゼワインが出来る)。従来、畑に捨てていたブドウだ。混醸の割合は毎年変わるが、例えば、2017年産はピオーネ23%、マスカット・ベーリーA9%、巨峰7%、等々で、「若尾果樹園2017」ワインとして2160円で売り出した。好評のようだ。2010年からこの混醸を始めた。

若尾さんの甲州は、棚式で栽培し、10a当たり1・5〜1・6tと少ない。房の調整はしないという。農家から買い取る甲州は1kg230〜250円。繋がりを考えて、悪くない価格で買っているという。

時代を考える時あり――醸造減らし、観光園維持

若尾園の歴史は古い。果樹栽培は江戸中期には手掛けていた。当地は甲州街道の宿場町で、街道沿いで脇本陣(役人たち専用の宿泊所)を経営していた。通貨も若尾家で発行していたらしい。明治になって、特定郵便局もしていた。

ブドウ狩り観光園は50年前に始まるが、一見客は1割、9割は常連である。女性客が6割以上だ。ブドウ狩りに来るお客さんたちは、「お父さんお母さん、居るか」「オー、おじさん久しぶり」とやってくる。一番、お客さんを離さない商売の仕方だ。若尾亮さんに言わせると、この接客は父母が何十年も前からやっていたことだが、「今っぽい」という。食べ放題などやると、このやり方は変わるとみている。

若尾さんは、歴史を振り返りながら、時代のことを考える時があるという。2008年に婿養子で若尾家に入っ

た。あと10年、自分の仕事が増える。生食用ブドウは手間がかかる。一方、従業員は1人パートのみ。どうするか。父の考えは「全部ワインにする、畑は甲州」の方向のようであるが、若尾氏は逆に、ワインの生産本数を減らし（2万本以下に）、生食用（観光園）は維持の方向を考えている。今、日本ワインブームだが、ワインブームは気にしない。EPA（経済連携協定）もうちには影響しないとみている。

若尾氏は、長期思考をよくする、地道な人である。内向的というか、昔の戦いで言えば「籠城型」である。マーケティングに秀でた先述の久保田雅史と対照的である。

5　手絞りのブドウ酒　農家組合ワイナリー——菱山中央醸造(有)　三森斉氏

一口飲んで、「ワッハッハー、ワッハッハー」という気持ちになった。ある化粧品会社のテレビCMに、年齢不詳の女性を「50歳」「40代」「60歳」と言い当てっこしていたが、ふたを開けてみると70歳！　皆一同、ワッハッハー、ワッハッハーと歓声を上げる。お見事！という若さだということであろう。菱山中央醸造のワイン（甲州）は、そんな天晴なワインである。それで取材を決めた。

4月初め、勝沼は桜満開であった。駅周辺が花見の公園である。勝沼ぶどう郷駅を降り、歩いて10分位のところ、「ぶどうの丘」の入口辺りに、菱山中央醸造(有)がある。周辺すべてブドウ畑である。菱山地区は勝沼でも一番いいブドウが取れると定評がある。

菱山中央醸造有限会社（三森斉代表、54歳）は、農家組合ワイナリーである。農家がブドウを持ち寄り（10月中旬）、共同作業でワインを醸造し、一冬発酵させ、3月の蔵出しには持ち寄ったブドウ量に応じてワインを一升瓶に詰めて持ち帰る。つまり、自分たちの原料、自分たちで仕込み、自分たちでビン詰めする。農家の晩酌用だ。掛かった経費は税金を含めて折半する。

当初、組合員は60軒あったが、離農や高齢化で、現在、ブドウを持ち寄って委託醸造する農家は25軒である。自家消費用は少ない人は一升瓶50本（720㎖125本）、多い人は一升瓶100本である。昔は全量、農家が持ち帰りであったが、現在は6対4、農家持ち帰り6、会社キープ4（販売用）である。

生産規模は一升瓶換算4000本（720㎖1万本）の小さな蔵である。生産能力は5000本可能であり、今後、生産を増やす方向だ。

農家がここに持ち込む量は生産量の1％程度である。この地区の農家は平均150ａ作付けしている。10ａ当たり単収は1・5～2ｔで、多くは生食用であり、醸造用も農協やワイナリーに販売する。自家消費のためこの共同醸造場に持ち込むのは、少ない人は100キロ、多い人で300キロである。農家の粗収入は150ａ規模で1500～2000万円のようだ。

当社の始まりは、昭和初期、国から菱山地区にブドウ酒の醸造免許が三森家に下りたのが始まりである。勝沼はコメが取れないので、ブドウ酒を造っていた歴史がある。昔は「酒税」が確立されていなかったが、酒税が課税されるようになり密造が始まったので、大正から昭和初期にかけて、お上主導で共同醸造場が出来た。個人ではなく、地区や集落単位で共同免許が出た。これがさらに集約されて今日に至っている。三森氏の話によると、地元資本の大手である勝沼醸造㈱などは庄屋的な存在だったので個人免許が出た。一方、外部資本のマンズワインなどは共同醸造場を会社ごと買収して進出してきたワイナリーである（昭和初期は免許が出なかったので買収）。今、勝沼に30余あるワイナリーの産業構造はこうして形成された。

写真 5–2　菱山中央醸造の木製の搾汁機と破砕機

熟したブドウ、手絞り

菱山中央醸造の甲州ワインの旨さの秘密は何か。農家の人たちが自分の晩酌用に造っているので、とても贅沢に仕込んでいる。昔ながらの「手絞り」である。写真に見るように、木製の破砕機や搾汁機を使っている。今の搾汁機は3代目で、1950年代（昭30年代）から使用している。手絞りであるため、歩留まりは半分である（大手ワイナリーの機械絞りは7〜7割5分）。機械絞りだと、果皮の周りの渋みまで果汁となり、苦みが入りやすくなる。

もう一つは、原料ブドウの品質が良い。菱山地区のブドウは美味しいと定評がある。東京大田市場でも評判が良い。この高品質ブドウ地区の農家が、自分が飲むためのワイン造りであるから、完熟した、選りすぐりのブドウを持ち寄る。菱山のブドウの旨味や、遅摘みならではの味わいがするワインだ。ワインは8割はブドウで決まるといわれる。特別の原料ブドウで造る以上、旨いワインになるのは当たり前だ。

もっとも、三森氏によると、昔は味が違っていたようだ。25年位前（1990年代前半）までは、美味しくなかった。三森氏が就農したのは92年であった。その2年後、地域のイケダワイナリー㈱の池田氏（醸造家）に技術を教わって美味しくなったという。

現在、3種類のワインを造っている。甲州の辛口、甘口、ロゼワインである。甘口は補糖しているのかと思いきや然(さ)に非ず、酵母菌が糖分を分解するのであるが、発酵時間を少し短くし、発酵を途中で止めると糖分が残り甘いという。第3のロゼワインは、生食用の残り物を使う。巨峰、ピオーネ、マスカット・ベーリーA等々の混醸で、毎年味が違う。昔から、これはあった。昭和30～50年頃はデラウェアが多かったが、近年はベーリーAと巨峰が多い。3種類とも、販売価格は2000円プラス消費税である。ラベルのないブドウ酒たちである。

農業法人「ぶどうばたけ」

三森氏は「農業生産法人ぶどうばたけ」も経営している。経営規模5ha、すべて借地である。70筆、遠く山梨市まで広がっている（車で20分）。父から経営を継承した当時は1・8ha、法人化（06年）した頃から増え始め、5年前に5haになった。最近、シャインマスカットが大ヒットしたので、担い手が増え、土地流動化が従来に比べ抑制されている。地代は10a当たり3万円であるが、安いところもあり、5ha全部で100万円である（10a当たり平均2万円）。10年後、7haを目標にしている。

5haのうち、4haは巨峰・ピオーネ、シャインマスカットなど生食用の栽培、1haが醸造用で、ワイナリー向け販売、自社のオリジナルジュース向け、共同醸造場向けである。畑は草生栽培で、除草にヤギを活用している畑もある。従業員は家族プラス雇用5人（月給15～20万円）。売上高は1億円を目指している。

後継者・三森基史氏（27歳）は東京農大（農学科）卒業後、米国コロラド大学で2年間研修し、すでに就農している。ワッハッハーのワインを造っている共同醸造場も、「ぶどうばたけ」も、競争力のある経営である。益々の発展が期待される。

6　勝沼の比較優位は何か

勝沼は、ブドウ栽培、ワイン造り、入込観光客数250万人というサービス産業で発展している。ブドウ農業を基にした6次産業化で発展している。将来も、同じように発展できるであろうか。

ブドウ栽培は、1950年代、勝沼が独走状態であったが、その後、北海道や長野、岡山など全国に広がった。ワイナリーの展開を見ても、国産ブドウを使用する日本ワインの大手資本は、最近、山梨県内の北杜市や南アルプス市、長野県に自社園を開設する動きがあり、メッカ勝沼のシェアは低下傾向にある。また、日本も長期的には自社畑でワイン造りを行うワイナリー（仏のドメーヌ型）が増えると思われるが、勝沼は小面積の果樹園が密集し、自社畑を所有するワイナリーは成長困難である。他の産地がワイン適地として発展する可能性がある。

一方、ブドウ狩り観光園は、依然、勝沼が強い。景観の良さに加え、東京に近いという利点がある。このように考えると、勝沼の「比較優位」は〝観光農園〟ではないか。マルサンの若尾亮氏が、将来、ワインづくりを減らし、生業の観光園を規模維持するという話があったが、これは経済学的にも正解かもしれない。

勝沼の興味深いことは、ワイナリー業界は地域の中で技術交流があることだ。先述した菱山中央醸造の三森氏はイケダワイナリーに技術を学んだ。マルサンの若尾氏は中央葡萄酒で研修を受けた。フジッコワイナリーの醸造責任者は勝沼醸造から流出した。地域の中で技術者が動いている。シャトー・メルシャンはシュール・リー製法や甲州きいろ香の技術を公開し、産地の発展に寄与した。

こうした技術交流の場があることが、今後も、勝沼のワイナリー業界の発展を支えていくだろうし、小規模ながらも、もっと旨いワインの作り手の集積地として発展が期待される。

第6章

イノベーションで先導し 産地発展の礎を築いた

シャトー・メルシャン（山梨県甲州市）

シャトー・メルシャン（勝沼）

最古のワイン会社を源流とするメルシャンは、現代でも業界のリーダーだ。イノベーションでワイン業界を先導、シュール・リー製法や甲州きいろ香の技術を公開し、産地の発展に貢献してきた。また、醸造用の甲州種ブドウの使用増大は耕作放棄地の活用や高齢農家の離農を抑制するなど、CSV（共通価値の創造）活動による地域貢献も大きい。

1　ワイン発祥の地

日本でワインが本格的に産業化したのは明治初期、山梨県勝沼（甲州市）であった。ブドウ栽培発祥の地も、甲州種の起源が１３００年前の奈良時代説にせよ１１８６年説にせよ、勝沼である。中央アジアのコーカサス地方カスピ海沿岸からシルクロードを経て中国経由で伝来し、気候風土の合った勝沼に定着した。ワインの歴史は勝沼抜きには語れない。

この勝沼に、日本最初の民間ワイン会社「大日本山梨葡萄酒会社」が設立されたのは、１８７７年（明治10）である。

前史がある。文明開化の明治時代、ブドウ栽培・ワイン醸造は殖産興業政策の一環として位置づけられた。１８７１年（明治4）、山ブドウ・甲州によるワイン醸造が甲府で行われており、73年、大久保利通は殖産興業の推進としてブドウ酒づくりを奨励、74年、山梨県令・藤村紫明の指導の下、官業としてワイン事業が発足、77年、山梨県勧業試験所で甲州によるワイン醸造の歴史があった。同年には殖産興業の父とも称される前田正名（『興業意見』の作者）も欧州視察から帰国し、欧州系ブドウ栽培とワイン造り手法の導入が本格化した（コメからの酒造りを節減する発想と文明開化期の西欧化の風潮もあったようだ）。

日本初の民間ワイン会社は、勝沼の2人の青年をフランスに派遣した（明治10）。土屋龍憲（19歳）と高野正誠（25歳）は現地で、ブドウの苗木づくり、醸造、貯蔵の技術、気象条件、土壌について学び、79年（1年7ヵ月後）帰国し、ワイン醸造技術を地元に広めた。それ以来、勝沼でワイン醸造が本格化した。この民間初のワイン会社を源流とするのが、勝沼に立地する「シャトー・メルシャン」である。

シャトー・メルシャン勝沼ワイナリーはキリングループのメルシャン㈱が山梨県甲州市勝沼に有しているワイナリーである。メルシャン㈱は勝沼のほか、神奈川県藤沢市の工場で輸入ブドウ果汁を原料として国内製造ワインを造っている（生産規模は勝沼の１００倍）。これに対し、勝沼ワイナリーは１００％国産ブドウを原料とする日本ワインを造っている。さらに近年、長野県に新しいワイナリーを二つも増設し、日本ワインの未来に積極的に投資している（本稿では輸入原料の藤沢工場は分析の範囲外とする）。

2　世界に認められる「産地」を目指す

メルシャンは国内製造ワインの最大手であるが、日本ワインは年産65万本（７２０㎖換算）。国産ブドウ使用量は６５０ｔに上がる。うち５００ｔは契約栽培である。表6―1に示すように、契約栽培農家は福島、秋田、長野、山梨に約70人いる。また自社管理畑を増やしており、18年末現在で50 haに達しているが、27年目標は76 haに拡大する予定。

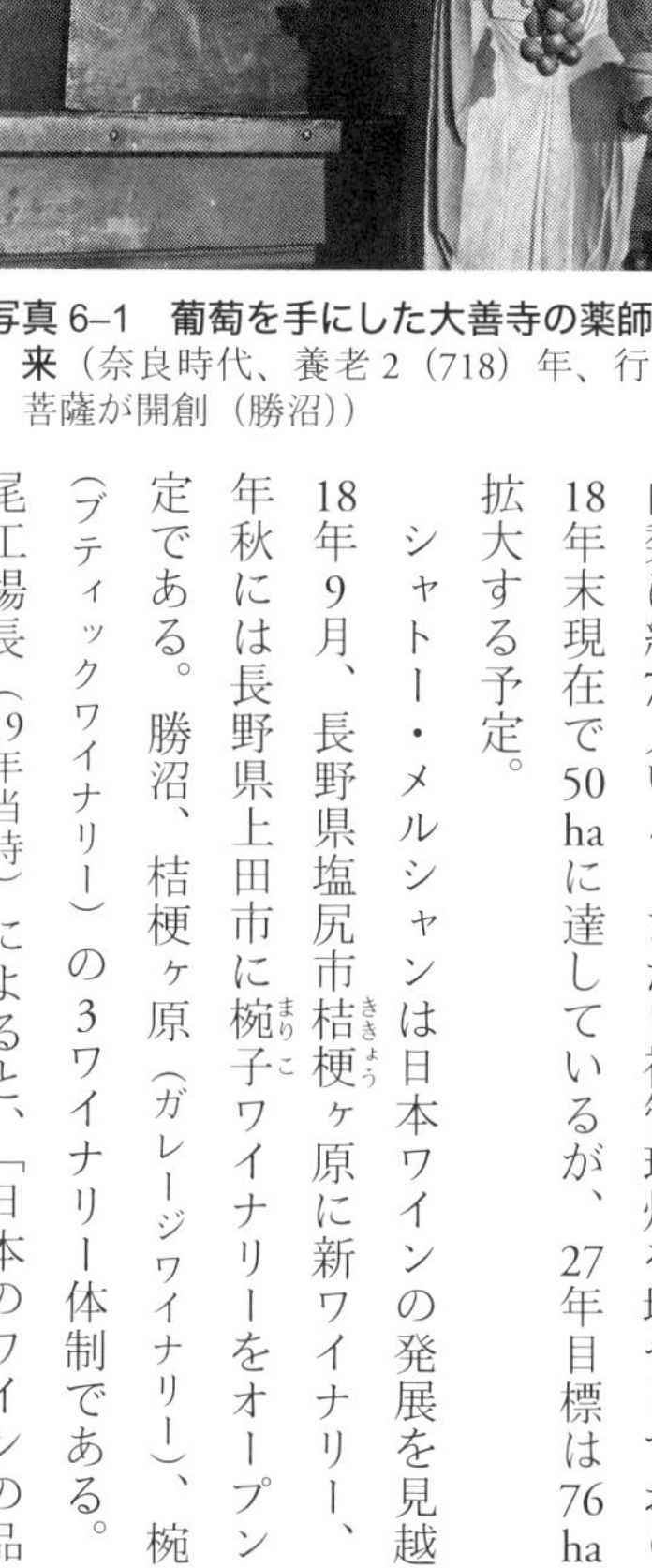

写真 6–1　葡萄を手にした大善寺の薬師如来（奈良時代、養老２（718）年、行基菩薩が開創（勝沼））

シャトー・メルシャンは日本ワインの発展を見越し、18年９月、長野県塩尻市桔梗ヶ原に新ワイナリー、19年秋には長野県上田市に椀子ワイナリーをオープン予定である。勝沼、桔梗ヶ原（ガレージワイナリー）、椀子（ブティックワイナリー）の３ワイナリー体制である。松尾工場長（19年当時）によると、「日本のワインの品質

表6–1　シャトー・メルシャンのブドウ産地

生　産　地	規模	開設(年)	ブドウ品種
城の平ヴィンヤード（山梨県勝沼）	6 ha	1984	カベルネ・ソーヴィニヨン、メルロー他
椀子ヴィンヤード（長野県上田市）	29 ha	2003	メルロー、シャルドネ他
長野県塩尻市片丘	15 ha	2017	メルロー
自社管理畑	50 ha		
福島県（新鶴地区）	9人	1975	シャルドネ
長野県（塩尻市桔梗ケ原地区）	10数人	1976	メルロー
秋田県（大森地区）	7人	1982	リースリング
長野県（北信地区）	10人	1991	シャルドネ、カベルネ・ソーヴィニヨン
長野県（安曇野地区）	2人	2009	メルロー
山梨県（穂坂・玉諸・笛吹・勝沼）	30人強	？	マスカット・ベーリーA、甲州
契約栽培	約70人		

（注）メルシャン㈱調べ。2019年3月現在。

を世界に知らしめる産地を目指している」。生産規模は、勝沼ワイナリーは年産60万本、桔梗ヶ原は約2万本、椀子は約6万本で、それぞれ役割がある。(注)

(注) ワインの種類は多様である。メルシャンは自社製品のカテゴリーを、「アイコン」Icon、「テロワール」Terroir、「クオリティ」Qualityの3つのシリーズに分けている。「アイコン」は最高級ワインで1本（750㎖）、赤1万円以上、白5～6000円。「テロワール」は産地の個性を表現するワインで、赤5～8000円、白3～5000円。「クオリティ」はスタンダード品で、1800～1900円である。

桔梗ヶ原と椀子はワイナリーのある産地の最高のブドウを中心に（アイコン、テロワール主体）、勝沼ワイナリーはアイコン、テロワール、クオリティの全シリーズを担う。椀子ヴィンヤードのブドウ（03年開園）は現在、全量を勝沼ワイナリーに運んでいるが、19年秋に椀子ワイナリーがオープンすれば、最高品質のブドウは同産地で醸造されることになる。

各産地は、既に銘醸地としての知名度は高い。「桔梗ヶ原メルロー1985」は日本ワインとして初めて国際ワインコンクールで大金賞を受賞（リュブリアーナ国際ワインコンクール、開催地セルビア国）。「同1986」も大金賞を受賞、その後も87年、92年、97年、

99年産と金賞が続いた。塩尻市桔梗ヶ原はメルローの世界的銘醸地としての名声を得ている。

椀子ヴィンヤードは2003年から造成・植栽が始まった新しい産地であるが、2010年の発売直後から高い評価を受け、12年には2009年産赤ワインが日本ワインコンクールで金賞受賞、13年にはヴィナリ国際ワインコンクールで「メルロー2009」が金賞、また米国ワイン専門誌『ワインスペクテイター』で「オムニス2009」が90点の高得点、15年にはリュブリアーナで「メルロー2012」が金賞、16年にはIWCで「シャルドネ2014」が金賞を受賞した。

勝沼地区の城の平は、2001年リュブリアーナで「カベルネ・ソーヴィニヨン1996」「同1997」が金賞受賞をはじめ、世界的銘醸地としての名声を得ている。日本ワインは世界の銘醸ワインに肩を並べていると言えよう。

松尾工場長は「海外で沢山の賞をいただいていますが、まだ十分な本数に足りていない。2027年までに76haの植栽を目指しており、これらのブドウが育ち、良質のブドウが実るようになれば、広く世界の人々にも楽しんでいただけるようになります。そうなって初めて、日本ワインの良さを世界に伝えることができると思います」。

コメント　シャトー・メルシャンの自社管理畑のブドウはメルローやシャルドネなど欧州系品種ばかりである。欧州系でありながら、数々の国際コンクールで金賞を受賞しているのは、品質が国際水準にあることを示している。しかし、日本のワインは価格が高いように思う。今後は、規模の利益の追求など、コストダウン努力も必要なのではないか。

3　イノベーション先導

メルシャンは大手の強みを発揮して、新技術を次々と開発、その技術を公開し産地発展に貢献してきた。

ワインの品質はブドウで決まると言っても、やはり醸造技術の役割も大きい。今、脚光を浴びている「甲州」種ブドウから造るワインの品質を高めたのは、シュール・リー製法である。従来のワイン醸造では、発酵が終わった後、発生した澱を速やかに取り除くのが常識であったが、シュール・リーではそのまま発酵容器の底部に残し、旨味成分を引き出す製法である。フランスの技術であるが、シャトー・メルシャンが甲州種ワインへの応用を開発した。これで〝淡麗で薫り高い辛口〟のワインが出来るようになった。醸造法の画期的な革新である。

当時の勝沼ワイナリー工場長（浅井昭吾氏）が技術を公開した。「技術を共有して、ワイナリーが切磋琢磨しないと、勝沼は銘醸地にならない」という哲学だ。産地形成への強い思いからの決断である。1990年、公開技術説明会には勝沼地区のワイナリーがこぞって参加し、甲州種ワインのほとんどがシュール・リー製法に転換した。メルシャンによる応用技術の開発が、日本のワインの評価が上がっていくための転換点になった。

甲州きいろ香の開発

また、甲州ワインは「香りが弱い」と言われるが、メルシャンは研究の結果、2005年、ユズやカボスなど柑橘を思わせる香りの「甲州きいろ香2004」を発売した。甲州ワインを解析し香気成分の存在を発見し、そしてボルドー大学との共同研究で、甲州の隠れた香りのポテンシャルを引き出すことに成功した。

図6―1に示すように（技術素人の概念図）、甲州の香り成分はブドウの完熟前に低下していく。香り成分のピーク時（T_1期）のタイミングで収穫することで、甲州が潜在的に持っている香りを引き出すことに成功した。この的確なタイミングを「適熟」と表現している。ワイン造りの本場・欧米ではこのT_1期を完熟としているが、日本にはこの概念がなく、酸が低下し糖を高く感じるT_2期を完熟としているので（その時はもう香り成分はない）、「適熟」という概念を創り出したのである。この適熟は完熟より半月ほど早い。また、収穫時期の問題だけではなく、香気成分は

酸化すると壊れるので、酸化を防ぐ造り方、醸造段階の技術も必要だ。

「きいろ香」の成功は、すぐに内外で話題になり、米国のニュースで「日本ワインが旨くなってきている」と報道されるなど、世界的にも甲州ワインが注目を浴びる切っ掛けになった。それまで、甲州ワインはシュール・リー製法など取り入れてきているが、輸入ワインに比べて見劣りし、「香りが無く平坦」「個性がない」など、甲州の評判はよくなかったが、これで一気に好評に転じ、未来のないブドウ品種と見られていた甲州が躍進する切っ掛けになった（ちなみに、「きいろ香」の名前は共同研究を行ったボルドー大学の富永敬俊（たかとし）博士が愛していた小鳥が「きいろ」と名付けられていたことに由来する）。

メルシャンはこの「きいろ香」の技術も公開した。地域の人たちに収穫のタイミングを指導した。

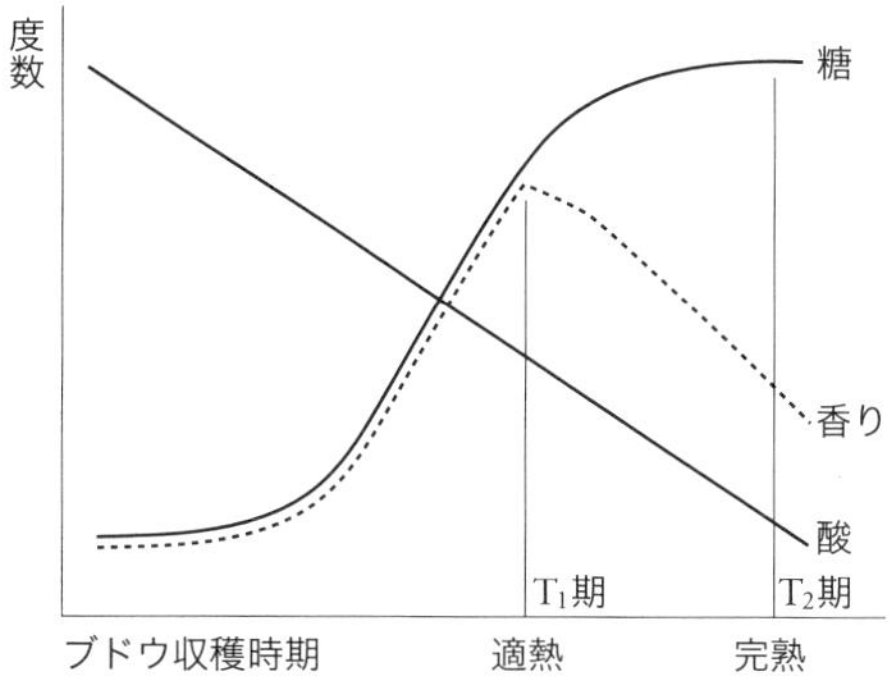

（出所）筆者作図。

図 6–1　甲州きいろ香の理論（概念）

なお、甲州で「香り」を持ったワインはメルシャンより1年早く、勝沼醸造の「アルガブランカ イセハラ」がある（第2章参照）。これは伊勢原地区の土壌、風土というテロワールがもたらしたもので、自然の所産である。これに対し、メルシャンの「きいろ香」は研究開発の成果、技術によって創り出されたものである。伊勢原のテロワールは他の産地に移転できないが、「きいろ香」は技術移転できる。メルシャンがこの技術を公開した意義は大きい。

4　CSV活動による地域貢献

ワイン事業は、企業活動そのものが農業振興、地域活性化、生物多様性に貢献している。企業の社会に対する責任や活動は、従来、コンプライアンスや企業活動で儲けた金で社会奉仕的活動を行う「企業の社会的責任」（ＣＳＲ活動）が強調されたが、２０１０年代になって本業＝事業そのもので社会に貢献するＣＳＶ活動（Creating Shared Value共通価値の創造）に代わった。日本ワイン事業は、事業そのものが農地の遊休荒廃化を防いだり、地域コミュニティの活力に寄与している。

シャトー・メルシャンの椀子ヴィンヤードの事例を見ておこう。椀子ヴィンヤードが立地する上田市丸子地区陣場台地は、かって朝鮮人参や養蚕のための桑畑が広がっていたが、生産者の高齢化に伴い、90年代には農地は遊休荒廃化していた。２０００年頃、地域では荒廃地の解消を巡って議論がなされていた。当地区は雨が少なく、陽当たりが良く、排水性のいい台地で、ワイン用ブドウ畑の要件を備えていたので、メルシャンが原料確保のため圃場として確保した（椀子の名前は、丸子地区が6世紀後半、欽明天皇の皇子「椀子皇子」の領地であったことに由来する）。

松尾工場長の話によると、地元の人たちは、荒廃地の解消というより、メルシャンのヴィンヤードとして歓迎し、盛り上げてくれた。ブドウの収穫期には、収穫作業のボランティアを募ると、1日60～80人が参加し、大きな力になっている（年間6日×80人＝約４００人）。椀子のブドウの30％はボランティアによる収穫だ。シルバー人材も多い日には1日10人位いる。社員も7人いる。椀子ヴィンヤードの雇用創出効果は大きい。

また、椀子ヴィンヤードをプラットフォームにして、地元の子供たちに、農業体験（ジャガイモの栽培―収穫を体験し、収穫したものは給食で供される）や、食農教育も行っており、地域と共生している。また、生物多様性も培われている。垣根栽培のブドウ畑は草原の機能を有しており、そのエリアでは希少な昆虫や植物等も見つかっている。このように、ワイン事業はＣＳＶ活動そのものであり、社会的共通価値の創造を行っている。

桔梗ヶ原ヴィンヤードも同じだ。塩尻には全国でも珍しいワイン醸造に取り組む塩尻志学館高校がある。２００8年から、塩尻市と産学連携協定を結び、講師を派遣している。醸造技術やワイン分析の講義、ブドウの剪定実習などの技術指導で、ワイン農業を担う人材育成に協力している。

このように、「日本ワイン」事業は、輸入果汁等を原料とする「国産ワイン」とは全く違った効果を持っている。なお、自社管理畑の場合だけではなく、契約栽培の場合も、甲州種は粗放的栽培で済むので、高齢農家の離農を抑制し、同じように地域貢献になっている。

5　メルシャン支える農家群――高齢化で「甲州」増加

シャトー・メルシャンが成長するには、原料ブドウを供給する自社畑あるいは契約栽培農家の増加が必要だ。ここで、ブドウ生産者の行動様式を分析したい。**表6―1**に示したように、メルシャンは全国で約70人の契約栽培農家がいる。うち約30人は山梨県内であるが、その中の勝沼及び甲府市玉諸地区のケースを取り上げる。

トロワ園主　高野正興（まさおき）氏（勝沼町上岩崎）

高野氏はメルシャンの前身、明治の大日本山梨葡萄酒会社の創設メンバー、高野正誠の子孫（4代目）である（トロワ園の名称は明治の2人の青年が渡仏し学んだトロワ市に由来する）。じつに140年以上にわたり、メルシャンに醸造用ブドウを供給してきたことになる。

高野氏（62歳）は、ブドウ畑1haを経営している。観光園がメインで、シャインマスカット、デラウェア、バッファロー、巨峰・ピオーネなど30種類以上を栽培している。大房系の巨峰・ピオーネは1kg1400円、中小系のデラウェアは850円である。生食用は60aで5～6t出荷している。観光園のピークは20年前で、子供連れが多かった。最近は少子化の影響で高齢者が多く、またワイナリーに行く人が多い。

ワイン醸造用のブドウは20～30ａで、近年増やし始めた。生食用は房づくりのためすべてハサミを入れる必要があり、高齢になり肉体の疲れを感じるからだ。現在、甲州は20ａで４ｔ生産しているが、70歳になった頃には甲州が5割くらいに増えているかもしれない。息子さんは県庁勤めで、「将来、農業を継いでも、屋敷回りしか経営しないであろうし、醸造用専業の可能性もある」という。甲州は増える方向だ。

「日本ワイン」表示の制度化で、ワイナリー側はブドウを欲しがっており、またワイナリーの新規参入も増えているので、原料用ブドウは不足気味になっている、とみている。

甲州の取引価格は、１kg２２０円（推定）である。そのほか消費税分がつく。出荷は楽だ。会社が取りに来る。会社は圃場を見た上で、いつにしますかと相談がある。「きいろ香」になってから、収穫時期が早くなった（9月後半。昔は10月後半）。

当地域では、後継者のいる農家は少ない。遊休地が出ているので、新規就農者が市役所経由で見に来るが、傾斜地で機械が入らないので、規模拡大志向の人は借りないようだ。

七沢出荷組合の事例

甲府市七沢町の七沢出荷組合はブドウ専業の生産者の集まりで、40年以上にわたってメルシャンと取引している。組合員は当初26人いたが、現在は11人、うち醸造ブドウ生産者は９人（甲州は８人）である。組合員は10数年前から減り始めたようだ。

当地域は勝沼地区と違って、観光園はない。表6―2に示すように、七沢出荷組合は栽培面積的には醸造用が生食用に匹敵している。生食用はすべて農協出荷、醸造用は甲州、アリカント、マスカット・ベーリーAを栽培し、メルシャンと長野県塩尻市の㈱林農園（五一わいん）に供給している。甲州は8割以上はメルシャン向け（30ｔ）、アリカント及びマスカット・ベーリーＡはすべて五一わいん向け（40ｔ）である。

甲州の取引価格は、1kg２１０～２２０円（推定）である。最近は年率２～３％上昇しているようだ。筆者が最低賃金の上昇率と同じですねとコメントすると、喜んでいた（山梨県の最賃は平成26～30年の5年間で14・7％上昇）。単収は10ａ当たり3～3・5ｔ。3ｔの場合、10ａ当たり粗収入は65万円、3・5ｔの場合、75万円になる（筆者試算）。単価は安いが、収量が多いので、かなりの高収益だ。七沢地区は勝沼より土壌がいいので、単収を多く認められていると言う。

反収約70万円という高収益が、醸造向け栽培が多い背景である。ちなみに、手間のかかる生食用は巨峰系1kg１０００円、シャインマスカット１９００円である（農協向け出荷価格。甲府は他産地より収穫期が早く、品薄期に出荷できるので価格が高い）。高齢化に伴って行う甲州への改植は、シャインではなく、巨峰系から着手する。生産者たちの行動は極めて経済合理的である。

収穫は、会社から15人位（20ａ分）、朝7時に来て9時前に終わる（朝取り）。収穫適期はメルシャンが指定する。「きいろ香」ワインになってから、収穫は8月28、29日頃に早まった（勝沼より1ヵ月早い）。五一わいんは糖度を上げてから収穫するので9月20日までかかる。

一番興味を覚えたのは、メルシャンによる試飲会だ。組合員はメルシャンのブドウを作ることに誇りを感じている。ブドウは産地によって成分が違うが、サンプル調査で、「甲州きいろ香」が一番良かった産地は七沢地区だという。誇り高い。さらに、試飲会の仕組みだ。ブラインド・テストがあり（目隠し）、

表6–2　七沢出荷組合（ブドウ生産者）の概要

氏名（年齢）	ブドウ栽培面積（a）			
	計	甲州	アリカント等	生食用
福井英人（50）	150	20	10	120
鷹野一郎（69）	120	20	25	75
河野金哉（74）	100	20	30	46
内藤共勝（76）	80	30	25	25
中込達夫（68）	50	14	11	24
計9名（ブドウ生産量）		35t	40t	—

（注）甲府市玉諸地区七沢出荷組合（組合員11名／醸造9名、うち甲州8名）。鷹野氏の総面積にはブドウ苗木10aを含む。2019年2月調査現在。

どの農家のブドウで造ったワインが美味しいか競争する。優勝者のワインにはラベルに名前が入るようだ。「メルシャン版天皇賞」だ（筆者の比喩）。優勝すれば誇りである。来年は自分が一番になりたい、良いもの作ってやろうと、皆が競う。「競技」だ。取材中も、この話になると和気あいあい、明るく賑わいだ。大変良い催しだ。ワインビジネスだからこそできる手法である。昔ながらの旧き良き農村風景を想った。

ここも、農家の高齢化に伴い、甲州が増える方向だ。福井氏は面積が大きいので、父の代から手間のかからない甲州を栽培してきた。鷹野氏は3年後、生食用を減らし甲州を30 aに増やす（いま高齢者が手伝いに来ているが、彼らがいなくなるので甲州に転換）。中込氏は以前ブドウ苗木を作っていたが、父が高齢になったので止め、甲州に転換した。このように、高齢化の受け皿が醸造用の甲州になっている。仮に、メルシャンが甲州を買ってくれないと、耕作放棄地になりかねない。

出荷組合の醸造部長・福井氏によると、「現在、甲州は30 t（約1 ha）であるが、今後は40 tくらいに増える」という。周辺農家も含めて、後継者はいない。幾つかのワイナリーから土地を貸してくれとの話も出ているようだ。高齢化の進行に伴い、ワイン醸造用の甲州は増える方向にある。日本ワインは原料面からも追い風が吹いてると言えよう。

第7章　自社畑拡大に積極的に取り組む　日本ワインはステータス

サントリーワイン（東京都港区）

サントリー（港区台場）

サントリーワインはワイン業界の最大手である。輸入由来のワイン事業が主であるが、近年、国産ブドウから造る日本ワインを重視し、甲州種を中心に、自社畑の拡大に積極的に取り組んでいる。輸入果汁に依存したワイン造りは変わらないものの、日本ワインブームを意識した取り組みだ。日本ワインは会社のステータスという位置づけだ。

表 7–1　国内製造ワインの規模別生産量（2017 年度分）

	～ 100 kℓ	～ 300 kℓ	～ 1,000 kℓ	1,000 kℓ～	総　計
企業数（社）	206	22	12	7	247
生産量（kℓ） （構成比％）	4,063 (4.7)	3,987 (4.6)	7,187 (8.2)	72,088 (82.6)	87,325 (100.0)
うち日本ワイン（kℓ） （構成比％）	3,878 (22.0)	3,694 (20.9)	4,034 (22.8)	6,057 (34.3)	17,663 (100.0)
生産量に占める 日本ワイン比率（％）	95.4	92.7	56.1	8.4	20.2

（出所）国税庁酒税課『国内製造ワインの概況』（平成 29 年度分）2019 年 2 月

1　日本ワインの統計的側面

ワイン産業論現地ルポも序盤を終え、ここら辺で、ワイン業界を鳥瞰すべく若干の統計を整理しておきたい。ワイン全体に占める「日本ワイン」の比重はまだ極めて小さく、また、日本ワインの担い手は中小企業が多い。

日本で流通するワインは35万kℓ、うち国内製造12万kℓ、輸入23万kℓで、輸入ワインが７割近くを占める（２０１８年）。また、国内製造ワインに占める日本ワイン以外（輸入原料依存）は約80％であるから、輸入由来のワインが全体の94％を占める。国産ブドウ１００％で造る「日本ワイン」は全流通ワインのわずか６％である。

表7―1は、国内製造ワインの規模別生産量である。企業規模は中小企業が圧倒的に多い。企業数は、１００kℓ規模（７２０mℓ約10万本）以下の中小企業が全体の８割を占める。一方、生産量は１０００kℓ規模（約１４０万本）以上の大企業が８割以上を占める。輸入原料依存の国内製造ワインに限ると、１０００kℓ規模以上が95％を占める。つまり、サントリー、マンズワインなど大手資本によって供給されている。

一方、国産ブドウ１００％の「日本ワイン」は、１０００kℓ規模以上の大手の生産量シェアは34％に過ぎない。逆に、３００kℓ（約40万本）以下の中小企業の生産シェアが43％を占める。また、中小ワインメーカーは「日本ワイン」しか造っていない。１００kℓ未満の小規模企業は生産量に占める日本ワインの比重が95％を占める。山梨県勝沼地区のワイナリー群はここに属する。

表7―2は、原料事情を見たものである。国産原料（生ブドウ）の割合は25％、輸入原料（濃縮果汁）が75％を占める。国産原料を品種別にみると、白ワイン用の甲州、ナイアガラ、赤ワイン用のマスカット・ベーリーA、コンコードが多い。

表 7–2　ワイン原料用国産生ブドウの品種別受け入れ量

（単位：t）

国産・輸入別のワイン原料		
国産原料（生ブドウ）22,033（25.3％）		
輸入原料（濃縮果汁）65,016（74.6％）		
合計（その他を含む）87,211（100.0％）		
白ワイン用品種（10,879）		主要産地
甲州	3,991	山梨 3,796、島根 128
ナイアガラ	2,923	長野 1,366、北海道 1,002
デラウェア	1,566	山形 808、山梨 475
シャルドネ	1,322	長野 394、山形 207
赤ワイン用品種（9,954）		主要産地
マスカット・ベーリーA	3,211	山梨 1,852、山形 522
コンコード	2,096	長野 2,095
メルロー	1,295	長野 619、山梨 186
キャンベル・アーリー	1,281	北海道 696、宮崎 290
巨峰	516	山梨 273、長野 176

（出所）国税庁酒税課「国内製造ワインの概況」（2017 年度分）

ワイン新興産地が意味すること――スタンダード向上

さて、日本のワインは競争力があるか。美味しいか。一番の問題である。**表7―1**に示したように、国内製造ワインは全流通の約3割を占めており（約1億7000万本）、それなりの競争力はあると考えられる。しかし、日本のワイン文化はまだ新しく、商品知識が十分ないままに選好しているための結果としてのシェアの高さかもしれない。

今後、関税撤廃により輸入ワインが安く入ってくる。競争環境が変わってくる。その中での勝負になる。日本産のワインはどこまで競争力を発揮できるであろうか。国内製造ワインが競争力を発揮するためには、品質の改善の余地がまだ大きいと思われる。

ワインと言えば、フランスのボルドー、ブルゴーニュが銘醸地として評判が高い。フランスがワインの本場だとする見方は世界中にある。しかし、この30年で、急速に変わってきている。1980年代、米国カリフォルニアのワインは、それほどは美味しくなかった。若者たちも、デートに誘う時はフランスワインを持ち出していた。しかし、さすがに技術力の高い国、あっという間にスタンダードが向上し、今や本場を凌いでいる。オーストラリアも然りだ。また、南米のチリ、アルゼンチンも、近年、美味しさが向上したワインを供給できるようになった。技術革新の成果だ。

ボルドー、ブルゴーニュだけとは限らない。〝技術向上〟によって、新世界のワインも良くなった。ワイン産地は動く。しかも、産地移動のスピードは速い。他の農産品よりも早いのではないか。例えば、コメや小麦はむしろ産地移動がないといってよい。確かに、仏ブルゴーニュ等はブドウ栽培に適しており、美味しいワインが出来るが、フランス本場説は歴史の神話であろう。

日本も、可能なはずだ。ブドウ栽培、醸造技術の進歩を追求し、スタンダードの更なる向上を期待したい。品種別にみれば、〝甲州種〟は一番比較優位が高いと思う。「甲州」は将来、輸出産業になれる「幼稚産業」と考える。もちろん、「甲州」もワイナリーによって格差が大きい。ソムリエ的着飾った言葉だけの世界を脱しスタンダードを向上させることができれば、未来が開けるであろう。

（注）「幼稚産業」とは経済学の専門用語。今は競争力が弱いが、技術革新の成果から品質向上やコストダウンによって競争力を強め、将来は輸出産業にもなりうる、将来性のある産業のことを言う。

2　サントリーの成長戦略

予想される国産ワインの競争力低下への対応

サントリーワインは、日本ワイン業界の最大手である。2018年の販売実績は日本ワイン6万ケース、輸入濃縮果汁から造る国産カジュアルワイン403万ケース、このほか輸入ワイン233万ケースである。国産カジュアルが多く、数量ベースでは7割を占める（金額ベースでは1本720㎖500円と安価であり売上の4割）。日本ワインは少なく、同社販売実績の0・9％に過ぎない（表7―3）。

表7–3　サントリーワイン販売実績（2018年）

	ケース（万）	販売量（kℓ）	前年比（%）
国内製造ワイン	409	35,359	111
日本ワイン	6	540	129
国産カジュアル（輸入原料）	403	34,819	109
輸入ワイン	233	20,970	96
計	642	56,329	104

（出所）サントリーワインインターナショナル㈱調べ
（注）日本ワイン・輸入ワインは9ℓ換算（750㎖）、国産カジュアルは8.64ℓ換算（720㎖）。

サントリーの全国シェアは国内製造ワインの場合27％を占める（2017年）。1社で全国の27％を占めるという大変な寡占である。しかし、国産ブドウ100％の「日本ワイン」に限ってみると、サントリーのシェアは小さい。全国の日本ワイン約2・4万kℓ（課税実数12・1万kℓの20％）に対し、サントリーの日本ワインは540kℓに過ぎず、全国比シェアは2・2％である（17年）。輸入原料の国産カジュアルのシェアは大きいが、日本ワインのシェアは小さい。

先に見たように、日本のワイン業界は、中小企業は国産ブドウを原料としているのに対し、大手は輸入原料に依存しながら発展してきた。最大手のサントリーはその典型であることが分かる。

これは、日本のワイン市場が急速に伸びたのに対し、ワイン醸造用ブドウの供給が不足したことが背景であろう。ワインメーカーは濃縮果汁を輸入してワイン造りを行い、国内消費市場の拡大に対応してきた。コストも、国産ブドウより、輸入濃縮果汁のほうが圧倒的に安い。この間、輸入関税も高く、輸入ワインという製品での輸入を抑制し、国内メーカーを保護してきたのも事実だ。

しかし、日本経済のグローバリゼーションは進展し、高関税はいつまでもは続かない。一方、飲料業界では消費者の本物志向が強まっている。清酒ではアルコール添加の普通酒（昔の2級酒等）が減り、純米酒が伸びている。２０１０〜17年の7年間で、普通酒は22％減少、純米・純米吟醸酒は38％増加した。

日欧ＥＰＡ協定に伴いワインの輸入関税は全廃された（２０１９年2月発効）。輸入関税が撤廃されワインが安く輸入されるようになると、輸入濃縮果汁で造る国産ワインと競合する。国内製造ワインの競争力低下も予想できる。数年前から、こうした展望は強まっていた。

サントリーワインも、時代の流れを読み、「日本ワイン」に積極的に取り組み始めた。今、国産の原料ブドウの確保に、一番積極的に取り組んでいるワインメーカーだ。

自社畑拡大の積極策——品種は「甲州」にシフト

国産ブドウ１００％のワイン造りは、大手メーカーにとっても、〝ステータス〟になってきた。従来は、大手は量を追求し輸入濃縮果汁に依存したワイン造り、中小は国産ブドウを原料とする日本ワインを造ってきたが、今や大手メーカーも日本ワインに積極的である。低コスト大量生産の国産ワインに走るだけでは低級品イメージがある。そこで、高コストだが、国産ブドウ１００％の日本ワインが会社のステータスとして位置づけられてきたのであろう。中でも日本固有品種「甲州」が脚光を浴びている。

サントリーの将来計画も、この流れにある。サントリーは現在、日本ワイン6万ケースのうち、5万ケースは1本（７５０㎖）１０００円台後半の甲州、マスカット・ベーリーＡであるが、これを増やす方針だ。一方、山梨県

表 7–4　サントリーワインのブドウ調達計画

〈自社農園〉		
登美の丘ワイナリー（山梨県甲斐市）	約 25ha	22 年までに甲州の生産を 17 年比で 5 倍に増やす（1909 年開設、1950 年代欧州系品種の栽培開始）
塩尻ワイナリー（長野県塩尻市）	—	「赤玉」の原料供給を継続（自社保有農園なし）（1980 年代、メルロ、マスカット・ベーリー A の本格栽培）
岩の原葡萄園（新潟県上越市）	…	1934 年「寿葡萄園」設立、61 年改称
〈農業生産法人〉（借地）		
長野県塩尻市（岩垂原、宗賀地区）	約 2.5ha	植栽 16 年 5 月、収穫 19 年予定（メルロなど）
山梨県中央市（旧豊富村地区）	約 4ha	植栽 18 年 3 月、収穫 20 年予定（甲州など）
長野県北佐久郡立科町	約 3ha	植栽 16 年 5 月、収穫 19 年予定（甲州など）
〈契約栽培〉		
4 エリア（塩尻、津軽、上山、高山村）	…（小規模）	現状より高品質のブドウを目指す
塩尻エリアでは、赤玉生産者組合（組合員約 50 名）と共に定期的に情報交換し品質向上を目指す		

（出所）サントリーワイン調べ

の「登美の丘」（自社畑）のワインは4000円台の高価格であるが、ここは量より質を追求する。登美の丘をもっと表現し、もっと高いものを造っていく。1ha当たり単収は、量を増やす甲州は15tだが、品質を追求する登美の丘は10tと、凝縮したブドウを作る。

表7―4は、サントリーのブドウ調達計画である。現在、山梨県甲斐市の自社畑25ha（登美の丘ワイナリー）、農業生産法人による借地約10haでブドウ供給を行うほか、全国4ヵ所で農家と契約栽培している。

基幹の登美の丘ワイナリーは25haと大きいが、ここは自社畑であり、現状は欧州系品種が主体になっているが、甲州種に植え替える。甲州の生産量を22年までに5倍に増やす。甲州の比率を3分の1にまで高める計画だ。

もう一つの注目点は、新規のブドウ供給基地の展開である。農業生産法人（子会社）を設立し、借地により、ブドウ栽培に乗り出した。長野県塩尻市では16年植栽、19年収穫予定、山梨県中央市では18年植栽、20年収穫予定、長野県立科町では16年植栽、19年収穫予定で、ブドウ供給を始める。3地区で約10ha、うち約7haは甲州を植えた。サントリーの新戦略は「甲州」シフトが鮮明だ。

以上のように、2016年から、サントリーの成長戦略は第2ステージに入っている。農家の高齢化等も背景だ。ワイン用ブドウ栽培面積を対16年比で2022年までに約2倍に増やす方針である。特に、自社農園、農業生産法人の拡大を図る。ブドウ供給量では、現在、日本ワイン6万ケースであるが、25年にはこの1・5倍、約10万ケースを目指す。ただし、それでも、日本ワインの比率は同社の国内製造ワインの約2%、輸入ワインを含めた同社販売実績では1%台に過ぎない。日本ワインは「会社のステータス」というものの、大手資本の性格を修正するものではなさそうだ。

なお、山梨県中央市は耕作放棄地等の活用である。サントリーのワインビジネスも、農地の荒廃地化を防ぎ、地域の活性化に寄与している（企業のCSV活動については第6章シャトー・メルシャン論参照）。長野県の塩尻市は野菜畑、立科町は牧草地を転換したものである。

各地の契約栽培は、農協経由での取引であり、いずれも小面積である。栽培農家への技術指導を通し、耕作放棄地をブドウ栽培農地に転換を進めている。

技術力・資本力で競争力ある日本ワインになるか

サントリーは、ウイスキーも、ビールも作っている総合飲料メーカーだ。しかし、出発点はワインである。1899年（明治32）、大阪市に「鳥井商店」を開業（創業者鳥井信治郎）、ブドウ酒の製造販売を開始した。「日本人の味覚に合った洋酒をつくり、日本の洋酒文化を切り拓きたい」との思いがあったようだ。

当初はスペイン産のブドウ酒を輸入販売したが、1907年（明治40）、甘味ブドウ酒「赤玉ポートワイン」発売。何度も失敗を重ねながら、時代に先駆ける新商品の開発に成功した。サントリーの原点はワイン造りであった。「赤玉」は1964年東京オリンピックの年には168万ケースの販売数量を記録したスーパースターだった。

赤玉の原料は当初、原料ワインを輸入していたが、戦後は新潟・岩の原葡萄園の川上善兵衛氏の協力を得て、国産ブドウに切り替わった。塩尻ワイナリー（長野県）が赤玉の原料供給を担ってきた。「赤玉」は今も、110年を超える歴史を経てサントリーのラインナップにある。

サントリーは、今、脚光を浴びている日本ワイン、特に「甲州」では出遅れ感があるものの、ワインビジネスの歴史は長い。総合酒類メーカーとして蓄積した醸造・蒸留技術を生かせば、日本固有品種「甲州」も競争力あるワインに成長するであろう。

筆者の仮説は「産地は動く」である。日本のワイン産地は銘醸地になれるか？　サントリーの技術力、資本力に期待したい。

第8章

完全「国産」主義　規模の利益で安価なワイン提供

北海道ワイン㈱（北海道小樽市）

北海道ワインのギャラリー（小樽市朝里川温泉）

冷涼な北海道はワイン適地だ。雪を味方にするイノベーションで、日本最大の「日本ワイン」メーカーになった。

企業理念が素晴らしい。一般の人が楽しめるように、大型設備の規模の利益を活かし、「手頃な価格で美味しいテーブルワイン」を供給している。大規模化はブドウの大量消費、農家育成につながり、公共の利益につながっている。

1　日本ワインのガリヴァー

国産ブドウ１００％の「日本ワイン」の国内最大ワイナリーは北海道小樽市にある。北海道ワイン株式会社（嶌村公宏社長）の規模は、ワイン生産量２５０万本（７２０㎖）、自社畑４４７ha（作付規模１００ha）である。所有する自社畑も大規模だ。日本ワインだけで比較すると、ワイン業界最大手のシャトー・メルシャンは約65万本、自社畑50ha、サントリーワインは約70万本、自社畑35ha（生産法人分含む）である。北海道ワインの大きさが分かろう。メルシャンやサントリーの4倍も大きい。

表 8–1　北海道ワイン㈱と全道ワイン生産の推移

（kℓ、％）

	北海道ワイン㈱	全道計（北海道ワイン㈱除く）	北海道計
2010	1,570	1,455	3,025
2013	2,000	1,369	3,369
2017	1,800	1,500	3,300
2017／2010	15％増	3％増	9％増

（出所）北海道ワイン㈱は筆者ヒアリングによる（1本720㎖換算）。
北海道計は国税庁統計年報による（課税数量）

北海道にはワイナリーが38社あるが、生産量は同社が全道の半分以上を占める（**表8―1**参照）。ほとんどのワイナリーが年産5万本未満の小規模である。北海道ワイン㈱はまさしく日本ワインの「ガリヴァー」である。なお、全国で見ても、全国にはワイナリーが３０３場（18年3月末）あるが、その日本ワイン生産量の約1割を北海道ワイン㈱が1社で占めている。

北海道ワインの本社は小樽市であるが、４４７haの農場は岩見沢の近く、樺戸郡浦臼町「鶴沼」にある（札幌から北北東に62㎞）。畑は南西向きの斜面に広がる、垣根式のブドウ畑である（「鶴沼ワイナリー」と称しているが、ブドウを収穫しているだけで、ワイン醸造は小樽で行っている）。

ブドウ調達面から見ると、鶴沼の自社畑１００ha（更新中のため生産量２００t）のほか、余市町ほか全道24市町村２５０軒の契約農家からブドウ１８００tを購入している

表 8–2　都道府県別ワイナリー数と生産量

	都道府県	ワイナリー数		日本ワイン生産量（kℓ）
		2012 年	2018 年	2017 年度
1 位	山　梨	55	81	5,530
2 位	長　野	14	35	4,072
3 位	北海道	7	35	2,933
4 位	山　形	11	14	1,195
5 位	新　潟	6	10	391
全　国		157	303	17,663

（出所）国税庁「国内製造ワインの概況」
（注）2017 年度（平成 29）調査分のアンケート回答率（全国）は 86.7％である。高い。ワイナリー数は 2018 年 3 月末。

（余市町２００軒、他は名寄、北見、深川、岩見沢、三笠など）。そのほか本州からも２００ｔくらい購入している。鶴沼の自社畑では農家が作れない高級品種だけを生産し、同社のフラッグシップワインになっている。鶴沼収穫のワインは２０００円台が主力であるが、３０００円、５０００円台もある。購入ブドウで造る「おたるブランド」ワインは１１００円台である。

北海道はワイン適地、ワイナリー増加中

表８―２に示すように、北海道はワイナリーが急増している。２０１２年にはワイナリーは７場しかなかったが、18年には35に増えた。５年間で５倍。後志（しりべし）地域の余市町は２００９年までの１場から18年の11場に増えた（第９章参照）。いずれも小規模ワイナリーである。全国的にも、ワイナリーは増加傾向にあり、この５年間に２倍に増えているが、一番激しく増加しているのは北海道である。

寒い北海道で、なぜワイナリーが増えるのか。これが素人の疑問であろう。しかし、北海道は良質なワイン醸造用ブドウが採れるところである。

嶌村社長「世界地図を見ると、北海道はヨーロッパのワイン地帯と同じ緯度にある。冬季、雪の多いところは北海道だけだが、植物が生育する夏はヨーロッパと同じだ。梅雨がないのは利点だ。本州は湿気が多く大変だ。ブドウは昼間、光合成で糖分をつくり、夜間、冷えた時に糖分をためる。また、冷涼なため、北海道は酸が豊富だ。いいブドウが採れる。長野と北海道が一番ワイナリーが増えているが、白ワインは酸が重要だからだ」。

近年、北海道で良いブドウが出来ることが分かってきて、2018年、本場の仏ブルゴーニュの老舗ワイナリーが函館に進出してきた（ドメーヌ・ド・モンティーユ社）。チリやニュージーランドなど各地を回って、函館を、高品質のピノ・ノワール生産の可能性が高い地域と評価しての進出だ。日本に外資ワイナリー進出は初めてのケースだ。嶌村社長「冬の寒さは、雪がブドウの木を守ってくれる。冬季、マイナス15度以上になると越冬できないが、ブドウの樹を雪に埋めると、雪が保温の役目を果たしてくれる。その場合、雪の重さで枝や幹が折れてしまうため、ブドウの樹を斜めに倒してやると枝折れは避けられる」。雪を味方にするイノベーションが北海道をワイン適地にしたと言えよう（詳しくは第9章参照）。

北海道ワインでは、日本ワイン最大の桎梏「小規模・高コスト」問題が解決されている。国内最大という大規模ワイナリーは、如何なる仕組みの上に成立しているのか。どんな形か。思想と条件を探った。100％国産ブドウである以上、まず原料調達の仕組みから見てみよう。

2　ブドウ生産者との共存共栄

筆者が北海道ワイン㈱を取材しようと思ったのは、同社の創業者・嶌村彰禧（しまむらあきよし）氏の著書『完全「国産」主義』（東洋経済新報社、2008年）を知ってからである。メッセージ力の強い書名である。「日本産ブドウ100％で作る本物の日本ワインを提供する」。創業以来の同社の社是である。

同社のワイン生産250万本、うち半分強の130万本は「おたるシリーズ」である。「おたるシリーズ」は全道24市町村250軒の契約農家および本州の農家等からの購入ブドウで生産している。447haの自社畑を所有する国内最大の「日本ワイン」メーカーといえども、実体は購入ブドウに依存するところが大きい。同社は、ブドウ生産者との共存共栄を社員手帳に掲げているのもうなずける。ただ、同社の歴史を見ると、ブドウ生産者に寄り添うことに伴い幾度か経営危機に見舞われている。

創業者の思想と地域貢献

北海道ワインの歴史は、創業当初から地域振興、雇用創出、農家との共存を物語るものである。

先代の嶌村氏は、山梨県出身であるが、１９５０年代に北海道に渡り、小樽で繊維製品の卸商（会社名「甲州」）を営んでいた。しかし、大企業の既製紳士服が台頭して、取引先の仕立て屋が店をたたみ、その結果、雇用を失った多くの女性作業員が本州の縫製工場に出て行った。そこで、彰禧氏は北海道の雇用基盤を作るべく、最新鋭の技術を備えたオーダーメイド紳士服「神装」を設立、歌志内や浦臼町など道内の過疎地や産炭地に次々と縫製工場を建設し、雇用創出に努めた。

１９７１年、「神装」の仕事で西ドイツに訪問した際、ワインに出会う。欧州北限産地であるドイツのブドウ品種ならば、寒冷地の北海道に根を下ろすことができるのではないかと直感した。帰国後、浦臼町の町長から「大規模な水田の耕作放棄地がある」と相談を受ける。当時、北海道は離農が止まらない状況であった。そこで、北海道の農業を支えなければならないとの思いから、浦臼町鶴沼に11haの土地を取得し、ブドウ畑開墾に着手した（１９７２年）。専門家からは「寒冷、豪雪の北海道で欧州系ブドウなど作れるわけがない。１２０％無理だ」と断じられたそうだ。

１９７５年、ドイツ、オーストリア、ハンガリー等より、20品種６０００本の苗木を輸入し、76年、横浜で検疫を終えた苗木を植えたが、重粘土質の土壌が根を阻み、ほとんどが枯れ、生き残ったのは３００本。さらに、野生のウサギやネズミによる食害、豪雪被害も重なった。そうした苦難を経て、１９７９年秋、ドイツ品種のミュラートゥルガウが収穫できた。醸造はドイツから助っ人に来てくれたグリュン氏の指導で、日本では一般的だった「火入れ殺菌」を一切行わず、ブドウの豊かな香りがするワインが出来た。

80年2月、第1号ワインをリリースした。1900円で3000本。81年、東京新宿の酒場では「外国の高級ワイン以外で逸品が現れた」と話題になったそうだ。

表 8–3　各ワイン産地のブドウ品種（2017 年受け入れ量）

（単位：t）

	品　種	北海道	山梨県	長野県
白ワイン用	甲州	—	3,796	—
	ナイアガラ	1,002	55	1,346
	ケルナー	239	—	—
	ポートランド	141	—	—
	ミュラートゥルガウ	97	—	—
	デラウェア	66	475	—
	シャルドネ	—	106	394
	小　計	1,544	4,459	2,090
赤ワイン用	マスカット・ベーリーA	—	1,852	210
	コンコード	—	—	2,095
	キャンベル・アーリー	696	—	—
	ツヴァイゲルト	222	—	—
	メルロ	—	186	619
	巨峰	—	273	176
	ピノ・ノワール	107	—	—
	小　計	1,211	2,603	3,277
合　計		3,485	7,503	5,740

（出所）国税庁酒税課『国内製造ワインの概況』（平成 29 年度調査分）
（注）品種別はブドウ生産量上位 6 県から入荷したブドウの内訳である。

会社最大の危機となった赤ワインブーム——塞翁が馬

1997～98年、日本は赤ワインブームになった。ポリフェノールが健康に良いとされ、赤ワインが飛ぶように売れた。しかし、北海道ワインは冷涼な北海道に立地しており、ブドウ品種は白ワイン用が主体であった。他の国内ワインメーカーは輸入の安価な濃縮果汁を使った赤ワインや、輸入バルクワインをビン詰めした赤ワインを増産した。

北海道ワインも、取引先からは「とにかく赤ワインを！」と次々と注文が寄せられた。社内からも「もう輸入ワインを混ぜるしかない」という意見も出ていたが、彰禧氏は社員を本社に集め、「輸入ワインを混ぜると売り上げは増える。しかし、安易な混ぜ物で消費者を裏切ってはならない。ワイン造りは農業である」として、赤ワイン市場からの撤退を宣言した。取引先の店舗では要望に応えない同社の製品は他のワインメーカーのものに置き換えられ、取引停止も相次いだ。この年、出荷量は初めて前年を下回った。

赤ワインブームの間、一部の大手ワインメーカーは道内のブドウ農家を回り、現金でブドウの買い付けに走っていた。農家は栽培を大きく増やした。

しかし、2000年、ブームが去り、大手が買い取りを控えた結果、大量のブドウが余り、農家は困った。この年、北海道ワインは契約農家はもとより、道内外の他社契約農家からも依頼され、前例のない3615tものブドウを買い取った（ワイン約400万本分）。北海道ワインは株式会社でありながら、「農協」的な役割を果たしたのである。農協の〝加工部門的〟な役割である。

これを売り切るのに、3年を要した。しかし、この困難を乗り越えたことで、社員も、農家も、創業者嶌村彰禧氏の信念と志しを知った。農家とワイナリーの強い相互信頼関係が築かれ、北海道ワインの発展の基盤が強化され、今日の発展をもたらした。

3　名人のブドウは面積買い

ブドウ生産者からの購入契約は3種類に分かれる。一つは生産量、トン幾らで買っている。第2はちょっと優秀な人からは「糖度買い」している。1農家で1000万円くらいになる。第3は一番優秀な生産者から「面積買い」している（現在、3名）。これは面白い契約だ（この3人の名人は「ブドウ作りの匠」と称されている）。

一番糖度の高い生産者に合わせて〝面積〟買いする。つまり、一番糖度の高い生産者の価格で、（仮に単収が低くても）栽培面積に応じて収入を保証する。例えば、一番糖度の高い生産者が「10a、単収500kg、価格400円」

であれば（10ａ当たり粗収入20万円）、「面積買い」の場合、仮に単収が半分の３００kgと低くても、10ａ当たり20万円で買い上げる。

このブドウで作ったワインは、「匠シリーズ」として、生産者の名前をラベルに入れて売っている。自分の名前が入るので、モチベーションが上がるようだ。糖度買いより良いブドウが出てくるようだ。現在、この面積買いの対象は３人である（余市町の北島秀樹氏、田崎正伸氏、宍戸冨二氏）。

ワインの価格は、購入ブドウで作る「おたるシリーズ」は約１１００円であるが、匠シリーズは２０００円（４０００円、５０００円もある）。ちなみに、「鶴沼収穫」も２０００円であるが、４０００円も５０００円もある。

4　精密、科学的管理の大型設備

工場（ギャラリー隣接）を見て、圧倒された。一歩足を踏み入れた瞬間、見上げるような巨大なタンクが目の前に現れた。貯蔵タンクは2万ℓの大きさと言う（ワイン７２０㎖２万８０００本）。これが３００基並んでいる（小規模タンクも一部ある）。国内最大規模メーカーの物的証拠と思い写真を撮ろうとしたが、筆者の技術ではカメラに納まらなかった（写真8―1参照）。

貯蔵タンクは表面に水が流れている。タンクを冷やすため地下水（雪解け水）を流しているのだ。地下水は8～10度と一定なので、低温発酵を可能にし、香りが残ってフルーティなワインになるようだ。地下水のお陰だ。また、工場は山の中腹にあり、高低差を利用して地下水をタンク表面に流しているので、温度管理のコスト（電気代）はゼロという。

「火入れ」（加熱処理殺菌）は行っていない。１９８０年の第1号ワイン以来同じだ。精密濾過で除菌している。現

写真 8–1　大型貯蔵タンク 2 万リットル

在はフィルターで酵母を濾過する方法で、4回フィルターを通している（ドイツ製エノフロー濾過機、0・2ミクロン）。完全な無菌状態にできる。火入れをしないので、ブドウの持つ本来の香りがそのまま残っている。

　搾りかすは、従来は堆肥にして畑に戻していた（年間500t発生）。しかし、搾りかすには多くのポリフェノールが残っているので、それを利用して化粧品や健康食品を開発中だ。現在、大学等と共同研究中で、2～3年後には商品化できるという。残渣物の利用は、付加価値を付けることで、農家に還元したいという気持ちもあるようだ。

　工場を見て、もう一つ驚いたのはビン詰め工程だ。ビン詰め機が高速で動いている。量販店向けの白ワインをビン詰めしていたが、1時間4000本である。1日、2万8000本。小規模ワイナリーでは見ることができない光景である。当工場は規模の利益が大きそうだ。これなら低コストで供給できる。

　工場の従業員は78人と多い。半分は製造関係、半分はギャラリーや事務部門だ。このほか、鶴沼ワイナリーに10人のほか季節労働者がいる。ワイナリーは家族経営型が多いが、北海道ワインは100人体制である。雇用創出による地域貢献も大きい。

5　規模の利益を活かしたテーブルワイン

「おたるブランド」で一番売れているワインは「おたるナイヤガラ」（白ワイン）である。約1100円と安い。

他のメーカーの2000円クラスの美味しさだと自慢する。

ギャラリー案内者は「美味しいテーブルワインが必要だが、それができるのはうちしかない」と語る。大型設備による規模の利益があるからだ。高速ビン詰め機を見ると、うなづける。規模の利益は、農協からブドウを買い付ける時も発揮されているようだ。テーブルワインは1000円程度の低価格が要求されるが、規模の利益がないと「美味しいテーブルワイン」は供給できないであろう。

「不味くて安いワイン」はあるだろうが、「美味しくて安いワイン」は規模の利益がない工場では生産できない。「うちしかできない」とギャラリー担当者が言う自信は理解できる。

大型化は公共目的の実現につながる

嶌村社長は「一般の人が楽しめないような高価なワインに水準を当てるつもりはありません。多くの人に飲んでもらうため、手頃な価格で提供することを追求している」という。「プレミアムワインよりもテーブルワインを」というのが経営理念である。規模の利益が大きい大型設備を持っている以上、当然の、合理的な経営戦略だと思う。

手頃な価格でワインを供給し、日本にもっとワインが浸透することに貢献したいという。1万円のワインを少量生産するより、手頃な価格のワインを大量供給する方が、ブドウの大量消費になり、農家や農業、北海道という地方の活性化に、より大きく貢献できるからである。素晴らしい企業理念である。大型化は公共目的の実現につながっている。農家や地域への貢献の精神は、親（創業者）譲りであり、それを実践しているのは素晴らしい。

第9章

日本の食文化を表現 世界と勝負するワインめざす

ドメーヌ・タカヒコ（北海道余市町）

ドメーヌ・タカヒコの農場（余市登地区）

余市町は世界のワイン銘醸地と同じ緯度、ワインベルトにある。曽我貴彦氏は日本中を調査の上、雪の多い余市を選んだ。冬季、雪がブドウの木を守ってくれるからだ。繊細なワインになるピノ・ノワールを栽培するには余市以外ないからだ。世界を目指す曽我さんは「科学する醸造家」である。

表 9–1　余市町の果樹生産額

（単位：1000 万円）

	北海道	余市町	仁木町	余市町の全国順位
果実計	610	191（1）	119（2）	108 位
リンゴ	140	47（1）	11（4）	51 位
ブドウ	200	72（1）	32（2）	44 位
西洋梨	…	8（1）	1（3）	22 位
おうとう	200	48（2）	66（1）	14 位
もも	…	9（1）	0（2）	22 位

（出所）農水省「生産農業所得統計」。2017 年値（平成 29 年）
（　）内数字は北海道における市町村別順位。

表 9–2　余市町のワイン用ブドウ生産

年	栽培面積（ha）	収穫量（t）
2008	105	766
2009	105	811
2010	107	620
2011	107	588
2012	108	842
2013	118	736
2014	120	699
2015	124	650
2016	126	750
2017	133	594
2018	145	590
2019	151	605

（出所）余市町農林水産課調べ

1　北のフルーツ王国

積丹半島の付け根に位置する余市町（人口1万9000人）は「果実のふるさと」と呼ばれている。日本海を北上する暖流の対馬海流の影響を受けて、余市は比較的温暖で果樹栽培が盛ん、リンゴやブドウ、洋梨の生産量は全道一を誇っている。積雪量が多い地域であるが、「フルーツ王国」である。果実の生産額は19億円で、隣の仁木町と合わせると北海道全体の半分を占める（**表9―1**参照）。

しかし、近年はワインの町へと変わってきた。ワイン用ブドウ栽培が盛んだ。**表9―2**に示すように、ワイン用ブドウの栽培面積は10年前の105haから、19年には151haへ拡大した。ブドウ栽培に適しているため、域外各地のワイナリーが余市町のブドウ栽培者と栽培契約している事例が沢山ある。

リンゴからブドウへ遷移

余市町のブドウ栽培は明治8年に始まるが、盛んになったのは1970年代、リンゴ価格が暴落したのが切っ掛けであった。リンゴの栽培面積が減少し（70年代1000ha、80年600ha、00年

300ha、現在200ha）、ブドウの栽培面積が徐々に拡大したが、1981年頃からワイン醸造用ブドウの栽培が始まった。余市町の果樹栽培のリンゴからブドウへの遷移は明瞭だ。

農家の経営耕地面積が比較的大きいため（ブドウ栽培が一番盛んな登地区は6～10ha）、栽培の手間が省ける加工用ブドウ栽培に積極的で、各地のワイナリーと契約栽培を行っている。1983年にはサッポロビール及びはこだてわいん（道内七飯町）が余市町の生産者とワイン用ブドウの試験栽培を開始する。

1984年にはサッポロワイン、余市ワイン（町内）が栽培契約を締結、1985年には北海道ワイン（小樽市）、はこだてわいん（道内七飯町）、ニッカウヰスキー（町内）、1996年には中央葡萄酒千歳ワイナリー（道内千歳市）、2002年には池田町ブドウ・ブドウ酒研究所（道内池田町）と続き、域内外のワイナリーが余市町の生産者と栽培契約を締結した。このように、余市町はワイン用ブドウの余剰、移出地域として有名な産地だ。

なぜ寒い地方でワインか

北海道は寒い、雪が多い、そんな地方でなぜブドウ栽培、ワイン造りが盛んなのか。素人の初歩的な疑問である。しかし、実はブドウ適地なのだ。

ブドウ栽培に適した気象条件があるが、余市町の積算温度（4月から10月）は1200度（最近は1300度）で、ブルゴーニュ（1300度）、シャンパーニュ、アルザス（1200度）と同じである。ドイツの産地も1200度だ。余市町は世界のワイン銘醸地と同じ条件なのである。

また、ワイン用ブドウの栽培適地は北緯30～50度、南緯30～50度、平均気温10～16℃の地域に限られている。この帯はワインベルトと呼ばれている。北半球ではフランス、イタリア、スペイン、ドイツ、米国、南半球ではチリ、アルゼンチン、オーストラリア、ニュージーランド、南アフリカがこの帯の中に位置している。余市町の緯度は北緯43度でワインベルトにある。

ただし、醸造用ブドウはマイナス20℃を下回ると凍害を受ける。余市の平均温度は6℃で冬を越せないはずであるが、余市町は積雪が多く、冬季はブドウの木は雪で覆われているので凍害を免れている（ちなみに、日本の北緯30〜50度は鹿児島県十島村から樺太まで）。

表9―3は、ワイナリーの新規参入を示したものである。この10年で、余市町には新しいワイナリーが続々と誕生、

表 9–3　余市町のワイナリー新規参入状況

設立年	会　社　名	生産本数（本）
1974	余市ワイナリー（日本清酒㈱）	100,000
2010	ドメーヌ タカヒコ	15,000
2013	リタファーム&ワイナリー	35,000
〃	OcciGabi ワイナリー	45,000
2014	登醸造※	1,000
2015	ドメーヌ アツシ スズキ※	2,200
〃	平川ワイナリー	25,000
2016	ドメーヌ モン※	10,000
〃	ワイナリー夢の森※	2,200
2017	キャメルファーム（ワイナリー）	…
2018	モンガク谷ワイナリー※	2,000
仁木町		
2010	ベリーベリーファーム&ワイナリー仁木	13,000
2014	NIKI Hills ヴィレッジ	20,000
2018	ヴィニャ デ オロ ボデガ※	3,400

（出所）余市町農林水産課調べ。2019 年 6 月末現在
（注）※印は特区制度活用による新規参入。余市町の「ワイン特区」認定は 2011 年 11 月、仁木町は 2017 年 12 月である。

表 9–4　余市町のワイン生産推移

（単位：kℓ）

年 度	余市税務署管内	北海道計
2010	—	3,025
2011	—	3,064
2012	—	3,083
2013	96	3,369
2014	102	3,430
2015	153	3,437
2016	139	3,424
2017	194	3,279

（出所）余市税務署調べ（行政文書開示請求による）。北海道計は国税庁統計年報
（注）果実酒の課税数量である。仁木町を含む。

2019年現在、11のワイナリーが立地している（その後増加し、23年末19軒）。うち5軒は「ワイン特区」を活用して小規模で参入したものである。東京、茨城、長野、秋田、札幌などの出身で、全国各地から来ている。新規就農希望があと8軒あるようだ。なお、隣の仁木町は現在3軒であるが、近日中の新規参入予定が2軒ある。

表9―4は、余市税務署管内のワイン生産の推移である。北海道全体のワイン生産は横ばいであるが、余市管内の伸びは大きい。従来は、余市町はブドウが〝余剰〟と言われたが、近年は町内でワイナリーが増え、栽培面積は増えているにもかかわらず不足気味になっている。醸造用ブドウは奪い合いになり、価格が30%くらい上昇した。ピノ・ノワールの場合、10年前は1kg200円であったが、今400円である。

2　科学するドメーヌ・タカヒコ

余市町登地区に、国際水準のワイン造りを期待されている「ドメーヌ・タカヒコ」（曽我貴彦代表）を訪問した。家族経営の小さなワイナリーである。町の中央を流れる余市川の右岸、標高60m、南東向きの緩やかな丘陵地にある。畑はビオロジック（有機栽培）で管理されたピノ・ノワールが植えられていた。

曽我貴彦氏（1972年生）は、長野県小布施のワイナリーの次男で、大学で醸造学を学び、一時は微生物研究者への道へ進むが、ワインの魅力が忘れられず、10年間、栃木県のココ・ファーム・ワイナリーで働き、その間、日本中、世界中のワイン産地を巡り調べた。また、ココ・ファーム醸造責任者の米国人ブルース・ガットラヴ氏（カリフォルニア大学デービス校醸造学科卒）に出会い師事した。「ブルースはブドウ栽培やワイン造りに対して、まだ日本人が知らない情報をたくさん持っていた」（第3章及び第10章参照）。ブドウ栽培コンサルタントとして世界的に有名なリチャード・スマート氏からも多大な影響を受けた。

スマート氏は、キャノピー・マネジメントという考え方を取り入れた人物である（1960年代提唱）。ブドウの木の植栽密度、新梢を何本伸ばすか、その長さや選定の仕方などを、気象や土壌成分のデータと共に関連付けて、数値化した。つまり、科学的分析の上にブドウ栽培を行うアプローチだ。曽我さんはスマート氏から大きな感化を受け、「ブドウ栽培とは何か」を深く模索し続けたようだ。

こうしたキャリアの故であろうか、曽我さんは立地、栽培、醸造、いずれの場面でも、選択、意思決定はサイエンスに拠っている。

なぜ余市だったのか?

写真 9–1　曽我貴彦氏（ドメーヌ・タカヒコ醸造家）

ココ・ファームで栽培を担当していた時、ココ・ファームはカリフォルニアに農場を所有しており輸入ブドウも使っていたが、当時、日本ではすべて国産ブドウに変えようという議論が出ていた（02年論争、04年から「日本ワイン」の流れ）。そこで、日本各地のブドウ畑を見て回った。最後に勤めていたのが北海道であり、質のいいブドウが出来ることを知った。品質の良さに驚いたという。

なぜ、余市を選んだのか？　先に述べたように、余市は世界のワイン銘醸地と同じ条件であることを確認した。涼しいので良いブドウが出来る。北海道はクールクライメイトである。その上で、十勝は凍害のリスクが大きいので最初の段階で除外した。函館、岩見沢は積算温度は1200～1300度と余市と同じだが、函館は収穫期に霧が出るリスクがあり、また台風も来る。岩見沢は冬マイナス20℃以下になり、しかも雪が少ない年もあり凍害リスクがある。これに対し、余市は冬季は雪に覆われ（vs十勝）、また霧、台風がなく（vs函館）、冬もマイナス15度止まりで降雪も安定している（vs岩見沢）。つまり、余市は一番、安定している。

ブドウの大敵は雨である。余市も、梅雨はないが秋雨はある。しかし、北海道の収穫時期は10月10日～30日であり、その頃は寒い（10℃以下）。収穫期が寒いと、光合成だけやって、雨が降っても水を吸わない。この時期の雨は問題なし。

つまり、余市は安定した条件を持っている。質の良いものを安定して作れる。暖流の影響で比較的温暖で、気象条件が優れているのが余市だった。積算温度、雨がない、秋雨はあっても問題なし等々、調査研究の成果の上で余市を選んだ。8年間、畑を何処にするか模索した。親の代からの土地でワイン造りを始めたわけではない。出生地の長野をはじめ、山形、福島、北海道と、ブドウ畑の候補地は50以上に上った。しかし、一番条件のいいのは余市だったのである。

標高60mの丘の上にある農場は、圃場の下側から見ると、風化した礫、砂、粘土（火山性）が混ざりあった、水はけの良さそうな土壌の地層を見せていた。

3　繊細なワイン造りたい

ドメーヌ・タカヒコは、２０１０年オープン、経営耕地面積４・５ha、作付面積２・５ha（３・５haまで可能）、ブドウ12ｔ（買いブドウを含めると15ｔ）、ワイン生産１万５０００本（７５０㎖）、売上高３０００万円である。畑はビオロジック（有機栽培）で管理されたピノ・ノワール（９０００本）が植えられている。規模は小さいが、世界レベルのワイン造りを目指している。

自社畑のほか、買いブドウもある（3t、登地区1戸40a）。ブランドは区別しており、自社畑のワインは「ナナ・ツ・モリ」（3800円）、買いブドウで造るワインは「ヨイチ・ノボリ」（3500円）である。出荷先は100％酒屋さん（全国100店舗）で、日本酒並みの掛け率で卸している。通常、ワインは6掛けと言われており、日本酒並みはかなり高い掛け率である。ドメーヌ・タカヒコは評判がよく、引き合いが多いからであろう。

世界と勝負できるワイン造りを目指す曽我さんのワインはどんなものか。曽我「濃くて余韻が長いワインの世界より、繊細（薄い）ながらも深く幅があり、余韻が長いワインの魅力を感じております」「そのようなワインを日本で造るには、水はけの良い火山性土壌と適度に雨が降る風土で育ったピノ・ノワールであることが大切です。それも暖かいエリアでなく涼しい気候エリアで」。

余市、登（のぼり）地区の農場は、まさしくその条件を満たしている。ピノ・ノワールを造るには余市以外はないと思い、余市に立地した。この圃場はもともと果樹園だった。リンゴ主体にサクランボ、プルーン、洋梨など7種類の果樹が栽培されていた。それをピノ・ノワールに植え替えた。

ピノ・ノワールは優雅なワインになるけれど、気難しいと言われる。冷涼な気候を好むため、どこでも栽培できるわけではない。曽我さんはそれに挑戦しているわけである。

栽培はビオロジック（有機栽培）である。醸造は、ブドウを房ごと仕込む全房発酵という方法をとっている。梗や茎の部分も一緒に仕込むと、醸造時の温度変化が緩やかになり、ワインに複雑な風味や艶やかな舌触りを与える。その上、果梗（かこう）のタンニンが加わるので、味わいの構成力がしっかりするようだ。火入れはしない。フィルターもかけない。無濾過で上澄みを取っている。その方がブドウの持つ本来の香りと味が残る。

4　科学と自然のリズム

曽我氏は「日本の食の美しさを表現できるワインを醸したい」「瓶熟では日本の四季を表現できるワインが理想」と語る。感性の世界を強調している。また、何も手を加えないことをモットーにしている。「科学」と対立すると思う人もいるかもしれない。しかし、筆者には両者に矛盾はない。繊細なワインを醸すには科学的アプローチが必要だ。

既に見てきた通り、曽我氏は立地、栽培、醸造、どの場面でも、昔から親の代からやっている技術に拠っているのではなく、科学的根拠に基づいて決めている。立地は気象条件の詳しい分析の上で決めた。これは科学の目で見た選択だ。

化学肥料や農薬を一切使わないビオロジックのほうが土の中の微生物の活動が活発になり、ブドウの木が持つ生物的能力を引き出し、繊細なワインが出来る（これが科学的知見である）。火入れをしないほうがブドウの持つ本来の香りが保たれてよい。全房発酵のほうが醸造時の温度変化が緩やかになりワインに複雑な風味ある。そういう知見をもたらすのが「科学」である。科学的分析の知見に基づいてワイン造りをするほうが、自然を活かし、ブドウの木の持つ本来の能力を１００％引き出して美味しいワインが出来る。科学は自然のリズムを引き出す役割を果たしている。曽我氏は「科学する醸造家」に一番近い醸造家のように思える。

経営に目を転じると、醸造場は、機械が少ない。曽我さんは「自分は金をかけていない。ケチなワイナリー」という。ポンプがない。除梗の機械がない。ステンレスタンクがない。樽も新樽は使わない。新樽は樽の匂いでワインが臭い。ステーキを食べるときはいいが。繊細なワイン造りには匂いがつく新樽は合わない。フランス等海外から中古を買ってくる。小布施の兄貴からも中古を貰う。新樽は15万円位するが、中古は5万円である。ワイナリーの初期投資は1千万円で済んだ（土地取得費は1600万円）。

曽我氏は自分のワイナリーは「農家の味噌、漬物」と言う。日本ワインの最大手「北海道ワイン」（小樽市）は「キッコーマンやマルコメの味噌、醤油」という。分かりやすい比喩だ。農家の延長線上で、自分と家族の幸せを考えて、農夫としての個性をしっかり出したワイン、風土を生かした自然なワインを造っていくという。

規模についても哲学がある。面積は増やさない。うまみを感じるワインを醸し、付加価値を高める方向で勝負する。日本のワインは1本1万円の時代が来るとみている。日本ワインで、面白いワインがある。曽我氏のところにも、月2～3件、海外から問い合わせあるようだ。

また、小規模ワイナリーを美しいと考えている。それぞれが特徴を出すことで、小規模で個性的なワイナリーが地域に沢山出現するのが好ましいと考えている。

「北海道に200万ℓ規模が1軒あるのと、うちみたいのが100軒、これで100万ℓの生産はどっちが面白いか」という比較である。小規模の定義を1万ℓとするなら、持続可能かもしれない（1万ℓ規模は現状価格なら、売上高1500～2000万円）。

コメント　小規模（仮に6kℓ未満）は持続的か。1本（720㎖）1万円のワインを供給できるようになれば持続可能だ。小企業の集積は多様性に富み面白いと思う。しかし、通常の産業は（農業の場合も）、そういう思いはあっても、なかなかそうはいかない。市場原理の下、淘汰されていくことが多い。稲作をはじめ農業分野は規模拡大して残っている。ワインの場合は逆に、個性が競争力をつくる側面があるので、あるところまで可能となるのではないか。仏ブルゴーニュはそういう様相を見せている。しかし、日本ではまだ検証できない。現状の日本ワインは価格が高いので、美味しくて安い輸入ワインの情報が完全な市場になれば価格が下がり、小零細規模でどこまで残れるかはわからない。1万円のワインを醸すことができる限られたワイナリーだけが小規模で残れるのであって、小規模のままサバイバルし産業を形成することは困難かもしれない。恐らく、後継者難に直面するであろう。

5　登小学校は児童10人、内9人は新規就農の子弟

曽我氏は、ワインは自己表現ができる産業と強調する。ワイナリーは1万本の小規模でも世界に自分をアピールできる。野菜でいくら努力しても無理だ。若い人が参入するのも、自分をアピールできるからだ。

若い人たちの研修を受け入れている。余市は面白いよと発信して、ワイナリーを増やす。過疎化地域に若い人の参入を誘っているわけだ。

曽我氏が余市にワイナリーを開いたのは2010年である。ドメーヌ・タカヒコで研修した若者たちも、登地区で次々とワイナリーを起こした。余市は気象条件が良いだけではなく、山梨や長野に比べまとまった面積の農地を取得しやすいので、質の高いワイン造りを目指す人たちが余市に集まってきた。**表9―3**に示したように、余市と仁木町合わせると14のワイナリーが立地している。新規参入の予備軍も多い。

典型的な中山間地帯にある余市町立登小学校は、全校児童数10人である。うち9人は新規就農者の子弟である（2019年度）。古くからの住民だけであれば、小学校は廃校に追い込まれていたであろう。ワイナリーの進出が地域を救った。

日本ワインは、リンゴの衰退に伴う農地を有効活用するだけではなく、幅広く公共目的に適う産業になっている。ワイン造り自体が、社会の共通価値を創造（CSV活動）している。更なる発展を期待したい。

第10章　ワイン技術移転センターの役割　ブルース氏の空知(そらち)地域振興

合同会社10R(とある)ワイナリー（北海道岩見沢市）

ブルース・ガットラヴ氏（岩見沢市栗沢町上幌）

北海道空知は新しいワイナリー集積地になってきた。米国人ブルース氏の10Rワイナリー（委託醸造）が技術移転センターの役割を果たし、ワイン醸造家を育てている。気候変動と技術進歩を積極的に生かす方策をとれば、地域振興に曙光が見えてくるであろう。

産業と言うのがどのようにして誕生してくるかも、興味深い。

1 「炭・鉄・港」かワインツーリズムか——人口7割減の旧産炭地・空知振興策

北海道に陽が差してきた。気候変動に伴い農業の産地移動が起きており、コメや野菜の主産地が北海道に移ってきている。また、ブドウ栽培・ワイナリー産業など新しい産業が立地し、観光を誘発し、北海道の可能性を広げている。

1960年代のエネルギー革命以前、北海道は石炭産業で栄えていた。しかし、石炭から石油・天然ガスへの流体革命の進行と共に、炭鉱閉山が続き、産炭地は急速に衰退した。空知地域の人口は1960年の82万人から、今や30万人を切っている。南北中空知のそれぞれの拠点都市である岩見沢、滝川、深川を除くと、64万人から16万人へと75%も減少した(国勢調査)。特に、夕張、三笠、歌志内(うたしない)、上砂川(かみすながわ)の人口減は激しく、9割減である。10分の1に激減した。いずれも、炭鉱地帯である。

この人口減の下げ止まりは、まだ見えないという(北海道空知総合振興局)。北海道庁は空知振興の新しいビジョンを作った。「炭(タン)・鉄(テツ)・港(コウ)」だ。開拓使時代から現代までの北海道の歴史は、空知(石炭)、室蘭(鉄鋼)、小樽(港湾)とそれらをつなぐ鉄道が近代化を支えた。この近代北海道の原点を再発見するところから(炭鉄港は19年5月、「日本遺産」に認定された)、地域振興につなげたいという。

この北海道近代化のストーリーを売り出すことで、観光につなげたり、産業遺産ファンや鉄道ファンからの「ふるさと納税」を期待している。もちろん、この地域に住んでいることに、人々が誇りを持つ効果もあろう。

しかし、炭鉄港ストーリーに自ら悦に入っている節がある。ふるさと納税に期待しているところなど他力本願で、なんとなく弱さを感じる。もっと積極的な手はないものか。

新・一村一品で競争せよ

北海道空知は農業地域である。地球温暖化、品種改良など技術進歩の効果から、空知農業は競争力を高めている。「ゆめぴりか」や「ななつぼし」など〝米どころ〟としての評価は高い。夕張メロンなど有名ブランド作物もある。近年では、ワイナリーとブドウ畑が集中する地域としても知られ、生産地を訪ねる「ワインツーリズム」が人気になっている。

表 10–1　空知地域のワイナリー新規参入状況

	所 在 地	設立（年）
1 山崎ワイナリー	三笠市達布	2002
2 宝水ワイナリー	岩見沢市宝水	2004
3 滝沢ワイナリー	三笠市川内	2013
4 10R ワイナリー	岩見沢市栗沢	2012
5 近藤ヴィンヤード	岩見沢市栗沢	2017
6 中沢ヴィンヤード	岩見沢市栗沢	2017
7 マオイ自由の丘ワイナリー	夕張郡長沼町	2017（2006）
8 鶴沼ワイナリー	浦臼町（畑）	1984
9 宮本ヴィンヤード	三笠市川内	（2015）
10 イレンカヴィンヤード	岩見沢市栗沢	（2015）
11 宇都宮ヴィンヤード	浦臼町	（2015）

（出所）北海道空知総合振興局調べ
（注 1）近藤ヴィンヤードと中澤ヴィンヤードは醸造所（栗澤ワインズ）を共同経営。
（注 2）マオイ自由の丘ワイナリーは旧マオイワイナリー（2006 年）から事業譲渡されたもの。
（注 3）No. 9 〜 11 は委託醸造。（　）内はファーストヴィンテージ。

しかし、同じ道内にあって、十勝より遅れている側面もある。十勝のほうが、農産物のブランド力が高い。チーズや長芋など全国でもトップクラスのブランドがある。十勝のブランド力に匹敵するのは、空知はまだコメだけと言っても過言ではない。

気候変動の影響から、北海道空知農業は有利になってきている。ワインのメッカ・山梨県勝沼が気候変動に伴い、温暖化に強い品種を世界中に探し始めているが、北海道は〝クールクライメイト〟の条件が生きて、いいワイン造りができている。農業産地は〝北上〟している。コメも然りだ。

チャンス到来である。この条件変化を活かした新しい発展戦略を立ててはどうか。具体的に言うと、例えば、「新・一村一品運動」はどうか。

従来、極寒の地・北海道ではできなかった農業が、技術進歩もあって、北海道でもできるようになってきた。あるいは、冷涼な北海道でこそ、良質な産品が出来る（例えば、欧州系ブドウ品種ピノ・ノワールは北海道が最適地になってきた）。そこで、この新しい条件の下で、各市町村が「新・一村一品運動」を展開し、市町村間で競争する。この競争の過程で、アイディアが出てくる。そこから、農業が活性化する。

ブドウ栽培、ワイン醸造、ワインツーリズムは、一番具体的な事例となるであろう。行政当局も、ワインツーリズムには興味を示しているが、その下部構造、ブドウ栽培には市町村間に温度差があるようだ。積極的な市町村と否があるようだ。ブドウ栽培に積極性なくして、ワインツーリズムがあるわけがない。農地行政、新規就農者受け入れの次元から積極的に取り組んで初めて勝者となろう。

「新・一村一品運動」と「炭鉄港」、いずれが地域創生に効果があるか、競争すればよい。担当者の知恵比べである。もちろん、競争と協働である。

年間6000人訪問する山崎ワイナリー

山崎ワインは北海道で一番有名なワイナリーと評判である。なだらかな丘陵地が続く三笠市達布地区にある有限会社山崎ワイナリー（山崎和幸オーナー）は、35haの自作地で、小麦、コメ、スイートコーンを経営する農家であったが（3代目）、2002年にワイン造りに参入した。当時、農家がワイナリー参入と珍しがられたようだ。

1998年からブドウ栽培、3年後に免許申請、2002年にワイン免許、醸造を始めた。ブドウ参入は息子のためという。長男が2002年、東京農大醸造学科入学、それを見越して98年にブドウを植えた。次男は教育者志望で北海道教育大学岩見沢校に入ったが、今はワイン造りに参加し、栽培と販売を担当し、ワイナリーを仕切っているようだ。

山崎氏のブドウとの出会いは、北海道ワイン㈱の三笠ワイナリーに自分の畑を貸していたので、ブドウ栽培を遠目で見ていた。そうこうしている時、余市のオチガビワイナリーの落希一郎氏に出会った。落氏は1997年頃、ここの畑は水はけが良い、雪も降ってブドウを守ってくれる、交通の条件も良い、条件が最適と勧めてくれた。岩見沢税務署に相談したら、条件さえ整えば免許を出すということだったので、98年からブドウを植えた（当時は特区なし。6000kg以上）。

現状は、ブドウ栽培12ha（35haの内、その他は手が回らず荒れ地）。成木8ha、ブドウ収穫量40t（10a単収500kg）。ワイン生産量は年間4万本。ブランドは「山崎ワイン」、出荷先は直売所（土日営業）とFAXメール注文で80%、残り2割を酒屋、一部レストランに出している。価格は2000円台後半から3000円位。酒屋向けは8掛け、レストランは9掛けで卸している。売上高は1億2000万円である（推定。3000円×4万本）。

注目したいのは、直売が多く、ワイナリーツアーに年間6000人を上回る人が訪れる。素晴らしい（三笠市の人口は8000人）。岩見沢駅から一駅、「峰延駅」は無人の駅である。そんな辺鄙な田舎に、〝東京〟から訪れる。山崎氏は呆れると言いながら、うれしそうに言う。

ワイナリー新規参入について、「良い選択をした」と言う。奥さんは現在、直売所の仕事を担当しているが、奥さん曰く「あのまま農業していたらジリ貧で、後継者も出なかった」。山崎氏は「奥さんに感謝された。喜ばれた」と言う。

気候シフト

山崎氏の成功は、北海道のワイン産業に大きな影響を与えた。北海道は2000年以降、新たなワイナリーの設立が急増したが、それは1998年頃の気候シフト(注)で、従来北海道では栽培困難とみられていた赤ワイン用高級品種ピノ・ノワールの栽培が可能になったことが背景と見られている。98年にピノ・ノワールを植栽し成功させた山崎ワイナリーはその嚆矢だった。その後に皆が続いた。

（注）気候シフトとは、気温や風などの気候要素が10年規模―数十年間隔で不連続的に変化すること。北海道は長期的な気候温暖化に加え、1998年頃、この気候シフトがあったとみられている。空知は1998年頃から、4〜10月の平均気温が14℃以上になった（世界のピノ・ノワール産地は14〜16℃）。

山崎氏の見通しでは、岩見沢管内で、あと2〜3軒、ワイナリーが増える。自分の荒れ地も、新規就農者が独立するなら譲る意向である（賃貸でも売買でも）。ワイナリーツアーの増加が地域振興につながることを期待しているようだ。

2　ワイン技術伝習の公共的役割を果たす――10Rワイナリー

北海道に陽が差してきたと思うようになったのは、気候変動に加え、効果的な「ワイン技術移転センター」が出現しているからである。北海道に移住してきた米国人ブルース・ガットラヴ氏（Bruce Gutlove）は、北海道の地域振興に大きな役割を果たすことになるのではないか。

ブルース氏はカリフォルニア大学デーヴィス校で醸造学を学び、ナパやソノマでワインコンサルタントの仕事をしていたワイン醸造のプロだ。1989年秋に来日し、栃木県足利市にある知的障害者がワイン造りしている「ココ・ファーム・ワイナリー」に20年間勤務し、2009年、本当に自分がやりたいワイン造りがしたいと思い、北海道に移住してきた（第3章参照）。

岩見沢市栗沢にワイナリーを開設したのは2012年である（合同会社10Rワイナリー）。ココ・ファーム時代に原料ブドウを求めて全国を歩き回っていたので、北海道で良質なブドウが出来ることを知っていた。余市もいいブドウが採れるが、余市はアイデンティティが強く、他所からブドウを入れると嫌われる。もともと「委託醸造」をしたかったので、全道からブドウを集められる岩見沢を選んだと言う。地価が安かったのも大きな理由だ。

委託醸造がブドウ農家を育てる

10Rワイナリーは〝カスタム・クラッシュ〟(Custom Crush、委託醸造)が主業であり、醸造所を持たないブドウ栽培農家に、醸造の場を提供している。現在、20軒のブドウ生産者がここに醸造委託している。このほか、自分の畑のブドウからもワインを醸している(委託醸造を主業と選んだのは、1次産業より2次産業、2次産業より3次産業の方が所得が高くなるというペティ法則〔産業構造発展の方向〕を考えた側面もあるのだろうか)。

仕組みは、ブドウ生産者がブドウを持ち込み、ブルース氏の指導を受けながら自分で醸造する。出来たワインは全量、ブドウ生産者が引き取り、10Rには醸造費を支払う。農家はこのワインを自分のブランドで1本(750㎖)2500〜3000円で販売している。高級ワインだ。

ブルース氏は、「こういう醸造をすれば、こういうワインの味になる」と説明はするが、どの方法を選ぶかは個人の自由。販売は委託者本人の責任であるから、どういうワインを造るかは自分で考えなくてはならない。自分なりのワイン哲学を持つことの大切さを指導しているわけだ。ここで実技研修を受けたブドウ生産者は数年後、独立して行く。10Rはワイン造りの「技術伝習所」の役割を果たしている。民間企業でありながら、公共的役割を果たしているわけだ。

ブルース氏の目的は、ブドウ栽培農家を育てることである。ココ・ファーム時代、原料ブドウを求めて全国を歩いたが、日本では良いワイン用ブドウは簡単には手に入らないことが判った。醸造側がワイン用ブドウの生産者を増やす必要を実感したようだ。熱心なブドウ農家のサポートが必要と考え、委託醸造を始めた（ココ・ファーム時代から）。ブドウ代金の収入だけでは、農家経営は厳しい。例えば、ブドウ価格は1kg250〜300円である。単収6t／ha（10a当たり600kg）とすると、1ha当たり粗収入は180万円である。これでは原料用ブドウの供給は増えない。

委託醸造の仕組み

これに対し、委託醸造にすると、農家収入は5倍になる（表10―2参照）。1ha経営で6tのブドウを委託醸造すると、ワイン6000本を得る。仮に1本3000円とすると、収入は1800万円である。醸造費がワイン価の半分と仮定すると、10Rに支払う醸造費は900万円である。農家の手元に900万円が残る（価格や醸造費について仮定の下の試算）。

農家はブドウを原料として売るよりも、収入が5倍に高まる。もちろん、ワイン販売のリスクを負うが、今のところ良いワインさえ作れば、日本ワインは不足している。

農家は収入が5倍になるだけではなく、自分のワインが出来るので、やる気が出る。良いブドウを作れば、良いワインになる。ブドウ栽培に情熱が出る。さらに、10Rでワイン技術を取得すれば、やがて独立し、自分のワイナリーを持つ可能性も出てくる。

現在、20軒のブドウ生産者が委託醸造しており、合計60tのブドウを加工している（能力80t）。ワイン生産量は6万本、30種類のワインを造っている。大小さまざまなタンクが並んでおり、サイズは最小60ℓから最大3000ℓ（3本）までである。生産者が持ち込むブドウの量が違うからだ。空知管内だけでなく、余市や帯広からもブドウが運ばれてくるが、今年は洞爺湖が一番遠い。今まで一番遠かったのは旭川の北、名寄のブドウ生産者であったが、

表 10–2　ブドウ生産者から見た委託醸造の収益比較
——畑 1ha、ブドウ生産 6t のケース（筆者試算）——

ブドウ代金収入	委託醸造の場合
6,000kg × 300 円／kg	ワイン販売 6,000 本× 3,000 円＝ 1,800 万円
＝ 180 万円	10R 醸造費 6,000 本× 1,500 円＝ 900 万円
	差し引き　900 万円

（注）ワイン価格は 3,000 円、醸造費はワイン価格の半分と仮定した。

ここで6年間技術を習って、今年、自分でワイナリーを建てて独立した。

10Rに委託醸造するブドウ生産者は、将来、独立し、自分のワイナリーを設立する目的を持った人が多い。現在いる20軒のうち、13〜15軒は独立希望者たちである。この人たちは数年後、ワイナリー新規参入者となろう。

ブドウ栽培農家の収益性が高まれば、ワイン用ブドウの供給は増える。ブルース氏は、精神論ではなく、市場経済の仕組みを通して、ワイナリー新規参入の予備軍を育てているわけである。この成果は、空知の地域振興に結び付くであろう。

こうしたカスタム・クラッシュは、カリフォルニアではごく普通のようだ。自分のワイナリーを持ちたい人たちが、委託醸造して造ったワインを自分ブランドで売り出しテストランしている（市場の反応を見ている）。ただし、10Rのように、農家が一緒に勉強することはない。委託醸造する農家が10Rで研修し独立していくというインキュベーション（孵化）機能は10Rだけのものだ。

10Rワイナリーは、産業を誕生させる役割を果たしているのだ。10Rの仕組みは興味深い。面白い。産業誕生の瞬間を見ているようだ。興奮を覚えながら取材した。

なお、ブルース氏は自社畑のブドウからもワインを造っている。ピノ・ノワールが多い。10Rのブランドは「上幌ワイン」で、1本3200円で売っている（「10Rワイン」ブランドはない）。なお、契約栽培のブドウで造ったワインは2800〜3000円である。現在、1・6haの畑でブドウを栽培しているが（これは奥さんの仕事）、もっと増やしたいと言う。農地9haを所有しており、あと3haは増産可能（4haは北斜面なのでブドウに不向き）。畑を増やせば管理が大変なので、奥さんの判断次第と言う。

ブルース氏のワイン造り

ブルース氏は「ブドウがなりたいワインになれるように、お手伝いしているだけ」と言う。そのため、「火入れ」はしない。また、「野生酵母」を使っている（第3章参照）。野生酵母を使うのがブルースの特徴でもある。カリフォルニアでも、フランスでも、野生酵母を使っているワイナリーはあるが、多くは人工の培養酵母のようだ。その方が失敗しない、安全だからだ。なお、日本で使われている培養酵母はすべて輸入品である（例えばLAFFORT）。

野生酵母は発酵がゆっくりで、予想できない面白い味わいになる。予期しない複雑な香りや味わいを生み出すことがある。柔らかく繊細で口当たりがやさしくなる。個性的で上質なワインになる可能性を広げるようだ。もちろん、速効で予想通りの効果が現れる培養酵母と違い、リスクはあるが。

管理の難しい野生酵母を使いこなす〝コツ〟は何か、聞いた。醸造場をきれいにする（清掃）＋健全なブドウを使う＋欠点の味を除去する。この3点だ。病気のないブドウ、農薬等が付着していないブドウを使う。欠点の味とは、酢酸の香り等、こまめに管理して取り除くことが肝要という。

上手く野生酵母が働いているかどうか、経験が重なると分かるようになるという。タンクを開けて見ただけで判るそうだ。液面のピカピカ具合などで分かる。

10Rで研修を受けた委託醸造農家が独立して自分のワイナリーを設立する場合、ほとんどが「火入れ」はしない。また、野生酵母を使っている。皆、高級ワインの生産者になっている。北海道の日本ワイン生産者の中にはブルースのワイン造りの示唆を受けた人が多い。余市のドメーヌ・タカヒコの曽我貴彦さん（栃木ココ・ファーム時代に師事した）、栗沢町のKONDOヴィンヤードの近藤良介さん、ナカザワヴィンヤードの中澤一行・由紀子夫妻など、消費者垂涎のワインの作り手たちである。

ブルース氏は「委託醸造」というユニークな経営形態を通して、空知地域を中心に、次々とワイン造りの担い手を送り出している。ワイン生産、ワインツーリズムが空知の地域振興の柱になる日が展望できるが、ブルース氏の貢献は大きいと言えよう。

3　10R卒業生・中澤ワイナリーの輝き

岩見沢市栗沢町にあるナカザワヴィンヤードの中澤一行・由紀子夫妻も、10Rの卒業生である。ブルース氏によると、「日本ワインオタクが一番手に入れにくい高級ワイン」。幻のワインである。

中澤氏は脱サラ組だ。一行氏は東京の電気メーカー、由紀子氏は石油化学企業の医薬品研究所に勤めていたが、1996年に北海道に移住し、北海道ワイン（本社小樽市）の子会社三笠ワイナリー（ブドウ畑だけ）で8年間、働いた。その間、ブドウ栽培の技術を取得し、スピンアウトした。栗沢町に畑を取得したが、当初は自分のワイナリーを持たなかった。2002年ブドウを植え、06〜12年は栃木のココ・ファームと契約栽培でブドウを供給（7年間）、13〜16年は10Rに供給（4年間）、17年から自分のワイナリー（近藤氏と共同経営）で醸造している。

ただし、ココ・ファーム時代、つまり06年から、自分のブランドがあった（ブランド名「クリサワブラン」）。納入ブドウの約半分を自分ブランドのワインにしてもらっていたのである。10R時代は100%委託醸造であり、全量「クリサワブラン」として販売できた。自社ワイナリー設立の11年前からブランドがあったわけで、テストランとしては長すぎるくらい販路開拓のための期間があり、安定した市場を確保した上での参入である。

ブルース氏との付き合いはココ・ファーム時代から続いており、この15年間で技術取得したことになる。「技術伝習所」10Rでの研修は、自分のブドウを持ち込み、ブルース氏の指導を受けながら、自分で醸造を行う。

ブルース氏から何を学んだか

ブルース氏から学んだことは何か。一番は、醸造において人の介在を極力減らすことだった。「ブドウが成りたいワインにスムーズにいくように」「酵母がうまく働くようにお世話してあげる」。そのため、野生酵母を使用している。ブドウも健全なものを使う。有機栽培に近いものを使う。有機でないと、野生酵母がうまく立ち上がらない。また、掃除が重要だ。工場が汚いと、他の菌が入り込むリスクが高い。野生酵母は管理が難しいと言うが、10Rでは野生酵母を使った失敗はない。ほぼ思っている通りになる。

中澤氏はブルース氏との付き合いは長い。15年かけて技術取得した。しかし、今でも、10Rとの技術格差はある。ブルース氏との経験値の差は大きいと語る。

中澤氏によると、「ブルースは北海道をワイン産地にしたいと思っている」。空知地域振興に貢献するであろうという点、筆者と同じ見方であった。ただ、中澤氏によると、近隣住民はブルース氏のことを知らない。「外国人が何かやっているね」。むしろ、札幌のワイン愛好者たちは知っているようだ。

中澤氏は、北海道ワイン㈱の役割を高く評価している。「北海道ワインは来るもの拒まずで、自分たちが今あるのも北海道ワインのお陰だ。北海道ワインは欧州系の醸造専用品種を導入し、その可能性を示した。北海道ワインがなければ、自分もなく、ブルースもいない」（北海道ワイン㈱については本書第7章参照。同社は全道からワイン用ブドウを購入し、ブドウ栽培者と共存共栄の関係を築いている）。

ワインオタク垂涎の混醸ワイン

現在、中澤ワイナリーはブドウ畑2・7ha、収穫量4トンである（10a単収150kg）。単収が150kgと低いが、農薬をあまり使用しないためであり、ようやく自分たちの栽培技術が確立してきたので、克服の方途は分かってきているという（目標300kg）。品種は白ワイン用のゲヴェルツトラミネール、ピノグリ、ケルナー、シルバーナのほか、赤ワイン用品種のピノ・ノワールを加えて5品種栽培しているが、製品は〝白ワイン〟だけである。5品種全部を「混醸」（ジュース段階ブレンド）している。この混醸が複雑な味を醸していて、これがワインオタク垂涎の要因なのであろうか（年間4000本しか生産していないことも入手難の要因か）。

ワイン価格は1本3000円である。出荷先は酒屋3割、飲食店3割、個人（常連ダイレクトメール）3割。酒屋向けは8掛け、個人と飲食店向けは市価と同じで出荷している。今後、飲食店向けを増やす方針である。売上高は1200万円、ブドウ代金収入の時より所得率は高くなった。ブドウの単収が300kgに向上すれば、売上高は2000万円を超えることになる。

中澤氏は、「写真の町」として有名な上川郡東川町のワイン振興プロジェクトのアドバイザーに招聘されている。上質のワイン造りが評価されているからであろう。中澤夫妻のワイン造りは、脱サラ、新規参入組であるが、北海道ワイン産業の輝く1人に発展したのである。

ブルース氏と日本のワイン産業の技術格差の大きさを考えると、日本ワインはまだまだ技術革新の余地がある。これから良くなっていく可能性が大きい。日本ワインは、今後のイノベーションで競争力を強めていく産業、「幼稚産業」と言えよう（幼稚産業については94頁参照）。

第11章

本物のワイナリーをめざす厳格な産地表示主義者

㈱オチガビワイナリー（北海道余市町）

オチガビワイナリーのブドウ園（余市町山田町）

日本ワインの価格は高い。ワイン哲学が製品差別化の要因になっている。オチガビワイナリーは超高級設備で高コスト・高価格設定になっているが、それが可能なのも独特のワイン哲学による製品差別化であろう。

落希一郎氏は本物主義、国産ブドウ一〇〇％ワインの先駆者であり、日本ワイン産業の歴史に残る人であろう。ワイン哲学の強さと消費者志向のワイン造り、いずれが日本ワインの主流となるであろうか。

1 北海道を訪ねて――余市でワイン、古平でニシン漁、上川でコメ

1月下旬、冬の北海道を旅した。小樽の先、余市のワイナリー調査を皮切りに、積丹半島の古平でニシン漁の栄枯盛衰を見た（余市福原漁場は夏に訪問済み）。昭和の初めまで大漁に採れ肥料にまで回されていたニシンが、昭和30年の回帰（群来）を最後に消えた。資源枯渇の影響だ。ニシンブームが去り、地域は大変動。その後はスケソウダラ、水産加工技術が残っている。

翌日、コメどころ上川空知地方を訪ねた。「やっかい道米」と揶揄され、不味いコメの代表と言われた道産米が、いまでは「ゆめぴりか」「ななつぼし」「きらら397」などの特A良質米に変わり、上川空知はブランド米産地に生まれ変わった。品種改良の技術進歩と地球温暖化の影響だ。

自然界の変化が、産業に大きな影響を与えている。技術は自然条件に代替するが、資源枯渇や気候変動の影響は技術進歩より大きいようだ。

ワイナリー調査では経営者の話を聞き、ニシン漁は古老たちの話を聞き、上川空知では研究者たちの話を聞きながら飲んだ。普通の観光旅行より、深く濃密に地域に触れることができた。「風土」は産業に溶け込んでいるわけだから、産業調査で地方を旅するのは楽しみが増す。今回の旅は、豊かな研究人生を与えてくれた神々に感謝、感謝の1週間であった。

余市に来る前――新潟カーブドッチのこと

余市駅から車で5分、日本標準を超えた豪華なワイナリー、㈱Occi Gabi Wineryがある（落雅美社長、落希一郎専務

取締役）。２０１３年オープン。エコノミストの目からすると立派すぎて、並みの経営とは思えない雰囲気のワイナリーだ。

余市町に来る前、落希一郎氏は新潟市にある角田浜（旧西蒲原郡巻町）という日本海に面した砂丘地でワイナリーを営んでいた（「カーブドッチ」１９９２年設立）。７haのブドウ畑（敷地面積10ha）、欧州系のワイン用ブドウ全14種類を植え、年間約7万本のワインを生産。広い敷地には、ブドウ畑だけではなく、ワイン蔵の建物を中心にレストラン4軒、パン工房、アイスクリーム工房、さらに、温泉を利用した宿泊施設がある。バラの花咲く西洋庭園もある。ここを訪れる人は年間18万人と言われる。20年間で、落氏は一大リゾート基地を創造したのである。

「日本に本物のワイナリーを作る」「欧州系のブドウだけを、自家栽培、自家醸造してワインを造る」という欧州留学時からの夢、それを実現したのが「カーブドッチ」だ。ワイン生産の6割（4万本）は、落ファンから成る会員組織「ヴィノクラブ」の会員が買い上げてくれた。

カーブドッチの周辺には、「フェルミエ」など4つのワイナリーが展開している。落氏は地域の発展を見据え、２００３年、後継者育成を目的とした「ワイナリー経営塾」を開講した（研修期間1年）。この経営塾で修行した卒業生がワイナリーを立ち上げたのだ。日本海に広がる海岸地帯に、小規模の個性あるワイナリーが5軒集い、産地形成が進みつつある。新潟ワインコーストと称している。

新潟の「カーブドッチ」は大成功したと言えよう。しかし、この実績を残し、２０１２年、落氏はもっと良いブドウを求めて（温暖化対策も）、北海道余市町に来た（余市のワイン適性については第9章ドメーヌ・タカヒコ論参照）。そして雅美さんと結婚した。「オチガビ」という社名は、落さんのオチと、雅美をガビと読んで付けた名前である。

2　オチガビワイナリーの経営概要——本物意識と贅を尽くした超高級仕様の施設

ニッカウヰスキー余市蒸留所より少し山手にオチガビワイナリーがある（余市町山田町）。元はリンゴや生食用ブドウの果樹園であったが、後継者不在になっていたところを再造成した土地である。緩やかな傾斜の道の下から見ると、中腹に古代ローマのコロシアムを想わせる円形の立派な建物が見える。札幌・小樽の山々が遠望できるロケーションで、周辺はブドウ畑が広がり、西洋庭園に取り囲まれている。夏は緑に囲まれた景観が見事であろう（筆者訪問時は雪の中）。

写真 11–1　オチガビワイナリーのレストラン

施設は超高級仕様である。レストランからの眺めが良い。ショップは木のぬくもりを感じさせる空間で、壁は音響にも配慮されており、コンサートも開催可能のようだ。醸造所は地下にある。ステンレスの中でも一番高いモリブデン合金タンクが約40個（計8万ℓ）並んでいる（独シュパイデル社製）。熱伝導率が高いので、13℃の水を小さな腹巻様のジャケットにかけるだけで冷却効果が大きいようだ。高価なため、日本では普及していないと言う。

熟成は新樽を使う。林齢150年生以上250年生以下の壮年期のミズナラを使ったフランソワ・フレール社製の木樽である（仏ブルゴーニュにある。同社製の木樽はロマネ・コンティほか世界の名だたるワインメーカーが使用してる）。「品質にこだわっている」暗黙のメッセージである。この木樽は3年使ったら捨てる（それ以上使ったら売ってくれない）。ミズナラの山林をサステナブルなものにするための方針と思われる。定期的に木樽の更新需要を発生させ、枝打ち等の費用を調達しているのであろう。

同じ地下に、「特別試飲室」がある。特別に招かれたゲスト7人と、年代物のワインの最後の1本を楽しむための部屋である（7人なのはフルボトル1本は試飲7人分だから）。ヨーロッパのワイナリーはどこにでも設けられている小部屋である。世界標準だが、日本にはない。

このように、オチガビワイナリーの施設は、本場の伝統を受け継ぐ、本物のワインを造ろうとする精神が溢れている。将来、ここは余市町の「遺産」として残るのではないか。ニッカウヰスキー余市蒸留所のように。

投資8億円、ワイン生産4・7万本

落氏が目指すのは「日本一素晴らしいワイナリー」である。しかし、投資額は8億円に上がる。ワイン生産年間4・7万本、ワイン売上高7700万円、レストラン売上2500万円、売上高合計1億円。従業員13人。エコノミストの関心は、立派な施設にではなく、経営に向かわざるを得なかった。

所有地4万2000坪（購入費4200万円）、ブドウ作付6・3ha、ブドウ生産量20t（10a当り単収約300kg。成園になればもっと増える）。土地は坪1000円で購入したが、造成費プラス施肥で、現在の地価は坪3000円になった。

ブドウ使用量は、自社畑から20t、契約農家2軒から27t、合計47tである。これでワイン生産4・7万本。購入ブドウの価格は1kg当たり400円。地域相場の2倍の高値を付けた。「落が来てから価格破壊が起きた。よそ者のくせにルール守らない」と批判されているという（筆者の余市調査では、日本ワインブームで醸造用ブドウ需要が急増し品不足のため、地域相場はピノ・ノワールの場合、10年前の200円から400円に上昇した）。

ワインの出荷先は、会員向け直送、ふるさと納税返礼品であり、酒屋には売っていない。後述するように、オチガビのワイン価格は高値だ。落氏「原価が高いからだ」。

訪問客は年間2万人である（2019年）。内訳は会員（1万200人）が年1・5回、プラス非会員である。1万円で会員になれる（8年間、ワイン1本贈る）。自社畑ブドウで醸造したワインを「この価格でどうか」と高価格を提示したら、会員の役員たちがOKしたと言う。

ワイナリーにとって、会員制や訪問客はありがたい存在である。オチガビの豪華、超高級仕様の施設、高価なワイン価格は、会員制に支えられている。落氏「全国に、自分の信者がいる」。しかし、それでも、ワイン生産規模4・7万本で8億円の投資額の償却は厳しいように思われた。

3　落希一郎氏のワイン哲学――ドイツを理想としたワインとワイナリー

取材はテイスティングから始まった。落氏自慢のドイツ品種で、「アコロン2017」は8800円、「ムスカテラー2018」は4400円。価格はかなり高い。温暖化に備えて開発された品種のようだ。

落希一郎氏は、東京外大中退後、ドイツに留学し、「国立ワイン学校」（正しくは「国立ワイン栽培醸造研究教育機関」。在シュツットガルト）を卒業した（1976年）。さらに、オーストリアの国立醸造所でも研修を受けた。帰国後、北海道ワイン（叔父の会社）でワイン造りに従事、1988年から長野県サンクゼールワイナリーでワイナリー立ち上げに携わり、1992年新潟カーブドッチ設立、2012年オチガビワイナリーを設立した。

1977年1月、40品種、1万6000本の欧州系ワイン用ブドウ品種を日本に持ち帰り、農水省の検疫の後試験栽培したのであるが、良いと思われる品種はわずか3品種だった。それを浦臼町（叔父の北海道ワイン）と北海道庁中央農試（余市分場）に寄贈した。浦臼町では畑の土壌づくりから始め苦労したようであるが、寒冷の北海道でブドウなんかできっこない、失敗するに決まっていると冷ややかな目が多かったが、2年後に実ったブドウは品質の良さが驚きをもって認められた。長野に転身したのはその後である。

このような経歴、特にドイツ留学の経験が、落氏の独特なワイン哲学をつくっている。

落氏が言う本物論と日本の現実

落氏は本物主義、国産ブドウ100％主義を早くから提唱し、今日の「日本ワイン」ブームの先駆者であり、日本のワイン産業史に残るであろう。

日本で流通しているワインは3種類ある。国産ブドウ100％でつくる「日本ワイン」（2018年10月末から制度化）、濃縮還元した輸入果汁を原料とした国内製造ワイン、それから「輸入ワイン」である。輸入ワインが全体の65％と大半を占め、輸入原料の国産ワインが28％、国産ブドウ100％の日本ワインは6％に過ぎない。

国内製造ワイン（日本ワイン＋輸入原料由来ワイン）は約300のワイナリーがあるが、生産規模300kℓ（720mℓ換算41万本）未満の小規模ワイナリーがほとんどで（全体の約9割）、彼らは国産ブドウ100％の日本ワインを製造している（国税庁酒税課調査）。メルシャン、サントリーなど大手は日本ワインも製造しているが、多くは輸入果汁を原料とした国産ワインを大量生産している。なお、日本ワインの場合、ブドウの供給は自社畑での自家栽培もあるが、購入ブドウ（他地域からのものを含む）もある。

落氏は本物のワイン造りを目指している。落氏の言う「本物」とは、欧州系のワイン専用ブドウを、自家栽培、自家醸造したワインである。さらに、顧客がワイナリーに来て、美しい景観を眺めたり、食事をして楽しい時間を過ごす、生産者と消費者がしっかりとつながっているのが本物のワイナリーである。これが落氏がドイツで見たワイナリーのスタンダードであり、落氏はそれを理想としている。

日本のほとんどのワイナリーに対して、落氏は「インチキ」と批判している。輸入果汁を原料に使っている「国産ワイン」に対してだけでなく、「日本ワイン」に対してもインチキと批判している。自社畑が少ないため、他産地の生産者と契約栽培してブドウを入手しワイン造りをするのも「インチキ」であるという。

落氏は原産地呼称制度をヨーロッパのように厳格に理解し、それを理想としているからであるが、日本の2018年10月30日施行の現行制度では、違法ではない（偽って産地名を冠しない限り）。仮に、他産地（国内）のブドウを使って品質が悪くなるのであれば、それは消費者の支持を失い、そのワイナリーは淘汰されていくであろう。仏ボルドーでも、購入ブドウによるワイン醸造はごく普通である。契約栽培でブドウを入手するかどうかは経営の問題と思われる。

また、「日本ワイン」を造っているワイナリーが輸入原料を使っているという批判も強い。しかし、事実誤認もあるのではないかと思う（筆者が取材を通して知りえた事実と違う）。筆者は落氏の実績を高く評価している。１００％国産主義の哲学は今日の「日本ワイン」ブームの先駆者である。落氏の哲学と理想論はいいが、同業他社への批判には、自分の理想を主張するあまり、勇み足もあるように思える。

（注）例えば、栃木県の「ココ・ファーム・ワイナリー」は２００６年まではカリフォルニアにある自社農園で収穫したブドウを輸入し一部使用していたが、２００７年以降は輸入果汁はない（「輸入ワイン」を取り扱っているが〔３９００万円、ワイン売上全体の約５％〕、自社の日本ワインの製造とは全く別である）。また、北海道や山形の生産者と契約栽培しているが、ピノ・ノワールは適地の北海道で、シャルドネは適地の山形で栽培してもらっているわけで、〝適地適品種〟の方針である。良質のブドウを確保するための経営判断であり、流通によるブドウ劣化がない限り、悪いことではない。

4　ワイン産業には哲学者がいっぱいいる――ワイン哲学が製品差別化要因

オチガビワイナリーのブドウ品種はすべて欧州系のワイン専用品種で、ワインは20銘柄ある。主力商品は、（白）はシャルドネ（黒ラベル）4400円、ゲヴェルツトラミナー（黒）4400円、（赤）はピノ・ノワール（黒）6600円、アコロン（黒）8800円である。平均5000円と言う。

かなりの高価格ワインである。落氏「原価が高いからです」。確かに、施設の超高級仕様等を見る限り、普通のワイナリーに比べコストは高いであろう。しかし、価格は市場で決まるものであり、コストで決まるわけではない。なぜ、このような高価格が実現できるのであろうか。

これはワイン産業の特殊性があると思われる。ワインは「製品差別化」が大きい製品である。ブドウの品種、土壌や気候、酵母や樽の種類等々、品種や醸造方法によって、味、香りが違う。これらの要素の組み合わせによって、夫々のワインが全く異なる製品になり、代替が難しい、つまり差別化された製品となる。製品差別化が強いと、消費者の価格選好は弱くなり、価格に敏感に反応しなくなる。その場合、価格は生産者により高く設定されがちになる。

「ブドウが成りたいワインになれるように、お手伝いをしているだけ」「春の地中海の風を感じさせます」「日本の食の美しさを表現できるワインを醸したい」等々。ワイナリーを巡って思うのは、ワインを造っている人たちは皆、詩人の言葉を使う哲学者である。その哲学に魅せられる。このワイン哲学こそが、製品差別化の要因となっている。

どのワイナリーを訪問しても、自社ワインのテロワールや醸造方法の特別性、個性的な製品であることが強調される。こうした傾向は、家族経営型の小規模ワイナリーほど強い。

ブティックワイナリーの価格が、特に高値である。小規模の故、規模の利益が小さく高コストであることだけが要因ではない。高価格を可能ならしめている要因、製品差別化が強いと考えられる。

小規模ワイナリーほど価格が高い

実際、**図11―1**は北海道のワイナリーの生産規模とワイン価格の関係を見たものである。ドメーヌ・タカヒコ（余市町）は極めて小規模（年産1万5000本）であるが、将来、世界と勝負できるワイナリーと評価されているブティックワイナリーである。銘柄数は実質上3つで、自家栽培ブドウで造る「ナナツモリ ピノ・ノワール」は3800円、購入ブドウで造る「ヨイチノボリ パストゥグラン」は3500円である。プレミアム志向が強い（第9章参照）。

これに対し、年産250万本の北海道ワイン〈おたるワイン〉（小樽市）は国内最大の日本ワインメーカーであるが、銘柄数は約90、主力商品「おたるナイヤガラ」は1200円である。嶌村公宏社長「一般の人が楽しめない高価なワインに水準を当てるつもりはありません。多くの人に飲んでもらうため、手頃な価格で提供することを追求している」。プレミアムワインよりもテーブルワインを、というのが企業理念である。同社はまた、1万円のワインを少量生産するよりも、手頃な価格のワインを大量供給する方が、ブドウの大量消費につながり、生産農家や北海道という地方の活性化に、より大きく貢献できると考えている。素晴らしい企業理念である（第8章参照）。

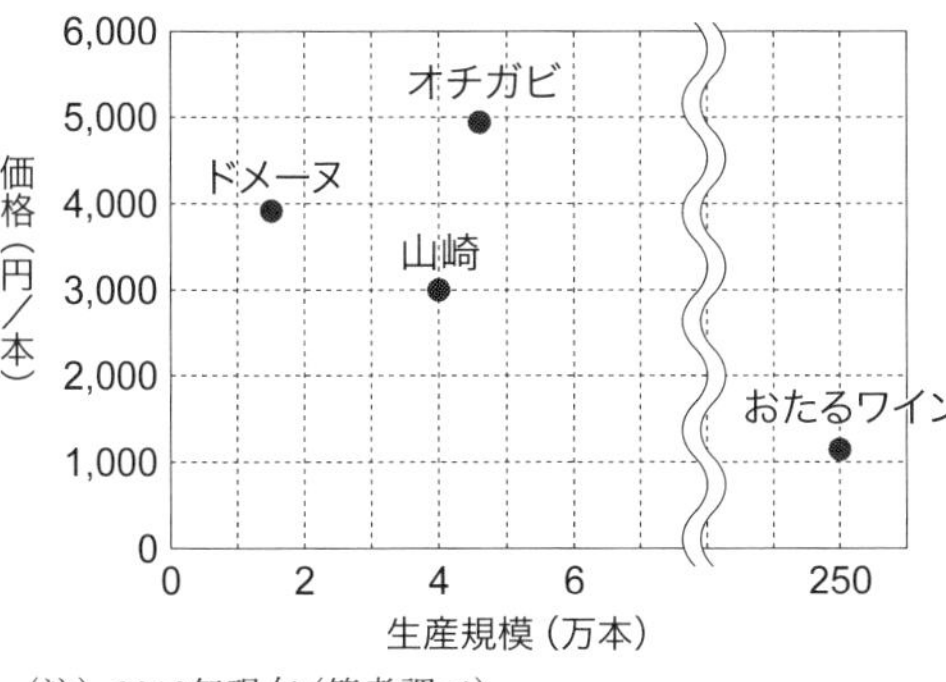

（注）2019年現在（筆者調べ）。

図 11–1　ワイナリー規模と価格の関係

オチガビワイナリーのワイン価格は、**図11―1**の傾向線から上方に乖離している。山崎ワイナリー（三笠町）と生産規模は同じであるが、価格は2倍近い。落氏のワイン哲学、高級仕様のワイナリー施設、会員によるワイン購入等が製品差別化を容易にし、高価格を実現させていると考えられる。

なお、小規模ほど高価格という現象は、米国でも同じである。直販（Direct-to-Consumer）チャネルのワイン価格は、大ワイナリー（50万ケース以上）19・65ドル、中規模（5万〜49万）34・31ドル、小規模（5千〜4万9千）42・97ドル、極小（1千〜4999）61・97ドル、限界企業（999以下）70・31ドル（出所 Wines Vines Analytics）（米国流通全ワインの7割は9ドル以下。なお、第24章第2節参照）。

同レポートの分析によると、1本当たり平均価格は大幅に上昇してきた（ワインのプレミアム化）が、2019年は米中貿易紛争などで経済の不確実性が高まり、出荷量の成長が非常に遅くなっていることから、継続的な価格上昇は持続的でないかもしれない（プレミアム化の中断）と予測している。つまり、ワインは中所得、高所得層によって消費されているので、所得要因で成長が左右されると言うことであろう。日本ワインの将来に示唆を与えるのでしょうか。

第12章

山形ブドウ１００％の日本ワイン「ワイン特区」で地域振興めざす

山形県上山市（ワイン特区）

タケダワイナリーのブドウ畑景観（上山市四ッ谷）

山形県はブドウ栽培の適地が多く、ブドウ余剰地域であり、県産ブドウ一〇〇％の日本ワインを造っている。「ワイン特区」に認定された上山市は現在、ワイナリー３社であるが、新規参入が見込まれている。

田んぼを改造しブドウを植え、美味しいワインを造っている。ワイン産業の成長ポテンシャルの大きい地域である。

表 12-1　ワイン原料用ブドウの受け入れ状況（2017 年度）

（単位：t）

	山 梨	長 野	北海道	山 形	全 国
原料ブドウ生産	7,503	5,740	3,485	2,505	23,302
自県ワイナリー受け入れ	6,654	5,135	3,219	1,592	19,940
県外へ移出	850	606	266	912	3,362
県外移出比率（%）	11.3	10.6	7.6	36.4	14.4
他県から受け入れ	904	100	463	14	—

（出所）国税庁酒税課『国内製造ワインの概況』2019 年 2 月

1　山形県はブドウの流出県——山形ワインの成長余力は大きい

山形県上山市は全国有数のブドウ産地である。果樹地帯であり、さくらんぼ、ブドウ、ラ・フランス等が盛んであるが、ワイン用ブドウの栽培も盛んである。

上山市は蔵王山麓（南西面）に位置し、4月〜10月の雨量は670ミリと少なく（山梨県勝沼は850ミリ）、また盆地特有で夏は暑く、昼夜の寒暖差が大きい。涼しいのでいいブドウが出来る。地形は傾斜地で水はけのよい土地があり、ブドウ栽培の適地が多い。ただ、田んぼの中にブドウ畑が点在している地区もあり、見慣れた山梨県勝沼とは風景が違う。

山形県のブドウ栽培は、江戸中期に甲州種の栽培が始まっており、明治時代、1870年代には初代県令・三島通庸により奨励された。ワイン造りも古く、1892年（明25）には赤湯（現南陽市）に東北地方初のワイナリーが出来た（酒井ワイナリー）。上山市のタケダワイナリー（ワイン造り創業1920年）も東北で2番目に古い。

ブドウ収穫量は、山梨県、長野県に次ぐ第3位である。「日本ワイン」生産の潜在力の高さを意味する。現状は、日本ワイン生産量1246kℓ、全国4位（シェア6・8%）であるが、山形県は原料用ブドウの〝流出県〟である。原料用ブドウ生産2500tに対し、県外への移出が912tあり、県外流出率は36%である。他のワイン産地に比べて著しく高い。ブドウ余剰であり、ブドウ生産に対し日本ワイン生産が少ないと言える。

山形県の大きな特徴である（表12―1参照）。ブドウ余剰はワイン産業の成長余力が大きいことを意味する。

ちなみに、日本ワイン生産量に対するブドウ出荷量（生食用を含む）は11倍もあり（山梨は2倍、長野6倍、北海道2倍）、潜在的には（条件さえ整えば）、生食用からワイン醸造用への転換余地は大きい。山形県は日本ワイン生産の適地と言える。

品種別には、白ワイン用はデラウェア、ナイアガラ、シャルドネが多く、甲州はゼロに近い。赤ワイン用はマスカット・ベーリーAが多い。デラウェアは日本一の産地である。

ワイン特区の今

上山市は2016年に「ワイン特区」に認定され、現在、ワイナリーが3社あるが、新規参入が見込まれている。上山市はワイン産業を新しい地域振興の目玉にしている。

上山市は人口減少に悩んでいる。近年は年率1・4％程度の減少が続き、総人口は1990年に3万8千人を超えていたが、現在は3万人を切っている（表12―3参照）。蔵王エコーラインの開通（1962年）等を背景に団体客で賑わう温泉地として栄えたが、温泉客の減少、2003年の市営競馬場廃止が人口流出に拍車をかけた。観光客数はピーク時の156万人（1992年）から、現在65万人に減った。水田農業も衰退方向である。そこで数少ない成長産業であるワイン産業に目を付けた。ワインの郷にして人を呼び込もうという戦略で

表 12–2　都道府県別のワインの生産量と日本ワイン特化率

	生産量（kℓ）	内日本ワイン（kℓ）	同左比率（%）
北海道	2,936	2,933	99.9
岩手	558	542	97.1
山形	1,251	1,195	95.5
栃木	23,359	207	0.9
新潟	391	391	100.0
長野	4,784	4,072	85.1
山梨	14,950	5,530	37.0
神奈川	31,131	―	0.0
愛知	623	17	2.7
岡山	4,707	380	8.1
宮崎	353	353	100.0
全　国	87,325	17,663	20.2

（出所）国税庁酒税課「国内製造ワインの概況」（2017 年度調査分）、2019 年 2 月

表 12–3　上山市の観光客数の推移

年度	観光客数（万人）	人口（人）
1990	153	38,237
1995	138	38,047
2000	108	36,886
2005	102	36,013
2010	72	33,836
2015	72	31,569
2018	65	30,200

（出所）上山市調べ。2018 年人口は推定

ある。勝沼に学び、ワインツーリズム狙いだ。

現在、特区を活用したワイナリーはない。予備軍は7人いる。夫々、ブドウ栽培を始めており、まだ収穫前なので、原料ブドウを購入して委託醸造でワイン造りをしている。ただし、一番手のベルウッド社は特区を活用せず普通免許で新規参入する予定。特区は上限2kℓでの参入であり、売上高600万円では自立できないからだ（後述参照）。特区の活用は副業としてのワイナリー参入しかできない。これでは特区政策は鼎の軽重が問われることになろう。なお、筆者は「特区」制度には格別な興味を持っている。[注]

（注） 特定地域に限って規制緩和する「特区」概念は当初、筆者が提案したものである。1991年の第3次行革審で、明治の中央集権化以来初めて、規制を緩和し、地方分権を可能ならしめるための仕組みとして提案した。しかし、霞が関の抵抗ですぐには実現しなかった。10年たって、小泉内閣で「構造改革特区」、そして安倍内閣で「国家戦略特区」として実現した。しかし、行政改革は「国から地方へ」「官から民へ」という二つのコンセプトから成ってきたが（第1次臨調〔土光臨調〕以来）、両特区とも〝地方分権〟がない。拙稿初出論文は「行政改革の「開放区」をつくれ」『週刊東洋経済』1991年9月21日号。

2　㈲タケダワイナリー——創業以来100%山形県産ブドウの山形ワイン

日本ワイン表示の提唱者の1人

上山市には歴史の古いワイナリーがある。㈲タケダワイナリー（岸平典子社長）は1920年（大正9年）の創業で、近々、百周年を迎える。東北では2番目に古い。

同社は創業以来、〝100％山形県産ブドウ〟の日本ワインを造っている。日本のワイナリーとしては特筆に値することだ。そうした背景から、「日本ワイン」表示の実現を率先して提唱した。原料ブドウは、自社畑15haと契約栽培（約40軒）で供給し、年産30〜35万本（750㎖）のワインを生産している。

自社畑は、20年の歳月をかけて酸性土壌を中性から弱アルカリ性に変えるなど土壌改良を行い、自然農法栽培（過剰な施肥を排除し、自然のサイクルを最大限いかした、減農薬、無化学肥料）によるブドウ栽培を行っている。品種は欧州系のワイン専用品種で、カベルネ・ソーヴィニヨン、メルロー、シャルドネ等を、垣根仕立で栽培している。10a当たり単収は約1tである。

契約栽培は上山市と天童市に約40戸ある。上山市では主にデラウェア種、天童市では主にマスカット・ベーリーA種を栽培している。各20戸。さくらんぼやラ・フランスとの複合経営農家である。単収は1・2〜1・7t。契約農家の収入を保証するため、自社畑より単収は多い。ここで作ったブドウは同社のレギュラーワイン「蔵王スター」（1本1200円）の原料として使用してきた。

なお、「蔵王スターワイン」は名前を変え、2017年11月蔵出しから「タケダワイナリー」ブランドに変わった。18年10月の表示規制に対応するためである。「蔵王スター」の原料は上山市と天童市から供給しているが、天童市は昔から蔵王山麓とみなされてきたが、現在の行政区画上では蔵王山麓から外れているからである。表示規制の趣旨を尊重し、「蔵王スター」ブランドを廃することに決めたようだ（タケダワイナリーは750㎖1本1600円）。

父を引退させ、風土を活かしたワインを目指す

岸平典子社長は品質向上に取り組んでいる。2005年社長就任は業界初の女性の代表取締役兼栽培醸造責任者として話題になった。栽培と醸造の責任者も兼ねた理論家女性社長である。小さい時からワインに魅せられ、玉川

大学農芸化学科（微生物学専攻）卒業後、渡仏し、国立大学で栽培・醸造学やテイスティングの研修を受けた。

岸平社長は1994年に帰国、父のやり方は古いと批判し、引退させた。父の時代は「目指せフランス！」であったが、岸平社長は風土に合ったワイン造りを目指している。「土の特性、気候の特性を掴んでそれを活かしたブドウ作り、ワイン造りをしていきたい」「それを見つけるには、自然と共に、体と頭と感性……五感をフルに使って仕事をすることでしょうか」と語る。

ワイン業界にはドラスチックな変化はない。岸平社長が目指しているのは、「父が作ったものを磨き上げる」ことである。ブドウ作りも、醸造工程も、細かい作業でブラッシュアップする。

例えば、日本で古くから栽培されている品種の見直し、地位向上もその一つだ。従来、マスカット・ベーリーAも、デラウェアも、お土産用の甘いワインの原料に使われ、低く見られてきた品種であるが、そこから脱却めざした。デラウェアを原料に「ペティアン」と呼ばれる微発泡性ワインを開発した（商品名「サン・スフル（白・発泡）」）。レギュラーワインの1600円に対し、サン・スフルは2000円で売れている。また、マスカット・ベーリーA（古木）を樽熟成させたワインは、欧州系品種並みの価格3500円だ。デラウェアの樽熟も3500円である。

洞爺湖サミットのワインリストに載る

タケダワイナリーは、日本ワインコンクール等の入賞記録はない。出品しないからだ。岸平社長「コンクール用の味がある」「香りがあって、インパクトのあるワインが賞を取る」。「うちは1本テーブルに置いて、美味しく飲めるワインを造る」。つまり、思想が違うから出品しないという。

2008年の北海道洞爺湖サミットでは、タケダワイナリーの2銘柄がワインリストに並んだ（サミットで提供されたワインは16銘柄）。同社のワインが世に知られる切っ掛けになった。

筆者が「日本ワインは美味しくないという消費者が多い」と挑発的に質問すると、世代の違いもあると言う。年配者には「フランスワインが美味しいという味の〝刷り込み〟がある」「脳で飲んでいる。日本ラベルを見ると美味しくないというバイアスがかかる」。しかし、今の30代、40代の若い層はこの先入観がないので、日本ワインを美味しいと飲んでいると指摘する。

確かに、ワインについての嗜好は変化している。世界的に、やさしい味が流行る方向にある。また、和食に合うワインが求められていることもあって、日本ワインが支持されてきている。ただし、まだスタンダード向上の余地は大きいと思われる。1990年代の米国カリフォルニアのように、大いなるイノベーションが期待される。「日本ワイン」の生産量は約2万kℓで、まだワイン総流通量の約6%である。1割台に乗る成長を期待したい。

3　ベルウッドヴィンヤード——クラウドファンディングで体験型ワイナリー

新規参入である（上山市久保手地区）。ワイナリー創業に向け頑張っている段階である。鈴木智晃氏（1977年生）は隣町の「朝日町ワイン」で20歳から19年間、醸造と栽培の担当で働いてきた。しかし、「朝日町ワイン」は年間30万本と規模が大きく、自分が作りたいワイン造りができなかった。日本はワインブームになってきたので、自分で育てたブドウで自分の考えるワイン造りがしたくてスピンアウトした。

特区制度を利用した参入も考えたが（年間最低製造数量が6kℓから2kℓに緩和される）、特区は利用しない。特区は小規模で参入できる利点はあるが、2kℓではワイン3000本しか作れず、1本2000円とすると、売上高600万円にしかならない。これでは自立した経営にはなれない。本業は農家でワイナリーが副業の場合しか、特区は意味がない。鈴木氏は特区ではなく、最低1万ℓを計画している。

当初、山形市で土地を求めたが、適地がなく、市役所も新規就農に積極的でなかった。２０１６年、「かみのやまワインの郷プロジェクト」協議会（２０１５年開始）を通して、デラウェア畑と耕作放棄地（元ピノ・ノワール畑）の農地１haを借地し、すぐ植栽した。単収は10ａ当たり８００kgの計画。欧州系品種の垣根仕立である。地代は10ａ当たり１万円。また今年、ワイナリー用地として水田を21ａ購入した（10ａ60万円）。ブドウ園から１００ｍと近く、道路接道なので、高かったが買った。農作業体験型ワイナリーを計画しているからだ。近いほうがいい。

ブドウは山裾の傾斜地を捨て水田に進出

ブドウ園は小さな丘陵状の土地で緩やかに傾斜がついている。遠くに蔵王山が遠望でき、景観が良い。体験型ワイナリーには打ってつけの場所だ。周辺は水田が広がっているが、ブドウ畑が点在している（生食用ブドウか）。水田を畑に転換し、軽い傾斜がついている樹園だ。その奥の山裾の傾斜地はかってはブドウ畑だったようだが、機械が入らないので、今は耕作放棄地になっている。つまり、山裾の傾斜地のブドウ畑は耕作放棄地になり、ブドウが水田に進出してきたわけだ。

鈴木氏は、ＳＮＳで顧客を集め、クラウドファンディングを利用している。返礼品を「ワイン＋Ｔシャツ＋収穫祭優先参加」として、１万円、３万円、５万円で募集したら、目標１００万円を10日で達成、次の目標を２００万円にしたら１６０万円で止まった。初年度（２０１７年）は50人来た。去年は東京６人、宮城16人など70人来た。「ふるさと納税」の個人版だ。フェイスブックを使い、クラウドファンディングし、体験型ワイナリーにするという構想は面白い。

すでに、委託醸造でワインを造っている。自分のブドウはまだ収穫できないので、原料ブドウを購入して、「月山ワイン」や「秋保ワイン」の設備を借りて、自分で醸造している。欧州系品種の原料用ブドウは地域平均は

1kg300円位であるが、鈴木氏はプラス50円の350円で買っている。委託醸造を先行しているのは、酒販店など販路を確保するための助走である。

鈴木氏は、来年から自分のワイナリーで醸造する（今年度建設）。1万1000本計画している。原料ブドウは半分は自社畑、半分は購入だ。最終的には1万6000本にする。ワイン1万本で売上高2000万円、1万6000本だと3200万円になる。従業員は当分、雇用なし、本人1人。ワイナリーは1次（ブドウ栽培）＋2次（ワイン醸造）＋3次（観光）の6次産業であり、面白そうだ。夢をかなえ、付加価値も高く、新規参入の魅力が高い産業と思われる。

4 ㈲蔵王ウッディファーム――蔵王山麓 自社畑100%のドメーヌワイン

2013年、ワイナリー事業開始、新規参入である（上山市原口）。蔵王ウッディファーム（木村義廣社長）はもともと果樹園であったが、協和発酵と契約し「サントネージュワイン」向けの醸造用ブドウの契約栽培（1ha、1980年）を経て、2013年、年間6kℓの最低製造数量で参入した。ワイナリーを始めようと思ったのは2008年で、借地や耕作放棄地等を買って準備を始めた。

2013年当時は3・2ha、ブドウ収穫10t、ワイン生産9000本であった。搾汁率65%。現在の規模は7・3ha、ブドウ28t、ワイン2万本である。ブドウ品種は欧州系ワイン専用品種で、赤系はカベルネ、メルロー、カベルネフラン、ピノ・ノワール、白系はシャルドネ、ソーヴィニヨン・ブラン、アルバリーニョ、プティ・マンサンである。まだ拡張中で、7万本位までの拡大を計画している。

ワイン事業のほか、果樹（4・5ha、西洋梨、サクランボ）も経営している。東京の伊勢丹、千疋屋、成城石井などに出荷している。一流有名どころばかりであり、品質への評価が高いのであろう。観光もぎ取りはない。ワインと果樹の両部門合計で売上高1億円である（果樹7割、ワイン3割）。果樹経営は1ha当たり1600万円だ（筆者試算）。経営面積は合計12haで、果樹園4・5haは自社畑であるが、ワイン用ブドウ畑は自社畑1・5ha、借地6haである（地代10a当たり1万2千円）。

写真12–1　水田地帯に広がるブドウ畑（上山市原口）

水田地帯のブドウ畑

ワイナリーの風景は、山梨県勝沼とはだいぶ違う。当社は盆地の中山間地帯の田んぼ地帯である。ブドウ畑は、田んぼを整地して天地返して、水はけをよくするため緩い傾斜をつけた畑である。美味しいワインが生まれるには、土壌中のミネラルが溶ける必要があるので程よい水分がある元水田は条件がいい。借地も自分で造成した。当地はもともと山であり、山を水田にし、それを畑に戻したわけだ。コメ農業の衰退と成長するワイン産業の相克、水田と畑の相克の歴史の縮図を見る思いだ。

当社のワイン造りは、原料ブドウは100%自社畑産（しかもワイナリー周辺）である。完全な「ドメーヌワイナリー」だ（ドメーヌ〔仏ブルゴーニュ〕とは自社畑を所有しブドウ栽培やビン詰めまでワインの製造を行う生産者）。

原料ブドウの単収は10a当たり800kgで、凝縮したブドウだ。一文字短梢仕立てである。有機減農薬栽培である。肥料は使わない。コメぬかなど有機質を使っている。農薬は2分の1である。糖度22〜23度。契約栽培のブドウの場合、農家の所得を保証するため単収を高めがちであるが、自社畑は品質優先のようだ。つまり、いいブドウは自社畑で作るしかないということだ。「ドメーヌワイン」のほうが美味しい確率は高そうだ。

郵便はがき

料金受取人払郵便

牛込局承認

5362

差出有効期間
令和6年12月
4日まで

162-8790

東京都新宿区
早稲田鶴巻町五二三番地

（受取人）

株式会社 藤原書店 行

ご購入ありがとうございました。このカードは小社の今後の刊行計画および新刊等のご案内の資料といたします。ご記入のうえ、ご投函ください。

お名前	年齢
ご住所 〒 TEL　　E-mail	
ご職業（または学校・学年、できるだけくわしくお書き下さい）	
所属グループ・団体名　　連絡先	
本書をお買い求めの書店 市区郡町　　書店	■新刊案内のご希望 □ある □ない ■図書目録のご希望 □ある □ない ■小社主催の催し物案内のご希望 □ある □ない

書名

読者カード

●本書のご感想および今後の出版へのご意見・ご希望など、お書きください。
（小社PR誌『機』「読者の声」欄及びホームページに掲載させて戴く場合もございます。）

■本書をお求めの動機。広告・書評には新聞・雑誌名もお書き添えください。
□店頭でみて　□広告　□書評・紹介記事　□その他
□小社の案内で　（　）　（　）　（　）

■ご購読の新聞・雑誌名

■小社の出版案内を送って欲しい友人・知人のお名前・ご住所

お名前　　ご住所　〒

□購入申込書（小社刊行物のご注文にご利用ください。その際書店名を必ずご記入ください。）

書名　　冊	書名　　冊
書名　　冊	書名　　冊

ご指定書店名　　住所

都道府県　　市区郡町

文化を売るマリアージュ・セミナーハウス

木村社長は事業家としてのセンスがいいと思う。高品質な果樹栽培に取り組むだけではなく、「マリアージュ・セミナーハウス」設置（2018年）に見るように、文化を発信している。自社ワインと料理のマリアージュを体験してもらえたらどんなに素晴らしいことかと思い、それを実現する場をつくったのである。セミナーハウスは地域のワイナリー仲間にも開放する。地域のワイン文化の創造が事業の発展につながるという発想がある。

6年前、ワイナリー事業を始めた当初から、構想を練ってきたようだ。昨年11月、第1回セミナーは鶴岡市のイタリアンレストラン「アルケッチャーノ」の奥田政行シェフを講師として招いた。参加者は毎回100〜120人位になる。小規模なワイナリーはお客様に存在を知ってもらうことが大切ということから始めたのであるが、大成功だ。木村社長はワインを売るのではなく、「文化を売っている」。それがワインの売れ行きにつながっていく。

木村社長（1946年生）は、ワイン技術を学んだことはなく、ワインの醸造等は従業員に任せ、自らは畑と経営だけである。事業としてある程度の規模が必要であり、自分は事業家として経営の仕事に徹するという。セミナーハウスの設置等、文化を売る仕事を思いついたのも、醸造技術者やソムリエでなかったことが幸いしたのではないか。

現在、ウッディファームは、従業者数は果樹園12名、うちワイン部門2人である（醸造期間は2ヵ月、後は果樹園で働く）。まだまだ雇用創出が期待できる。原口地区はちょっと不便なところだ。しかし、文化の発信基地に成功すれば、人は集まってくる。将来、上山市の一つの拠点になるかもしれない。

5　山形ワインまとめ

山形県のワイナリーを初めて調査し、山形ワインの成長余力を感じた。ブドウ栽培の適地が多く、原料ブドウを他県に移出しているのは本県の特徴だ。また、自社畑が多く、ドメーヌ型のワイナリーだ。

山梨県勝沼と比較すると、ブドウ畑の風景が違う。水田地帯にブドウ畑が点在している地区が沢山ある。水田を畑に転換し、緩い傾斜をつけた畑でブドウを栽培している。主に欧州系品種であるが、10a当たり単収を800kgに落として、凝縮したブドウを作っている（勝沼では欧州系品種は1～1・5tが多い）。

経営耕地規模も勝沼より大きい。契約栽培の単価は、欧州系品種の場合、山梨は1kg350（税抜き）～500円であるが、山形は300～350円と安い。山形は押しなべて価格が安いようだ（最低賃金は山梨県810円、山形県763円）。

こうした諸条件を考慮すると、試論的段階であるが、山梨より山形のほうが競争力が強く、今後の日本ワインの成長率は高くなる可能性もある。ただし、観光農園は山形は少ない。東京が近い山梨のほうが有利だ。

第13章

ワインツーリズムのまちづくり　エッセイストの構想が実現

ヴィラデストワイナリー（長野県東御市）

北アルプスを遠望できる雄大な景観
（ヴィラデストワイナリー　小西超社長）

シルクからワインへ、地域振興の手法が変わった。千曲川流域では続々とワイナリーが誕生し、ワイン観光による地域創造が実現している。アカデミーや委託醸造の仕組みが、ワイン人材のインキュベーション（孵化）に役立っている。長野県は日本を代表するワイン産地に発展しよう。

1　千曲川ワインバレー構想による地域創造——エッセイスト玉村豊男氏のロマン

長野県を南北に流れる千曲川沿いの一帯でワイナリーの新規参入ラッシュが起きている。ワインの銘醸地、米カリフォルニア州ナパバレーを夢見る話も出るくらいだ。荒廃農地（養蚕時代の桑畑）がブドウ畑に変わり、ワインツーリズムの観光客も増えている。シルクがワインに変わり、元気な地域が創造されつつある。

長野県は「信州ワインバレー構想」（2013年策定）を推進している。県内4つのワイナリー集積地域、「千曲川ワインバレー」「日本アルプスワインバレー」「桔梗ヶ原ワインバレー」「天竜川ワインバレー」の4地域で、県内産ワインの振興施策を推進し、これが長野県下の地方創生に功を奏している。中でも、「千曲川ワインバレー」は盛り上がりを見せている。この構想は、もともとはエッセイスト玉村豊男氏のアイデアである。

日本が赤ワインブームに沸いた1998年、酒メーカーの宝酒造㈱（本社京都）もワイン事業への参入を計画した。当時、玉村氏は「TaKaRa酒生活文化研究所」の所長（95年から7年間）であったが、すでに91年に東御市に移住し、92年にワイン醸造用ブドウを植栽していた。一方、メルシャン出身の醸造コンサルタント「ウスケ」さん（麻井宇介、本名浅井昭吾）も同研究所の顧問に迎えられていたが、両者が一致して、玉村氏が絡んでいる所でワインを造ろうということになり、宝酒造のワイナリーを東御市に作ることになった。

当初は、麻井氏の指導でブドウを作り、それを北信濃（飯綱町）のサンクゼールワイナリーに委託醸造していたが、その時、麻井氏についてマンツーマンで醸造の指導を受けたのが、今日のヴィラデストの社長小西超である。しかし、結局、宝酒造の計画は中止となり、(注) そこで、2003年、玉村氏が個人的にヴィラデストガーデンファーム＆ワイナリーを立ち上げ（オーナー玉村豊男、社長小西超）、新しいワインプロジェクトが始まった。

（注）宝酒造のワインプロジェクトのため、東御市祢津御堂地区に30haの土地が用意されたが（養蚕業の衰退とともに荒廃農地と化していた桑畑）、放置された（２００１年）。その後荒れていたが、県営事業として再整備され、今年から新たにワイン団地としてブドウ畑になりつつある。27ha（路面等を除く）を約10軒で分けているので、１軒当たり３～６ha、比較的大きな圃場になる。

小西社長によると、「当時、ワイナリーは4、５軒あったが、まだ千曲川ワインバレーと言う言葉はなかった。玉村氏と麻井氏は、「小諸にはマンズワインがある。もし丸子にメルシャンのワイナリーが出来ると、うちと合わせて、千曲川を挟んでトライアングルができるようになる。そのうち周辺にワイナリーが増えて、カリフォルニアのナパバレーのようになればいいなと話していた」。「千曲川ワインバレー構想」の原型である。「千曲川ワインバレー」という言葉は２０１２年正月頃から使われるようになった。ナパバレーが出てきたが、リバーサイドにブドウ畑が延々と連なる欧州のラインガウも夢の中にあったのではないか。

ワイナリーの開設ラッシュ

いま、千曲川流域に25軒、うち東御市（人口３万人）だけで10軒のワイナリーが立地している。参入予備軍も多い。ヴィラデストワイナリー（２００３年設立）の後を追って、新規参入が相次いでいる。玉村氏がこの地域で良いワインが出来たと情報発信していたことが効いた。

比較的早かったのは、リュードヴァン（小山氏）、はすみふぁーむ（蓮見氏）で、東御市に移住してブドウ栽培を始めた（当初はヴィラデストに委託醸造）。その後、ヴィラデストのワインが２００８年に日本ワインコンクールで金賞受賞。同年、洞爺湖サミットのワーキングランチで各国首脳に提供され有名になり、全国から自分もブドウを育てワインを造りたいと相談に来る人が多くなった。

東御市が「ワイン特区」を取得（2008年）し、リュードヴァンもはすみふぁーむも独立してワイナリーを設立した。これを見て、〝移住者〟でもできるんだ（土地に問題なし）と、さらに多くの人たちが当地を訪問してきた（**表13—1**のNo.6～10のワイナリーはそれを見て参入してきた人たちである）。

表13—1に見るように、千曲川上流（東地区8市町村）だけで、早くも16のワイナリーが開設されている。ブドウ

表 13–1　千曲川ワインバレー（東地区）のワイナリーリスト

		ワイナリー	醸造開始	ブドウ栽培
東御市	1	ヴィラデストワイナリー	2003	1991
	2	リュードヴァン	2010	2005
	3	はすみふぁーむ	2010	2005
	4	アルカンヴィーニュ	2015	—
	5	ドメーヌ ナカジマ	2014	2010
	6	496（シクロ）ワイナリー	2018	2014
	7	カーヴ ハタノ	2017	2006
	8	ナゴミ・ヴィンヤード	2018	2013
	9	アトリエ デュ ヴァン	2018	2011
	10	レヴァン ヴィヴァン	2019	2016
		Vineyards（ブドウ栽培者）		
	1	ぼんじゅーる農園	2013＊	2010
	2	アパチャー ファーム	2013＊	2011
	3	アグロノーム	2016＊	—
	4	プレザンティール	2016	2013
	5	秀果園	2013＊	—
	6	児玉邸	2016＊	2014
	7	スターダスト・ヴィンヤード	2018	2016
	8	Ro（アールオー）ヴィンヤード	2019	
小諸市		マンズワインワイナリー	1973	1971
		ジオヒルズワイナリー	2018	2002
立科町		たてしなップル	2019	—
上田市		メルシャン椀子ワイナリー	2019	2003
坂城町		坂城葡萄酒醸造㈱	2018	2011
青木村		ファンキーシャトー	2011	2008
千曲川ワインバレー（東地区）総計			ワイナリー数 16 グロワー数 44	

（出所）東御市役所及び上田市役所調べ。2019 年 11 月末現在
（注）千曲川ワインバレーの地域範囲は長野市、小布施町、高山村等々の下流域を含むが、広域特区に認定されている 8 市町村の区域を、通称「千曲川ワインバレー（東地区）」と称している。
醸造開始欄の＊は委託醸造。

栽培の生産者は44に達しているが、彼らもワイナリー新規参入の予備軍である。

効果――耕作放棄地の減少

ワイナリー及びブドウ生産者の増加に伴い、荒廃農地は少しずつ減ってきた。**表13―2**は東御市のワイン用ブドウ作付面積であるが、2015年の21haから、19年32haに増加した。宝酒造用に用意した土地（30ha）の再開墾分を加えると59haになる。もっとも、市の耕地面積1500ha、耕作放棄地400ha超に比べると、まだわずかな面積である。荒廃農地の解消は、離農・耕作放棄とワイナリー増加の競争である。

隣の上田市（人口16万人）も、玉村氏のワインアカデミー（後述）で学んだ人たちがブドウ栽培用の土地を求めて流入し、荒廃地の減少につながっている。上田市のワイン用ブドウ栽培面積は、新規就農者10人の約23haのほか、大手のメルシャンの自社畑22・5ha（桑畑が遊休荒廃地化していたのを2003年、ブドウ畑へ）、マンズワイン5haがあり、合計50haに達している（メルシャンは最終的には30haまで拡大か）。

表 13–2　東御市のワイン用ブドウ作付面積

（単位：ha）

年	植付面積
2015 年	21.1
2016 年	23.6
2017 年	27.1
2018 年	28.5
2019 年	31.8
〃　11 月	59*

（出所）東御市 6 次産業化推進室調べ。各 1 月現在（2015 年は 3 月）

（注）2019 年＊印は 11 月現在、県営事業による再整備 30ha（御堂地区、旧宝酒造予定地）を加えた数値（路面等を除くと 27ha）。

この一帯はもとは養蚕業で栄えた土地であったが、蚕糸業の衰退に伴い荒廃地になっていた桑畑がブドウ畑に生まれ変わったのである。水を嫌い、陽当たりを好む桑山と、ワイン用ブドウの栽培条件はピッタリと重なる。

江戸時代は水田の開発が多いが、明治・大正期に開墾された土地は山側の傾斜地などが多いのではないか。明治初期の殖産興業の花形は生糸であり、それに伴い傾斜地の桑畑向け開墾が多かった。それが現代の再開墾の対象になり、各地でブドウ畑に変わっている。現代の開墾はワイン用である。荒廃地の再開墾が進めば、ヴィンヤードが広がる。シルクからワインへ。ワイナリーが元気のある地域を創造している。

もう一つ、注目したいことがある。ワイナリーの新規参入の意義は、荒廃農地の解消にとどまらない。後述するように、「農業は最高の職業」と考える若い人たちの自己実現のための職業選択の幅を広げている。この効果は高く評価されるべきである（後述、第3節参照）。

2　景観雄大なヴィンヤード、年間3万人訪問——ヴィラデストワイナリーの経営概況

千曲川ワインバレー（東地区）は軽井沢の先、小諸市、東御市、上田市を流れる千曲川沿岸に広がり、東京から新幹線で1時間半の距離である。千曲川の右岸（東御市等）は湯ノ丸高原（浅間山の外輪山）の裾に位置し、標高も高く、冷涼な気候で、十分な糖度と酸度を保ったブドウが収穫でき、シャルドネやピノ・ノワール等の評価が高い。対する左岸（上田市丸子等）は右岸より標高が低いため、カベルネ・ソーヴィニヨンやメルローなどボルドー系品種の栽培に優れている。

プレミアムワイン志向

ヴィラデストワイナリーは東御市にある。湯の丸山の南麓に位置し、陽当たりが良く、傾斜地で水はけがいい。この一帯は日本有数の少雨地帯である。降水量が少ない、日照時間が長い、昼夜の寒暖差が大きいという、ブドウの生育に適した3つの気候条件をもっている。ヴィラデストはワイン造りには恵まれたテロワールを備えている。標高は800〜850m。眼下に東御や上田の街、さらに遠くには雪をかぶった北アルプスの遠望があり、雄大な

景観だ。

ヴィラデストは自社畑10ha、ワイン生産量3万本の規模である。ブドウ園はまだ成園になってない畑があり平均単収が低いが、成園になれば10a当たり単収は500kgにはなるので、ワイン生産は5万本に増産できる（現在の10haには旧宝酒造向け予定地30ha再開墾の内3haを含む）。

ブドウ品種はシャルドネ、メルローが多いが、ピノ・ノワール、ソーヴィニヨン・ブラン、ピノグリ等も植えてある。標高差を利用して、色々な品種を栽培している。赤・白半々。すべて欧州系のワイン専用品種である。

慣行農法であるが、一部の畑は有機栽培に近い（約1割の1ha）。醸造は培養酵母を使っている。世界中で使われている酵母で、優れている。有機栽培の畑の分だけは別醸造で、野生酵母を使っている（12〜13年前から）。小西社長によると、「野生酵母を使うと味わいが複雑なものになり、美味しい。培養酵母はクリーンな味がする」。野生酵母は今後も1ha分だけで、増やす予定はないと言う。

プレミアムワインが多く、価格帯は3000〜5000円である。日本ワインの中でも高いクラスのワインだ（兄弟ワイナリーのアルカンヴィーニュは2000円台のカジュアルな価格で出している）。

日本ワインの競争力は向上している——優しい繊細なワイン

日本ワインの競争力について質問した。小西社長「日本全体で見て、白ワインの方が品質高い。赤ワインのレベルも向上中です」。小西社長が特に強調したのは、世界の流れは日本に有利な方向になってきているという。「15年前、濃いワインがもてはやされたが、今は軽めのものになってきている。日本の赤ワインは優しい繊細なワインで濃くない。チリでも、同じ品種でも熟させずに早めに収穫するなど、作り方に変化が出ている。品種も変化してきた。仏ボルドーも変化しつつある」。エレガントで繊細なワインへと、世界のワイン造りは変化しているようだ。

日本ワインは高いですねと言うと、小西社長「フランスの価格も上昇している。日本ワインは高いと言われるが、品質は上昇しており、競争力は接近している。同じ3000円でも遜色なく近づいている」[注]。

(注) (消費者である筆者のコメント) 味の濃い、薄いという問題と、美味しさは同じではない。味の薄い方が和食に合うというのは確かであるが、日本の赤ワインはスタンダードの向上が望まれる。「日本ワインおたく」の存在が今の日本ワイン消費を支えている側面があるが、もっとスタンダードを引き上げないと、情報が完全な市場になると、安い美味しい輸入ワインに勝てないのではないか。気象や土壌など地域のテロワールに適したブドウ品種を選び、もっと良質なブドウを収穫できるよう研究開発努力が期待される。日本ワインは経営規模が小さいので、コストダウンには限界があり、美味しさで競争することになる。

ワイナリーカフェが併設されてある。同社のワインの販売先は、ショップでの直売1万本、レストラン消費・通販5000本(ショップ・レストラン消費の合計で直売1・5万本)、酒屋卸1・5万本である。直売が半分を占めている。酒屋でも、ヴィラデストの良さが分かっている人は5000円でも買ってくれるようだ。

レストランはしっかりしたコース料理で、ランチは3600円だ。席数30席。雄大な景観を眺めての食事は好評のようだ。サパーコースもある。売上高はワイン約1億円(筆者推定、3000円×3万本)。この他、ショップのグッズ類、レストラン消費がある。

従業員は20名。年間訪問客は3万人に上がる。かなりの数だ。東京から大型バスで来るようだ(参考:年間250万人が訪れる山梨県勝沼の事例では、シャトー・メルシャン5万人超、中央葡萄酒3万人、久保田農園ブドウ狩り2・5万人)。

3 醸造家のインキュベーション(孵化)——アルカンヴィーニュとアカデミー事業

ヴィラデストは、ワイン産業の人材育成も行っている。兄弟ワイナリーで開講している「千曲川ワインアカデミー」

がその役割を果たしている。

ワイン産業は農産物の価値を上げるため食品加工・流通販売まで業務展開した経営形態「6次産業」と言われるが、経営者の哲学も「農家」的で、技術交流などオープンなところがある。一番古くからのワイン産地である山梨県勝沼は人口8000人の小さな町であるが、30余のワイナリーが密集している。そこでは新規参入するワイナリーは先輩ワイナリーで研修させてもらっている事例が沢山ある（第5章参照）。昔の農家の技術普及に似ている。最大手のシャトー・メルシャンは、「技術を共有してワイナリーが切磋琢磨しないと、勝沼は銘醸地にならない」と、産地形成への強い思いから、甲州種ワインの品質を高めた「シュール・リー製法」や「甲州きいろ香」の技術を公開した（第6章）。また、塩尻市はワイン産地の活性化を目的に、「塩尻ワイン大学」を開講し（2014年から）、ワイン人材を育て、新規ワイナリーの相次ぐ誕生をもたらしている（第14章）。

技術移転、産業孵化の仕組みとして、興味深い。

ワインアカデミー事業

ヴィラデストは、ワイン産業の人材育成もできる機関があれば、ワイン産業の裾野はもっと広がるはずとの想いで、2015年に「千曲川ワインアカデミー」（玉村豊男代表）をオープンした。同アカデミーは、ブドウ栽培、ワイン醸造、ワイナリー起業や経営のノウハウを教えている。土地を手に入れるサポートをするなど、新規参入のハードルを下げる手伝いも行っている。

2015年に始め、現在5期目（1年制、講義30回、授業料30万円）、受講生は年間20〜30名である。既に卒業生が90名いるが、うち40名はブドウ栽培を始めている（千曲川流域が多い）。**表13—1**のNo.6〜8は当アカデミーの卒業生であり、早くも3人がワイナリーを開業した。

受講生は若い人も、60歳超もいる。平均45歳。「40、50を過ぎた人たちが、残りの人生をワインと共に豊かに暮らしたい」と入学してくる。〝脱サラ〟志向だ。地元出身ではなく、関東から来る人が多い。現在の5期生は36名である。過去最高であり、入学志望者の勢いは衰えていない。

今回は取材してないが、若い人たちは自己実現できる産業としてワイン造りを選んでいる人が多い。野菜やコメで1億円売り上げても世界に自分をアピールできない。ワイナリーは2、3000万円の小規模でも自分をアピールできるという思いから職業選択している（第9章ドメーヌ・タカヒコ論参照）。彼らは「ワイン造りは最高の職業」と考えているのではないか。筆者は40年前、「農民は最高の職業である」と小論を書いたが、ワイン産業はそれを実証している。うれしい限りである。(注)

（注）拙稿「農民は最高の職業である」労働省職安局『職業安定広報』1980年6月21日号、3頁（巻頭言）。拙著『農業・先進国型産業論』（日本経済新聞社、1982年）参照。ただし、当時と現在は内容にシフトが見られる。若者が〝車〟に「ステータス」を感じた時代から、今や車離れは明瞭であり、精神的な豊かさに価値を置く時代に移っている。同じように、かっては医者や弁護士がウイークエンドファーマーにステータスを感じていた時代から（ニュージーランド）、今やステータスシンボルにではなく、自己実現できることに価値を見出している。育て、創造する喜びである。

「ゆりかご」の役割　アルカンヴィーニュ

2015年、ヴィラデストは兄弟ワイナリー「アルカンヴィーニュ」を開業した。〝委託醸造〟を主業とするワイナリーである。

ワイン造りの夢を持って参入し、ブドウを栽培、収穫できても、すぐには自分でワインにすることはできない人たちがいる。自前の醸造装置を持たない人はブドウを他人に売らないといけない。彼らは大手メーカーにブドウを売るだけの立場であるが、委託醸造の場合は、栽培者からブドウの醸造を引き受け、本人ブランドのワインを造ってあげる。その過程でワイン造りを実地に学んでもらうよう助力する。何年か栽培と醸造を繰り返していくうちに技術を身につけ、独立して自前のワイナリーを創業する。玉村氏の表現を借りれば、委託醸造は「ゆりかご」の役割を果たしているわけだ。

千曲川ワインバレーに続々と集まってくる若いブドウ栽培家たちからの委託醸造を請け負っているのが「アルカンヴィーニュ」である（この委託醸造は「10Rワイナリー」が有名である。第10章参照）。

アルカンヴィーニュはヴィラデストとは別会社になっているが、同じく玉村氏と小西社長が経営者である。国の資本（農林漁業成長産業化支援機構のファンド）が一部入っているため別会社の形をとっているが、兄弟ワイナリーである。

アルカンヴィーニュの規模は、委託醸造2万本、自社分2万本（県内農家からの購入ブドウ、2000円台のカジュアルな価格）、計4万本である。ワインアカデミー卒業生のうち10人がここに委託している。先に**表13―1**に示したリュードヴァンやはすみふぁーむも、当初はアルカンヴィーニュの委託醸造の顧客であった。既に自前のワイナリーを建設した人が6人いる。これからの人も何十人もいる。千曲川ワインバレー地区のワイナリーは4、5軒であったが、今や25軒になった（高山村、小布施町など北信も含む）。まだまだ増えていきそうだ。

ワインアカデミー及び委託醸造を通して、ワイン人材のインキュベーション（孵化）を行っている訳だ。千曲川ワインバレーの形成発展において、ヴィラデストの貢献は高く評価されよう。

将来の問題があるように思われる。今ブドウ栽培者の立場にいる人たちが次々に醸造まで進み、ワイナリーの新規参入ラッシュが続いた場合、いつか「市場の壁」にぶつかる。販路が見つからず、経営破綻あるいはワイン価格の値下げを選択する経営も出てこよう。プレミアムワインだけではなく、カジュアルなワインも供給される。逆に、そうなって初めて、庶民が日常的にワインを飲むようになり、地域にワイン文化が根付いていく可能性も出てこよう。

4　ワインツーリズムの難しいところ――ワイン文化を育めるか

ヴィラデストの顧客は年間3万人に上がる。東御市のワイナリーでカフェがあるのは、今のところヴィラデストとリュードヴァンの2軒だけであり、ワイナリーツアー客はまだ少ない（リュードヴァンのカフェは土・日営業なので顧客はヴィラデストの10分の1位か）。東御市全体でも、今のところ年4万人以下のようだ（東御市の年間観光客数は60万人）。しかも、東京から大型バスで直接ワイナリーに来るので、地域への波及効果は小さい。いわゆる「飛び地経済」になっている。

そういうことで、今のところ、ワインツーリズムが地域を潤す状況は少ない。東京から新幹線で1時間半の距離であり、アクセスが良いわけだから、ワイナリー観光客の増加が期待される。問題点として「移動」の制約が言われている。ワイナリー立地が分散しているため、ツーリズムが発生しないという分析だ。そこで、3年前から、循環バスが1日5便走っている（6〜11月）。1日乗り放題2000円。しかし、利用者は少なく、今年は年間で555人に止まった。10軒のワイナリーを繋ぐだけでは集客できないようだ。ワイナリーを飲み歩くわけではないので、ワイナリーが増えても、集客できない。循環先にワイナリー以外の観光スポットの開発が必要なようだ。

しかし、潜在的には、東御市のワインツーリズムは産地間競争が強いと考えられる。千曲川ワインバレーは景観がいい、東京から1時間半であり観光に来やすい、ワインの品質が高い、等々。

ブドウの品種を比べると、勝沼の品種は欧州系のワイン専用品種ではなく、甲州やマスカット・ベーリーAなど日常的に飲む酒であり、塩尻桔梗ヶ原もコンコードやナイアガラであって、これから欧州系のシャルドネやメルローに移行するところである。これに対し、千曲川バレーはワイン専用品種であり優位に立っており、ワインツーリズムに強い要素を備えている。長野のライバルは勝沼や塩尻ではなく、北海道であるという見方もある。

ヴィラデストのカフェ集客力が、市域全体への広がりになることが望まれる。そういう点では、年間250万人の山梨県勝沼が上である。山梨県勝沼は「一升瓶から湯呑み茶碗」で飲むというワイン文化がある。そこまで地域全体がワイン産業を支えている。ワイン文化を地域の人たちの暮らしの中にもワインが浸透している状況と定義するなら、東御市にはまだワイン文化は根付いていない。

勝沼にワイン文化が根付いているのは、勝沼のワインはカジュアルなものが多いことも要因であろう。つまり、ヴィラデスト等より安い。それがワイン文化を創っているのではないか（欧米でも普段飲みのワインは数百円―千円以下）。ヴィラデストは事業経営的には大成功したと思われるが、文化の創造は経営より難しいかもしれない。「飛び地経済」を克服する道もそこにあるように思われる。

初めて上田市や東御市を訪れて、移住するなら、ここがいいなと思った。まず一見して、地域の水準の高さを感じた。東御市田中の農家地帯は蓄積を感じさせる。上田市は文化の香りと都市機能の集積もある。また、空気がきれいで、湿潤さがなく、明るい。「風土」が水準の高いまちを創ったのであろうか。古代ギリシャ以来、文化と共生してきたブドウ栽培にピッタリの地域のように思えた。千曲川ワインバレーは、日本を代表するワイン産地に発展していくと予想される。

第14章

地球温暖化追い風に技術革新
桔梗ヶ原メルローの先駆者

㈱林農園 五一わいん（長野県塩尻市）

林農園 五一わいん（塩尻市大字宗賀）

近く、長野県は全国一のワイン産地に発展しそうだ。ワイナリーの新規参入が相次いでいる。

塩尻桔梗ヶ原はかつて不毛の地であったが、林五一氏が栽培方法を工夫し、メルローを根付かせた。技術開発でテロワールを乗り超え、「塩尻メルロー」は日本を代表するワイン産地になった。

ワイン産地の発展史は気候変動と技術進歩の影響が大きいのに驚かされる。

1　不毛の荒野から繁栄の地へ――塩尻桔梗ヶ原のワイン地誌

塩尻は駅から歩いて行ける位置にワイナリーが展開している。この状況が桔梗ヶ原のすべてを物語っている。ブドウは水はけの良い土地を好むので、山裾や丘陵地帯の傾斜地（耕作放棄予備軍）にあるのが普通だ。塩尻は鉄道が走る平坦地であるにもかかわらず、ブドウ適地ということは、水のない土地、昔は「不毛の地」だったことを推論させる。

実際、明治期になるまで、桔梗ヶ原は水に乏しい土地で、農耕に適さない場所として原野のまま放置されていた。周辺集落の入会の草刈場として利用されていた。開拓が本格化したのは明治20年代である。それまでは不毛の荒野であった。

しかし、現代、塩尻市は地方都市でありながら、〝人口減〟の現象が見られない。筆者が一番驚いたのはこの点だ。高度経済成長の起点1960年の3万8500人から、90年5万7300人、2015年6万7100人へ増加した（最近10年は年率0・1〜0・2％弱の緩やかな減少）。人口増加は、昭和電工（セラミックス製品）やセイコーエプソン（プリンター等）の工場立地の効果が大きい。しかし、農業発展の貢献も大きい。レタスなど高原野菜の産地であり、高所得農業が栄えている。さらに果樹、ブドウ栽培・ワイン醸造も盛んだ。今後、ワインツーリズムが交流人口の増加に寄与しそうだ（ただし、東京からの観光客は山梨県勝沼にブロックされ制約があろう）。

桔梗ヶ原は、不毛の荒野から、繁栄の地に変わっている。人口減少局面の日本にあって、地方都市でありながら大きな人口減がないのが、その証左であろう。

桔梗ヶ原ワインの歴史

塩尻のワインの歴史は古い。桔梗ヶ原は塩尻市北西の扇状地にあり、標高700mの台地である。水に乏しい土地で、川は一筋もなく、地下水位は低く、江戸時代は荒野であったが、明治初期、井戸を掘って水を得ることに成功、開墾が始まった。明治20年代になると入植者が増加し、開墾が加速した。今から約130年前の1890年（明治23年）、里山辺村（現松本市）から入植した豊島理喜治（りきじ）が1haの土地にコンコードなど26品種のブドウ約3000本を植え（これが当地におけるブドウ栽培の始まり）、その7年後、1897年（明治30年）にワイン醸造が始まった。

桔梗ヶ原は火山灰土壌のやせた土地で、小石混じりの礫層の上に火山灰が堆積しているため地下水位が低く、水はけが良好だ。また、昼夜の温度差が大きく、糖度の高いブドウが出来る。年間を通じて雨量は少なく（特に収穫期を迎える夏から秋に雨が少ないのが特徴）、湿度が少ない。ワイン用ブドウの生育に好条件の土地である。

明治30年代には多くの農家が入植した。当初は生食用が主流であったが、徐々に需要が減り、昭和初期に大きく変化した。現在、醸造用ブドウの生産が盛んであるが、これには甘味果実酒のための原料ブドウを求めた大手醸造会社の寿屋（現サントリー、1936年進出）、大黒葡萄酒（現メルシャン、1938年進出）を塩尻に誘致したことが大きかった。ブドウ品種も、甘味果実酒の原料となるナイアガラ、コンコードなどアメリカ系の品種が多いのが特徴だ。

第2次大戦中は果樹園の3分の1は雑穀畑に変わり、生食用のブドウは販売が禁止され、ブドウはすべて酒石酸加工に回された（酒石酸はワインに含まれる酸で、対潜水艦用の水中聴音機の資材として使われた）。

戦後、さらに大きな転換があった。1964年、東京オリンピックを契機に人々の好みが人工甘味ワイン（赤玉ポートワイン等）から本格ワインへ移り変わった。それに伴い、ブドウ品種も、それまで主流であったコンコードから、メルローなど欧州系品種の導入へと多様化し、今日の発展の基盤がここに形成された。全国一のメルロー産地になったのは、この消費者ニーズの変化だけではなく、技術革新と地球温暖化の影響も大きい（後述）。

また、温暖化で、長野県はほとんどの品種が栽培可能になってきた。これに対し、山梨県の場合、赤ワイン用のマスカット・ベーリーAはいい色が出なくなってきて困っているようだ。気候変動が品種構成の変化を促している。ワインは気候変動に敏感な産業だ。

ワイナリーの相次ぐ新規参入

桔梗ヶ原は、全国有数のワイン産地である。表14—1に示すように、長野県は日本ワイン生産量は山梨県に次ぐものの、醸造用ブドウ生産では山梨県を上回って、全国1位である。山梨県は原料ブドウを他地域からの移入に依存する度合いが大きいわけで、長野県の方がワイン生産の基盤が整っている。その長野ワインの8割は塩尻産である。

表 14–1　ワイン用と原料ブドウの収穫量（都道府県別）

	ブドウ収穫量（t）		日本ワイン製成数量（t）
	醸造用仕向量	うち加工専用品種	
北海道	1,434	1,414	2,933
山形県	1,143	629	1,195
山梨県	5,283	233	5,530
長野県	6,481	1,847	4,072
全　国	16,727	5,418	17,663

（出所）農水省「特産果樹生産動態等調査」（平成 28 年度）。国税庁酒税課「果実酒製造業者実態調査」（平成 29 年度調査分）

（注）日本ワイン製成数量は調査回答率が 100％ではないため、県別比較においては誤差がありうる。

近年、注目されるのが、ワイナリーの新規参入の増加である。塩尻は明治時代からブドウ・ワイン造りが始まったが、ワイナリー数は２０００年代初めまでは7社に過ぎなかった。２０１０年代に入って新規参入が相次ぎ、今や18社に増えた（表14—2参照）。近いうち、あと数社の参入が見込まれている。（注）このほか、大手資本のサントリー、メルシャンも桔梗ヶ原で自社畑を拡大した（メルシャンは醸造も開始）。

（注）新規参入ラッシュには、高等学校でワイン造りを教える地域に根差した教育やワイン大学の開講など、ワイン人材の供給に地元が取り組んでいることが効果を発揮している（後述第4節）。

まさに〝成長産業〟の様相を呈している。しかし、この相次ぐ新規参入

表 14–2　塩尻市ワイナリーリスト（醸造開始順）

	施設名	醸造開始（年）	創業（年）
1	林農園（五一わいん）	1919（大正 8）	1911
2	アルプス	1927（昭和 2）	1927
3	井筒ワイン	1933（昭和 8）	1933
4	サントリー塩尻ワイナリー	1936（昭和 11）	1921
5	塩尻志学館高等学校	1943（昭和 18）	1943
6	信濃ワイン	1956（昭和 31）	1916
7	JA 塩尻市ワイナリー	1985（昭和 60）	1956
8	Kido ワイナリー	2004（平成 16）	2004
9	VOTANOWINE	2012（平成 24）	2010
10	サンサンワイナリー	2015（平成 27）	2011
11	いにしぇの里葡萄酒※*	2017（平成 29）	2007
12	シャトー・メルシャン	2018（平成 30）	1934
13	ベリービーズワイナリー*	2018（平成 30）	2014
14	霧訪山シードル※*	2019（平成 31）	2014
15	ドメーヌ・コウセイ	2019（令和元）	2019
16	ドメーヌ・スリエ	2019（令和元）	2019
17	丘の上幸西ワイナリー※*	2019（令和元）	2019
18	種山・小川ワイナリー*	2020 以降	未定

（出所）塩尻市観光課調べ（2019 年 10 月末現在）
（注）※印は特区による設立　*印は塩尻ワイン大学卒業生の創業。

の増加は、早くも懸念も生じさせている。桔梗ヶ原では販路を心配する人たちも出てきている。淘汰の時代が近づいているとの見方である。実際には「特区」制度を利用した小規模での参入が多いから、全体への影響はまだまだ小さいが、過剰供給を心配する声も出るくらいの新規参入ラッシュということだ。

いずれ、今の高価格では日本ワインの需要に限界が出よう。均衡価格はもっと低いと思う。「作れば売れる」段階から、低価格で供給できる経営へのイノベーション、あるいは販路開拓が大切な局面に接近していると言えよう。

2　開園100年の老舗ワイナリー——林農園 五一わいん

桔梗ヶ原は、高級赤ワインの原料となるブドウ品種「メルロー」の特産地として知られている。このメルローを初めて県内に導入しワイン黎明期に栽培していたのが林農園（創業者・林五一氏）である。今日の桔梗ヶ原繁栄の基盤を創った先駆者である。企業は同業他社のことを必ずしも良く言わないのであるが、山梨県勝沼で調査していると、シャトー・メルシャンの関係者は林農園のことを好意的に話す。そんなことで、林農園を取材したいとの思いが募っていたが、今回実現した。

塩尻駅の西口から徒歩20数分、桔梗ヶ原の一角に林農園（2代目林幹雄社長、1929年生）がある。1911年（明治44年）、先代・五一氏が諏訪岡谷から当地に入植し、20世紀梨（2ha）、ブドウ（1ha弱、コンコード他5品種）、リンゴなど果樹栽培を手掛けたことから林農園の歴史が始まった。果樹を始めたのは水やりが不要ということだったようだ。不毛の荒野であったから、「土づくり」には苦労したようだ（いぶき彰吾『ワイン物語――桔梗ヶ原にかけた夢』塩尻市教育委員会発行、2017年、参照）。

栽培にとどまらず、イチゴジャム、トマトジュースなどの加工食品にも挑戦した。収穫物を加工して自ら販売するという経営形態（6次産業化）は、当時の農家としては先進的であった。この経営スタイルが後のワイン醸造に繋がったのであろう。1919年（大正8）には、新潟県の岩の原葡萄園の創業者・川上善兵衛氏の指導を受けながら、ワイン専用品種のブドウ栽培にチャレンジし、本格的なワイン製造を始めた。ワイン醸造開始から数えて、今年は100周年である。

しかし、翌20年、第1号ワイン「鷹の羽生ブドウ酒」を販売したが、本格ワインの需要はほとんどなく、悪戦苦闘の日々が続いた。その苦境を救ったのが、昭和初期の〝甘味ブドウ酒ブーム〟だった。先述したように、後に寿屋（現サントリー）と大黒葡萄酒（現メルシャン）が塩尻に工場進出したほどであったが、林農園も甘味ブドウ酒の原料用として、コンコードで造ったワインを供給することで生き残った。1964年の東京オリンピックの頃までこの状況が続いた。

気候変動が桔梗ヶ原を変えた

桔梗ヶ原ワインは、1964年東京オリンピックを契機に大きな転換があった。人々の好みが人口甘味ワインから本格ワインへ移り、ブドウ品種コンコードは行き場を失い、ブドウ農家に危機が訪れていた。この事態を救ったのが欧州系の醸造専用品種メルローであった。この時の功労者も林農園であった。

１９５２年に遡るが、林五一・幹雄父子はメルローと出会った。２人は山形県赤湯からメルローの穂木を持ち帰り、植えた。桔梗ヶ原メルローの第1号である。しかし、当初は桔梗ヶ原の寒さに耐えられず枯れ、実を結ばなかった。幹雄氏は試行錯誤を繰り返しながら、凍害を避けるため、「高接ぎ法」を考案した。病気にも寒さにも強い台木、免疫性台木を使用し、その台木を棚下まで伸ばし、高い位置で接ぐことで凍害を緩和した。ひときわ寒い冬でも、高接ぎしてあったメルローは被害を免れ、逆に寒さに強いはずのアメリカ系のナイアガラ、コンコードは凍害被害が大きかった。（注）

（注） 高接ぎ法の効果は大きかった。１９８４年、大寒波が襲い、マイナス10℃以下の日が冬に40日もあった。寒さに強いと言われたアメリカ系のコンコードやナイアガラまで凍害をうけ、春になっても芽が出なかった。ところが、この時、高接ぎしてあった幹雄氏のメルローは被害を免れ、生き残った。こうしたことから、凍害に強い栽培方法として「高接ぎ法」が普及し、メルローが桔梗ヶ原に根を張っていった。翌85年から温暖化が始まり（マイナス10℃以下の日が30日はあるのが普通だったのに、5、6日に減った）、この温暖化が追い風となり、メルローは桔梗が原を代表する品種に育っていった。

一方、１９６０年代後半になると、本場ヨーロッパのワインが日本でも飲まれるようになり、甘味ブドウ酒は売れなくなり、ジュース用と甘味ブドウ酒の原料ワイン用に需要があったコンコードは大打撃を受けた。農家の窮状を救えないかと、山梨県勝沼の大黒葡萄酒の「ウスケ」さん（浅井昭吾課長）が来て、「ヨーロッパで出来るようなワインが日本で出来るなら、それに変える。そんな品種はあるでしょうか？」。幹雄氏「ありますよ、うちの畑にあるメルローです」。

１９７６年、浅井課長は思い切って６０００本のメルローを栽培することを決断し、生産農家に栽培転換を依頼した。これほどの規模で一気に転換したことに幹雄氏は「これで失敗すると困ったな」と重責を感じたが、それは杞憂であった。10数年後の１９８９年、「シャトー・メルシャン信州桔梗ヶ原メルロー１９８５」は、リュブリアーナ国際ワインコンクールで大金賞を受賞。これによって、桔梗ヶ原メルローは広くその名を知られるようになった。幹雄氏は受賞をわがことのように喜んだという。

その後の温暖化の影響もあって、メルローは桔梗ヶ原を支える主力品種になった。気候変動と技術革新（高接ぎ法等）が桔梗ヶ原を変えたと言えよう。栽培技術（高接ぎ法）の開発物語は感動的だ。

3　原料ブドウ対策と技術革新——五一わいんの経営概要

五一わいんの経営規模は、ブドウ使用量年間８００t、ワイン生産80万本である。大きい。国産ブドウ１００％の日本ワインであり、日本ワインのメーカーとしては大手資本のサントリーやシャトー・メルシャンを上回る規模である。

ワイナリーは自社畑によるブドウ供給だけでは足りず、購入ブドウに依存するのが普通だ。ワイン年産80万本の五一わいんの場合も、原料の大半は購入ブドウである。一方、農家の高齢化、農業離れは、桔梗ヶ原も例外ではない。原料対策が一番の経営課題である（サントリー等大手資本は自社園を拡大しているが、個人農家は減少傾向）。実際、ワイナリー新規参入の増加、一方でブドウ栽培農家の減少から、ワイン醸造用ブドウは不足気味であり、価格が高騰している。

林幹雄社長は戦略を考えている。「小規模では、加工用ブドウを作っても所得が低く、生産者は減っていく。会社の土地を３ha位にまとめて１軒の農家に任せたい。この方が農家も所得が増える。垣根栽培では１ha３００万円になる。３haあれば１０００万円になる。農業離れを抑制できる」「20ha位までは会社でやる。それ以上は請負でやらせる」。地域では農家の離農が続いているが、林農園がその土地を取得し、3haにまとめて請負生産に持っていければ、農地の耕作放棄地が減り、同時に原料ブドウ確保対策になる。いいアイディアと思う。

問題は農地が小規模分散であることだ。借地の交換分合など、農地の集約に行政の協力が望まれる。なお、塩尻市農政課の話によると、産地保全支援員（嘱託職員、元農政部長）が新規就農者の支援、農地斡旋を行ない、団地化志向もあるようだ。

スマート栽培

林農園は、戦前は地主であった（30ha）。戦後の農地改革で所有は7haに減った。現在、自社畑は所有地14haである。これでは200t未満しか供給できず、大半は契約栽培農家からの購入ブドウである。自社畑ではメルロー、カベルネ・ソーヴィニヨン、ピノ・ノワール等の赤ワイン専用種、シャルドネ、ソーヴィニヨン・ブラン等の白ワイン専用種、合わせて15種類のブドウを栽培している。

現在、約100人の生産者と契約栽培している。この地域の農家は昔、林農園の小作だったこともあり、そこと契約栽培している。遠くは山梨県甲府市の七沢地区の人たちとも契約栽培している。

しかし、農家高齢化、生産者の減少に対して、ワイナリーは技術革新で対応している。林幹雄社長はブドウ栽培方法の効率的技術（省力化技術）を開発した。15年前、世界的なブドウ栽培家R・スマート氏が日本に来て「スマート式棚栽培」（スマート・マイヨルガーシステム）を紹介した。ブドウ栽培を省力化する技術である。幹雄氏はそれにヒントを得て、改良スマート方式「ハヤシ・スマート方式」を開発した。

通常、日本国内における棚づくりでは枝を幹から四方に伸ばすが、この方式では、発芽した新芽をすべて一方向（北向き）に伸ばす方法で、この結果、作業が簡略化され、通常の棚栽培に比べ40％省力化できる。さらに、葉に効率よく日光が当たり、完熟したブドウを収穫できる。

栽培技術は棚方式と垣根方式に大別される。棚栽培は収量が多いが品質は垣根に劣る。農家は収量選好であり（省力化よりも）、垣根式を嫌がる。ハヤシ・スマート方式は棚栽培でありながら、大幅に省力化し、一方、収量を大きくは落とさない（棚栽培は通常2ｔ、スマート式は1・7ｔ）。品質も、垣根に近いブドウを作る。収量より省力化を選好する技術だ。今、林農園はすべてスマート栽培であり、契約栽培農家にもスマート方式を指導している。樹は植え替えなくてもできる。

醸造工程も、発酵テクニックや発酵設備がヨーロッパから入っていて、テクノロジー上の進歩は大きいようだ。ポイントはいかに酸化せずに醸造するかだ。最近の進歩は、アルゴンガスの利用だ。アルゴンガスは酸化を防止するのに効果的であるが、日本では使用が認められなかった。それが今年（2019年）9月から、EUとの貿易交渉をうけて、日本でも使用できるようになった。また、世界では当たり前に使われていたオークチップも（樽を使わなくても、樽を使ったような効果が出る）、今年4月からの使用が認められた。

添加物の規制緩和だ。世界中で一般に使われているものは、相互に認めようという動きだ。業界にとっては競争上の不利を避けることができる規制撤廃はいいことだが、消費者にとってプラスかどうか、問題が残ると言えよう。

なお、林農園のブドウ品種は、欧州系の専用品種が6割を占める。コンコード（赤）、ナイアガラ（白）も、歴史的品種として残していく方針のようだ。昔の小作関係の残存も影響しているのであろうか。この伝統品種は価格1000〜1500円以下のワインを醸す原料になっている。なお、桔梗ヶ原地区ではこの両品種が70％を占めている（塩尻市のワイン用ブドウは2832ｔ、うちコンコード1290ｔ、ナイアガラ662ｔである。2018年）。

千曲川ワインバレーとの競争

長野県は「信州ワインバレー構想」（２０１３年策定）として、千曲川ワインバレー（小諸市、東御市、上田市、長野市など）、日本アルプスワインバレー（安曇野市、松本市）、桔梗ヶ原ワインバレー（塩尻市）、天竜川ワインバレー（伊那市など）の4地域で、地場産業としてワインを育てようとしている。しかし、千曲川と桔梗ヶ原が主力だ。

千曲川バレーと桔梗ヶ原を比較すると、赤ワインは桔梗ヶ原、白ワインは千曲川である（標高は低く５００～６００m、ヴィラデストは８００m）。桔梗が原は昔からの産地であるため、コンコードやナイアガラ等のアメリカ系の品種が主流である。また、栽培方式は棚栽培が主流である。これに対し、千曲川は欧州系の醸造専用品種が多く、垣根仕立てが主流だ。桑畑など遊休地が多く、将来大きくなる可能性がある。比較で言えば、桔梗ヶ原は少し旧式を感じる。水はけも桔梗ヶ原より千曲川の方が良い。

ワインツーリズムも、千曲川バレーが有利だ。桔梗ヶ原は東京から来る途中に山梨県勝沼があり、そこでブロックされる。これに対し、千曲川は北陸新幹線で東京から1時間半であり、ここより条件が良い（桔梗ヶ原へは新宿―塩尻2時間半）。ただし、まだワイナリーが少ないが、今後新規参入が増える方向にあるので、勝沼ほどではないにしても、ワイナリーが集中していく。千曲川ワインバレーは競争優位にあると言えそうだ。

五一わいんの菊池敬専務は、経営の課題として「これからの日本ワイン市場はどう成長していくか」を問題にした。日本のワイン市場の7割は輸入ワインであり、純国産ワインは5～6%に過ぎない。オリンピック（２０２０年）までは日本ワインも伸びるが、そのあとは伸び悩むのではないか。一方、ブティックワイナリー的新規参入が多いので、ワイナリー間の競争が激しくなる。

菊池専務「市場規模は膨らんでいるだろうか。酒類間の奪い合いがある。ワインはまだ恵まれているが、ライバルは増加している。スーパーの棚では、〝日本ワイン〟の顔して、輸入物や国産もの（輸入原料の国内製造ワイン）が並んでいる。価格競争は無理で、品質競争だ。和食に合うワインが造れるか、日本人の味覚に合うものを作れるかが日本ワインの勝負どころだ」。

桔梗ヶ原は、内にあっては千曲川バレー、外からは輸入ワインの増加、競争環境は厳しくなりそうだ。林農園は明治以来、次々と新技術を開発して地域に貢献し、自らも経営発展してきたが、次のイノベーションは何であろうか。

ワインは人（特に女性）を呼ぶ。塩尻市の行政は、ワイナリーの人を呼ぶ潜在力を生かし、ワインツーリズム競争に勝てるまちづくりが望まれる。

4　ワイン人材供給、地元の取組み――塩尻志学館高等学校ワイン科／塩尻ワイン大学

塩尻はワイン人材の供給にも、面白い取り組みがある。長野県塩尻志学館高等学校には、高等学校としては珍しくワイナリー免許を取得し（78年前）、ワインを醸造している。

20年前までは「コース制」（2年20名、3年20名、計40名）であったが、現在は総合学科の生徒が〝選択科目〟として週2回、ワイン関連の授業を選択している（2時間授業、1週4時間）。ワイン受講生は50人。科目は2年で「ワイン製造α」（4単位）、3年で「ワイン製造β」（4単位）、両学年で「ワイン学」（2単位）。このほか、ワイナリー研修、県工業試験場（食品部門）、山梨大学ワイン科学センター、ブドウ栽培農家に、1週間単位で研修に行く。塩尻市の補助を受け「海外ワイン研修」も毎年行われている。

また、学校の農場（30ａ）で、ブドウを栽培し、ワインを醸造している（試験醸造免許、1943年取得）。ブドウの10ａ当たり単収は1・5ｔで、ブドウ収穫量は4～5ｔ（目標6ｔ）、ワイン4000本を造っている。文化祭の時、原価1000円（720㎖）で販売し、収入は県に納入している。

同高校は1学年240人であるが、卒業後の進路は進学210人、就職30人（ワイン科が多い）で、ワイン科の卒業生の中には、毎年数名、地元大手ワイナリーに就職している。今年はシャトー・メルシャン、アルプス、井筒ワイン等に3人就職した。地域に根差した教育が行われていると言えよう。

もう一つ、もっと効果的にワイン人材を育成しているのは「塩尻ワイン大学」である。

2014年から、塩尻市はワイン産地の活性化のため、3年制の「ワイン大学」を開設している（事務局農政課内）。対象は醸造用ブドウの栽培、ワイナリーの設立を目指す人である。1期生25名は卒業し（この時は4年制）、現在第2期生2018〜20年（3ヵ年、21名）を開講中である。土・日曜連続の講義を月1回、年11回、3年間。講義内容は、1年目は栽培技術、2年目は醸造技術を学ぶが、講師は県果樹試験場長、ワイナリー技術者、HACCP、GAPなど成分分析の専門家が講義する。3年目はワイナリー起業に向けて経営手法を学ぶ。金融公庫や税務署を講師に迎えて講義する。受講生は、市内8名、市外7名、県外10名（第1期生）。

卒業生の中には、ワイナリーを開設するものがいる。1期生（25名）は5名がワイナリーを立ち上げ（2人は共同）、1人は会社に入って醸造責任者になっている。計6名がワイナリー関係に進んでいる。表14—2に示したように、塩尻市では新規参入が相次いでいるが、最近はその多くはワイン大学の卒業生である。彼らは遊休地をブドウ畑に変えている。

塩尻桔梗ヶ原は、テロワール（風土）だけではなく、人材供給面でもワイン産業発展の基盤を築いている。

＊本稿は「ワイン地誌」と題した（第1節小見出し）。地誌学は〝総合科学〟と言われる。塩尻桔梗ヶ原の発展は、気候変動、社会変動、技術進歩、制度変更が影響していることを明らかにした。本稿では、筆者なりに地誌学の方法論を意識した。

第15章

水田地帯に大規模なブドウ畑 消費者志向で生産性を追求

㈱アルプス（長野県塩尻市）

塩尻駅に立つアルプスの広告（JR塩尻駅）

2000円を切るワイン造りを目指している。「消費者ニーズに応えるワインを造る」ためだ。コストダウン、生産性重視の経営であり、最新テクノロジーの導入、水田地帯に広がる大規模ヴィンヤードも目を見張る。

低コスト・高品質の消費者志向のワイン造りだ。国産＝善、輸入＝悪という国粋主義的な風潮にも疑問を呈する。消費者主権論だ。「市場の5％しか占めない分野だけ議論するのはおかしい」。矢ヶ崎学社長の発想は「突き抜けている」。

1　大規模生産による地域貢献——値ごろ感のあるワイン生産で経営発展

塩尻に㈱アルプス（矢ヶ崎学社長）を訪ねて、日本のワイン産業について描いていた絵が一変した。頭の中を再構成する必要に迫られた。次々と新規参入する小規模ブティックワイナリーとは全く違う。アルプスの矢ヶ崎社長はビジネス志向が強く、発想は「突き抜けている」。

アルプスワインの生産規模は大きい。国産ブドウ１００％の日本ワイン１２０万本、輸入濃縮果汁を原料とした国内製造ワイン２２０万本、輸入ワイン10万本、合計３５０万本である。ワイン生産量としては長野県の半分を占める大きさである。このほかジュース類も生産している。売上高35億円。

日本ワインの生産規模は全国2位である（1位は北海道ワイン２５０万本）。輸入原料を使用している点、メルシャンやサントリーなど大手資本と同じ製品構造であるが、日本ワインの比重の大きさが違う。

サントリーやメルシャンは日本ワインの比重は1％程度であり（輸入原料の国内製造ワインが多く、日本ワインは両社とも60～70万本）、ステータスシンボルとして日本ワインを生産しているに過ぎないが、アルプスは3分の1が日本ワインであり、事業の根幹を成す。したがって、日本ワイン事業で企業の収益が成り立つように、「生産性向上」に取り組んでいる。小規模のブティックワイナリーや大手資本との違いだ。

大規模生産の優位性（規模の利益）を活かして、手頃な価格でワインを提供し、誰でもが楽しめるワインづくりを目指している。高級ワインを造れるという自己満足型ではなく、消費者の立場に立って考えている会社の経営方針が見える。

これだけ大規模に日本ワインを造ると、経営戦略上の最大の課題は原料ブドウの調達であろう。アルプスのブドウ使用量は約1200tであるが、自社畑（47ha）から350t、県内の契約栽培農家（390軒）から900t調達している（契約栽培は従来品種、自社畑は欧州系品種という分担）。

自社畑を見に行くと、水田地帯に広々としたヴィンヤードが広がっている。作業効率が高いだろうなと、誰でも思うようなブドウ畑だ。この自社畑の開発は2008年である。これを契機に、アルプスはワインメーカーとしての地歩を固めていった。

アルプスは1927年（昭和2年）、アルプス葡萄酒醸造所として創業した。業界では老舗である。矢ヶ崎学社長（1963年生）は5代目である（2013年社長就任）。同社はワインから始まっているが、2000年代初めまではジュース生産で潤っていた。時代の変化をとらえ、ジュースメーカーからワインメーカーへの転換が新しい発展の礎をつくったと言えよう。矢ヶ崎社長の発想は「突き抜けている」という印象を持ったのは、50歳で社長就任した若々しさもあるのかもしれない。

表 15–1　アルプスワインの製品構成（2019 年）

種　類	生産規模（万本）	価　格（円）
日本ワイン	120	1400 ～ 1900
国産カジュアルワイン	220	600 ～ 1100
輸入ワイン	10	900 ～ 1100
合　計	350	

（注）日本ワインの価格は主力品ミュゼ・ド・ヴァンの価格。国産カジュアルとは、輸入原料で造った国内製造ワインを言う。なお、ワインのほか、ジュースやブランデーも生産している。

従業員数95名。塩尻の地を守るため、消費者志向こそビジネスの根本という哲学のもと、経営発展を追求する企業家である。JR塩尻駅の上にアルプスワインの看板広告が目立つ。「公共」の建物を独占。「アイ・ラブ塩尻」か「塩尻は俺のもの」か。気になる存在です。

2　水田地帯に広がる大規模ヴィンヤード——農園の機械化で4割省力化

塩尻市桔梗ヶ原の西側の裾を奈良井川が流れ、川の左岸の水田地帯（今は畑作）

表 15–2　気象条件の比較（生育期間 4–10 月、昼夜気温は 9–10 月）

	松本今井	上田	勝沼	余市	東京
降水量（mm）	118.1	101.5	121.3	99.0	165.5
平均気温（℃）	17.8	18.4	19.9	14.6	20.7
日最高気温（℃）	22.2	22.9	24.5	18.9	24.2
日最低気温（℃）	11.9	12.6	14.4	8.4	17.0
昼夜の寒暖差（℃）	10.3	10.3	10.1	10.5	7.2
日照時間（時間）	179.0	182.1	173.7	169.9	148.2

（注）気象庁データ。1981–2010 年平均。塩尻桔梗ヶ原に一番近い気象観測所は松本今井。松本今井は 2003–2010 年平均。なお、日照時間は松本。

に広々としたブドウ畑が広がっている。この一帯がアルプスの自社畑である。本社工場（醸造場）から車で約10分の距離である。

山梨県勝沼とは光景が違う。2ha区画の大型圃場が並び、しかも平坦地であり、作業効率の高さを想わせる。アルプスはここに30haのブドウ畑を持っている。そのほか、西側の段丘に10ha、東山に7ha、合計47haの自社畑を持っている。

ブドウの生育に適したテロワール

この桔梗ヶ原—太田地区は、良質のブドウが獲れる。雨はブドウ栽培の大敵であるが、ここは降雨量が少ない。生育期間4～10月の平均降水量（月平均）は118mm（松本今井観測所）で、全国平均（東京166mm）に比べ大幅に少ない。山梨県勝沼121mmよりも少ない（表15—2参照）。

日照時間が長く、ブドウの糖度や酸度が高まり、美味しいブドウが穫れる。4～10月の日照時間（月平均）は179時間もあり、これも東京の148時間に比べ大幅に長い。勝沼174時間よりも長い。

収穫期の昼夜の温度差が大きい。朝晩冷え込む気温低下で糖度が高まり、ブドウの着色も良くなる。また十分な酸味も残る。夜間の気温が低下すると植物の呼吸量が少なく昼間蓄積した糖度の消耗が少なくなるからだ。収穫期9～10月の昼夜寒暖差（平均）は10・3℃に達し、東京の7・2℃より大きい（勝沼10・1℃）。このように、桔梗ヶ原の気象条件は、ワイン用ブドウにふさわしい生育が可能になる。内陸性気候の長野県の有利な点だ。

また、土壌の条件が良い。桔梗ヶ原一帯は火山灰の土壌であるが、小石混じりの礫層に火山灰が堆積しているため地下水位が低く、水はけが良好である。アルプスの自社畑は奈良井川の河川敷であり、水田時代の粘土質の心土を破砕すると、その下は大きな石がゴロゴロした土地で、水はけが良い土壌だ。このように、この地はブドウ栽培に適したテロワール（気象や土壌などの自然条件）である。

耕作放棄地を活用し大型圃場を整備

アルプスのワインは、従来、甘口ワインで、ブドウ品種はコンコードやナイヤガラで、契約栽培農家からブドウを購入していた。しかし、消費者の嗜好が変わり、欧州系ブドウ品種が必要になってきたことと、生産農家の減少でブドウ供給の限界が懸念されてきたので、２００８年、農業生産法人アルプスファームを設立し、自社畑を持つことにした。

ちょうどその頃、水田地帯で後継者難による離農が増え、耕作放棄地が発生していた。そこを購入し、分散作圃の状態だった圃場を統合し、２ha区画の大型圃場に整備した。元はキャベツやレタス畑と水田が半々の地区で、区画の大きさもバラバラの耕作放棄地を大規模なブドウ畑に転換したのである。圃場区画が大きいので、作業効率が高く、規模の利益も大きい。

この自社農園には、白はシャルドネ、ソーヴィニヨン・ブラン、ピノブラン、赤はメルロー、カベルネ・ソーヴィニヨン、カベルネフラン、ツバイゲルトレーベ、シラーなど、欧州系品種が植えられている。日本品種のブラッククイーンもある。

自社畑の開発が、同社の経営発展を画したのではないか。ジュース屋から大規模ワイナリーへの転換だ。以前のワインはコンコードやナイヤガラなど日本品種が主体であり、契約栽培農家から調達していたが、自社農園の創設で欧州系品種が加わり、ワインメーカーとしての地歩が固まった。塩尻地区は古くからの米国系日本品種の比重が大きく、全国平均から見ても欧州系品種が遅れているが、ここで世界で好かれ伸びている欧州系にキャッチアップした。

農園の機械化

ブドウ畑はレインプロテクション（雨除けビニル）が設置され、ブドウ品質の向上に役立っている。防鳥ネットもある。また、農園管理は摘芯、誘引、防除、除草、それから除葉作業等を短期間のうちに実施しなくてはならないが、農園は機械化が進んでいる。

その中でも除葉は高品質なブドウを収穫するためには必須の作業であるが、Leaf Stripper（除葉機）を導入している。大型トラクターの先端にリーフカッターを取りつけ、ブドウの垣根に沿って走行することにより房回りの葉を除去できる優れものだ。従来は垣根バサミを使い手作業で行っていたため多大な労力と時間がかかっていたが、大幅に省力化できた。除草は全体の作業の2割位かかるが、これもセンサーを活用し、作業時間を短縮化した。

機械化で、単位面積当たり作業時間は3〜4割減ったという。

ナイトハーベストで香りの高いブドウを収穫

白ワイン用のシャルドネとソーヴィニヨン・ブランの2品種は一部（約2t）、ナイトハーベスト（夜明け前収穫）である。陽が昇る前に収穫する（3〜6時半）。香りが違う。香りは光合成が起きる前に消えるので、夜明け前に収穫し香りの高いブドウを穫っている。

ナイトハーベストしたブドウを使用したワインは香りが高く、果実味と酸味のバランスが良いので、高価で売れている。例えば、シャルドネ種を使ったワインの価格は、松本平シャルドネが１６５０円であるのに対し、自社農園産の塩尻シャルドネは２７００円、自社農園でナイトハーベストした桔梗ヶ原シャルドネはワンランク上のワインに使われ、４０００円である（ＭｄＶエトワール）。

また、日本ワインコンクール２０１９では、ナイトハーベストしたソーヴィニヨン・ブラン種を使用したワインが「金賞・部門最高賞」を受賞した。

3　低コストを支える仕組み――ブドウ品種選択から工程管理まで

メルローは高級赤ワインの原料となるが、塩尻桔梗ヶ原はメルローの特産地である。日本で初めてメルローの栽培研究を推進し根付かせてきたのは桔梗ヶ原であり（第14章参照）、栽培面積も欧州系品種の中で一番多い。塩尻はメルローに強い比較優位があると言ってよい。

アルプスファームも、メルロー栽培に積極的に取り組んでいる。しかし、矢ヶ崎社長は「ブラッククイーン」に格別の思い入れがあるようだ。ブラッククイーンは生産性が高いからだ。

生産性の高い品種で低コストワイン

メルローの単収は10ａ当たり８００kgから１ｔ程度（欧州系は同じ）、棚栽培のブラッククイーンは２倍以上の２〜２・５ｔである。

ブラッククイーン（日本品種）はもともとは生食用で、農家にとっては売れ先がない品種であったが、松本平に残っていたのを見つけて、アルプスのワイン用に使うことにした。タンニンはそれほどなく、渋くないが甘くもなく、コンコードとメルローの中間、ヨーロッパ系に近いけど日本独自の味がする品種である。

日本で生まれた品種であり、塩尻の気候に合っている。メルローは塩尻が全国一の産地であるが、欧州系でハンディがある。1ha当たり単収はメルローは8〜10tである。これに対し、ブラックストーンは20〜25tである。価格はメルローの3分の2程度であるが、単収が高いので、1ha当たりの収入はメルローの2倍近くになる。

また、日本品種で日本の風土に合っており、病気が少なく、農薬使用量も半分で済み、また年によるバラツキも少ない。収量の高さに加え、栽培管理コストが安いので、ワイン価格を安くできる。実際、ブラッククイーンで造るアルプスワインの価格は1500円である。これに対し、単収の少ないメルローは2000円だ(業界は3000円)(注)。

(注) 試算すると、メルローは1ha(ブドウ8t)でワイン8000本、販売収入1600万円、ブラッククイーンは1ha(単収25t)で2万5000本、販売収入3750万円である。メルローで3700万円稼ぐには単価を4600円以上に設定しないとならないが、そんな高額では8000本売れない。つまり、ブラッククイーンに比べ、メルローはビジネス上不利である。

矢ヶ崎社長「ワインは店頭での消費者価格が2000円切ると売れ行きが良い。圧倒的に売れている。ブラッククイーンは1500円なので、ワンブランド10万本以上売れる」。このように、ビジネスの観点からすれば、生産性の高いブラッククイーンは有利である。社長のブラッククイーンに対する思い入れの理由が分かる。

矢ヶ崎社長は消費者第一主義である。「商売というのは、本来、お客様を頭に置くべき」「うちの価格は値ごろ感がある。シャルドネは1700円だ。業界は3000円だ」。そして「値ごろ感のあるワインを出すため、企業努力が必要」「コストが高いというハンディを乗り越えるには栽培、営業、ボトリング、全ての工程で、アタマを使ってコストダウンが必要」と言う。

日本では、高いワインを造るのが良いワイナリーという雰囲気がある。ワイナリーとしてのステータスが高いという評価である。矢ヶ崎社長はそういう風潮に対して、批判的である。「ブルゴーニュかぶれ。日本のワイナリーの欠点だ」と明言する。消費者ニーズに応えようとする経営姿勢を鮮明に表す一言だ。筆者も同感である。規模の利益を活かして誰でもが楽しめる価格のワインを出すことは企業の社会的貢献であるからだ。大規模経営のワイナリーは哲学が共通している（第8章北海道ワイン論参照。なお第11章第4節）。

最新テクノロジーでコストダウン

工場でも、「値ごろ感のある」ワイン造りが感じられる。昨年5月、ボトリングラインを一新し、ボトリング能力1時間当たり7500本の設備を導入した。1分で120本を超えるスピードだ。かなりの高生産性だ。従来の設備では6000本だったので、25%能力アップだ。これがコストダウンへの回答だ。スパークリングワインのボトリングも1時間3500本の高速である。

工場は、食品安全管理システムFSSC22000の認証を取得し（2012年）、検査や品質管理もしっかりしている。入口に検査室がある。スタッフ12名で、受け入れたワイン原料の分析をしている。スイス製の成分分析機器「ワインスキャン」は1分間で26項目の検査結果を出す。従来は個別に行っていたものである。これによって、高精度で客観的な情報に基づいて判断できるので、安心・安全を含めて高い品質管理を目指せる。

従業員提案制度では、年間400件の改善提案がある（各課で月7件以上）。この改善活動がワインの品質・安全とコストダウンに貢献しているようだ。

4　消費者のニーズに応えて品揃え――輸入ワインと輸入果汁ワイン

表15―1に示したように、アルプスワインの商品レンジは広い。国産ブドウ100%の日本ワインだけではなく、輸入濃縮果汁を原料にした国産カジュアルワイン、さらに海外ワイナリーと提携した輸入ワインも揃えている。350万本のうち、220万本は輸入原料ワインである。これも、消費者のニーズに応えようとする姿勢である。

日本のワイン市場の実態は、輸入ワイン67%、国内製造ワイン33%（内訳：輸入濃縮果汁ワイン27%、日本ワイン6%）である。圧倒的に輸入ワインが多い。国内で製造しているワインも、輸入濃縮果汁に依存するワインが8割、純国産の日本ワインは2割に過ぎない（2018年）。つまり、輸入原料由来のワインが多い。

この実態がある以上、矢ヶ崎社長「日本ワインは伸びているが原料不足。またコストも高すぎる。国内流通の95%分も考えるべきだ。5%（つまり日本ワイン）だけ話題にするのはおかしい」という言い分がよく分かる。

国内で十分供給できないのに、「輸入」無視は消費者利益に反する。日本ワインの原料供給の制約から、輸入ワインや輸入濃縮果汁ワインが大量に流通しているのである。輸入を問題にしないワイン市場論は、消費者に顔を向けていない議論ということであろう。

国産ブドウ100%の日本ワインだけでは、消費者のニーズに応えることはできないのである。日本国内におけるブドウ供給の制約、コスト高が背景だ。仮に、輸入が規制され、純国産日本ワインだけしか流通できないとなれば、日本ワインの価格は高騰し、中・低所得の消費者はワインを飲むことができなくなるであろう。アルプスワインが輸入原料ワインを手掛けるのは消費者志向の一端である。

現地で栽培まで立ち会う契約栽培

輸入濃縮果汁は、米国ワシントン州の、降水量が少なく〝有機農法〟によるブドウ栽培が可能な地のブドウ栽培者と契約を結び、輸入している。現地で、指導のため栽培まで立ち会っている（チリからの輸入も一部ある）。これを原料にして造った国産カジュアルワインは「あずさワイン」シリーズで1本600〜1100円で売っている。

面白いことに、アルプスの日本ワインは「Musee de Vin」とラベルは外国語であるのに対し、輸入原料の「あずさワイン」のラベルは日本語である。これは、製品説明を詳細にするにあたり、輸入原料であるが故に、消費者が分かり易い日本語にしたとのことである。英語の説明では製品の安全・安心が伝わらない。もちろん、「日本ワイン」の表示はない。

一方、アルプスが手掛ける輸入ボトルワインは、スペインとオーストラリアから輸入している。オーストラリアからは〝オーガニック〟、スペインからは〝ビオ〟ワインである。日本は雨が多く、湿度も高いため、オーガニックの原料が作れないので、輸入依存だ。輸入ボトルワインはブドウ栽培だけでなく、醸造まで立ち会う。酵母、醸造温度まで注文する。日本語混じりのラベルであるが、現地でビン詰め、ラベルも貼って、輸入する。

輸入ワインは「ヴァンドゥツーリズム」シリーズで、1本900〜1100円で販売している。すべて有機ワインである。3年前から輸入ワインを手掛け、現在、本数で10万本、1億円ビジネスに育った。

カリフォルニア・コンセンサス——「日本ワインの水準は30点」と辛口評価

国産＝善、輸入＝悪、という国粋主義的な国産主義の風潮がある。しかし、輸入ワインのシェアが約7割（輸入濃縮果汁ワインを含めると約95％）という実態に示されるように、消費者に支持されており、輸入ワインは品質が悪いと言うことではない。実際、ワインはブドウで決まると言われるが、海外のワイン先進地では日本よりいいブドウができている。

「日本ワインの点数は何点ですか」聞いてみた。カリフォルニア大学デービス校出身の米人専門家は「50点未満」と答えた。日本における ワイン学の最高学府の大学教授も「50点」と答えた。デービス校と学術連携のある大学人である。日本のワイン用ブドウ栽培は適地適品種になっていないと言う。「50」で共通している。どうやら、カリフォルニア大学関係者の間では「50点」がコンセンサスになっているのではないか。

矢ヶ崎社長にも同じ質問をした。「30点」と辛口の評価である。ブドウの品質が高くないらしい。醸造は70点という。メルシャンはじめ大手の技術は高いと言う。日本のワインの水準がこのようなものである以上、輸入ワインが増えるのはやむを得ない。日本ワインはブドウ品質向上への一段の取り組みが期待される。

アルプスの製品構成は、輸入原料ワインが多いが、今後、商品構成は変化しそうだ。傾向としては、輸入原料ワインが減少、日本ワインが増加の方向にある。矢ヶ崎社長「輸入原料使用ワインは競争激化のため、苦戦している。その分を、自社農園拡大により原料を確保し日本ワインを拡販、プラス、スパークリング系ワインと輸入ボトルワイン部門を強化していく」。輸入ワインに関しては、製品差別化のため、「ストーリーづくり」も課題のようだ。

国産ブドウの供給を増やすべく、自社畑を拡張する計画である。現在、自社畑の圃場は47 haであるが、100 haまで拡張する計画である。農家の後継者不足に伴い、耕作放棄地の増大があるので、圃場候補地は幾らでもあるようだ。1 ha以上まとまっている土地を探している。

5　クラフト原理主義への疑問――小さいことはいいことか?

日本ワインの成長率は必ずしも高くない。日本ワイナリー協会の推計によると、日本ワイン生産指数（2007年＝

100）は2011年120から2016年148へ伸びた。5年間で23・3％増、年率4・3％の成長である。「日本ワインブーム」と言われる割には案外小さな成長率である。(注) ただし、小規模ワイナリーの新規参入が多いので、上位14社以外で伸びており、上記の数字は若干過小評価と思われる。

（注） 日本ワイナリー協会会員の日本ワインを製造している上位14者（全生産量の7割）を対象に算出。ワイン産業は情報開示が不足しており、これ以外の情報はない。国税庁調査はアンケート回答率が毎年異なり、時系列分析には問題がある。第1章**図1―1**参照。

アルプスの日本ワインは2010年1600kℓ、2019年2300kℓである。9年間で44％増加、年率4・1％の成長である（2018年は2400kℓ、平均成長率5・2％）。業界全体の成長と大差ない。これまで、筆者は同社の消費者志向、生産性向上努力を強調してきたが、その成果は必ずしも業績に表れていない。何故か。

美味しさと価格の乖離を突破する

日本ワイン業界には、高いワインをつくるのが良いワイナリーと評価される風潮がある。そして、「製品差別化」がすごい。美味しさと価格の乖離が激しい（筆者はこうした風潮を日本ワイン産業の病理現象と捉える）。アルプスの「手頃な価格でワインを提供する」という企業努力は、こういう風潮の下ではなかなか効果を発揮できないのではないのか。

「自然派、小規模」を〝製品差別化〟に使うワイナリーが多いが、一定の規模があるからこそ、厳格な品質管理ができる。アルプスワインの製品差別化はこの点をもっと強調したほうがいいのではないか。そして、大規模であるからコストダウンが可能。小規模ワイナリーはコストが高いから、高い価格のワインしか作れないのであって、価格と美味しさの乖離が大きい。小規模＝美味しいとは限らない。

アルプスの一番の財産は、水田転換畑にブドウを栽培する技術だ（そういう発想が財産）。日本ワインの成長制約は原料不足であるが、アルプスは遊休地化した水田転換畑をブドウ園に活用できるので、この制約は比較的小さい。更なる規模拡大もできる。一番の活路はここにあるのかもしれない。

矢ヶ崎社長は「日本のワインの世界には、行き過ぎたクラフト原理主義みたいなものがある」と語る。この風潮をどう突破するか。不合理ではあるが、手ごわい相手であり、乗り越えるのは容易ではない。しかし、「大規模」であることの有利性を活かし消費者を味方にすることで、活路は開けるであろう。

第16章

ブドウ名人が移住者（人材）を呼ぶ　ブドウ先行ワイン追随型の産地

㈱信州たかやまワイナリー（長野県高山村）

角藤農園 8.5ha の大圃場（高山村日滝原）

高山村にはブドウ栽培の移住者が増えている。ブドウの品質と供給力が高く、大手ワインメーカーが高山村詣でをしている。

ブドウの移出地域であるが、村全体がインキュベーション（孵化装置）になっていて、村の中にもワイナリー開設が増えてきた。ブドウ先行、ワイン追随型の産地である。久し振りに面白いものを見たような気持ちであった。

1　大手ワインメーカーが高山村詣で――成長の予感がする

サントリーも、メルシャンも、ココ・ファームも、といった大手ワインメーカーが挙って高山村のブドウを求め、そのブドウで造ったワインが次々と賞をもらっている。ブドウ生産者は県外から移住者が集まってくる。村の内にも、ワイナリー新設が増えた。高山村には、ブドウ農家を次々と誕生させ、ワイナリーも次々生まれる、それを可能にする何かがある。

高山村のブドウを原料に使ったワインが、次々と内外のワインコンクールで金賞を獲得している。日本のワインコンクールでは、シャルドネ種で造ったワインがコンクール第1回目の2003年に銀賞を受賞したのを皮切りに、04年金賞、05年金賞と立て続けに受賞した。近年も連続受賞している。

国際コンクールでは、2001年リュブリアーナ国際ワインコンクール金賞（開催地スロベニア）を皮切りに、ブルゴーニュ、ボルドー、ロンドン、パリで開催された国際コンクールで数々の金銀賞を受賞した。

こうしたことから、高山村のブドウ（シャルドネ）の品質の良さは、日本ワイン業界では知らない者はいないほどだ。じつはこの金銀賞シャルドネの生産者は25年前、村外（中野市）から移住してきた佐藤宗一・明夫親子である。ブドウ作り名人として佐藤宗一氏は名声を博し、今やカリスマ的存在のようだ。

当初、筆者は本稿のタイトルを「日本一のテロワールが移住者を呼ぶ」としようと考えた。しかし、ワイン産地のテロワール比較の作業を進めていくと、高山村のテロワールが特段優れているとは言えないことに気づいた（標高の高い福井原地区は北海道余市に似ているが、他の地区は優良な他産地並みである）。そこで、テロワールではなく、ブドウ名人の存在が移住者を呼んでいるという仮説に変えた。

高山村は高品質のブドウの供給力が大きく、ワイン用ブドウの県外移出地になっている。村内にワイナリーの新設が増えてきたので、今後はブドウ・ワイン産業複合体として発展し、近い将来、日本を代表するワイン産地に発展するのではないか。成長の予感がする。

2　県境を越えた高品質ブドウの供給基地――佐藤宗一氏には「発展の思想」がある

ワイン業界では高山村は良質なブドウの産地として有名である。しかし、一般には「高山」というと、飛騨高山（岐阜県高山市）と間違えられる。また、東の方向、山を越えた群馬県側にも吾妻郡高山村がある。筆者がここで取り上げているのは、長野県北部、信州の高山である。長野市の東北に位置する長野県上高井郡高山村である。志賀高原の西南にある。じつは筆者も、ワイン産業研究の前、つまり、1年前までは知らなかった。

高山村（人口6600人）は、千曲川右岸に位置し、須坂市、小布施町と隣接している。中野市を含めてこの一帯は果樹産地である。農業産出額に占める果実の割合は、須坂市87％、小布施町84％、高山村82％（長野県27％、全国9％）と、果実に特化した農業である。リンゴが多い。

佐藤宗一氏（1946年生）は25年前、中野市から移住してきた。その前はシャトー・メルシャンと契約し、中野市でワイン用ブドウを栽培していた（40年前から）。しかし、中野市では良いブドウが出来ないので、水はけの良さを求めて移住してきた。農業委員会を通して、日滝原（ひたきはら）地区で須坂地籍1・5ha、高山地籍1・5haを借地した（高山村におけるワイン用ブドウ栽培は佐藤宗一氏が初めて。1996年）。現在は15年前に開設した日滝原工業団地東にある角藤農園（8・5ha）でブドウ栽培を行っている。移住当初からの土地は息子・佐藤明夫氏が経営を継承している。

1人当たり2ha目標——規模拡大による経済効率めざす

15年前、当時の久保田勝士村長は金賞ワインの原料供給者である佐藤氏のブドウ栽培の実績を評価し、「このままでは高山村はつぶれる。高山村をワインの地にしてくれ。頼む」と言われた。当時、この土地は遊休荒廃地であったが、久保田村長が土地所有者である建設業の株式会社角藤に「佐藤さんにブドウやらせてくれ」と提案し（2004年）、角藤が自己資金で再整備し、ブドウ畑に変えた（2006年開設、株式会社の農業参入県内第1号）。高山村におけるワイン用ブドウ栽培の先駆的存在である。佐藤宗一氏は角藤農園㈱高山農場長として、すべてを任されている。

角藤農園は高山村の西側、須坂市に近く、標高は比較的低く450m。ひと続きの1枚の圃場で、8・5haの広々とした圃場が目を引く。松川渓谷の扇状地にあり、土壌は砂礫で水はけがよい。シャルドネ、ソーヴィニヨン・ブラン、カベルネ・ソーヴィニヨン、メルロー、シラーの5品種を栽培している。欧州系品種であり、当然、垣根栽培である（当初はピノ・ノワールも栽培したが、標高が低く暑いので品質の良いのが穫れず止めた）。

8・5haで収穫量は80~100t。10a当たり単収は1トン前後である。出荷先が注目される。

小布施ワイナリー（小布施町）50%

ココ・ファーム・ワイナリー（栃木県）30%

岩の原葡萄園（新潟県）

サドヤ（山梨県甲府）（高山村には出荷していない）

著名なワインメーカーばかりである。しかも村外。引く手あまたなのは品質の高さと供給力が大きいからであろう。村内のワイナリーには出荷していない。価格は1kg350~400円。樹齢が安定したものは400円と高い。10a当たり粗収入は35~40万円である。

従業員は5人。1人当たり栽培面積は1・8ha。小規模経営の多い日本では効率が高いと言えよう。畝幅を広くするなど機械化が進んでいるが、まだ機械化の余地は大きい（ヨーロッパは1人当たり5ha。オーストラリア、NZも然り）。日本は機械化が進んでいない。例えば、日本では例外的に規模の大きい角藤農園も、消毒用機械はリンゴ栽培用の機械を使っている（ワイン専用機なし）。

佐藤氏は日本のブドウ・ワイン産業は品質の向上だけではなく、生産性向上が課題だという。佐藤氏「課題は規模拡大だ。少なくとも3haくらいの規模になってほしい。1人当たり2haを目標にせよ」と言う。3haなら、年収1000万円である。日本のワイン用ブドウ栽培の現状は1ha未満、小零細そのものである。

表 16–1　高山村ワイン産業年表

年	事　　項
1996	ワイン用ブドウ栽培始まる（佐藤宗一氏）
2004	北信シャルドネ 2002　日本ワインコンクール金賞
2006	高山村ワインぶどう研究会発足
2006	角藤農園開設（日滝原地区 8.5ha）
2010	信州高山ワインぶどう出荷組合結成
2010	日本で最も美しい村連合加盟
2011	ワイン特区認定（県内2番目）
2013	高山村ワイナリー構想検討会議の設立
2015	高山村産業振興課ワイン振興担当専門職員採用
2015	ワイナリー「カンティーナ・リエゾー」開設
2015	ICT 活用農業気象観測実験開始
2016	ワイナリー「信州たかやまワイナリー」開設
2017	ワイナリー「ドメーヌ長谷」開設
2018	ワイナリー「マザーバインズ長野醸造所」開設
2019	ワイナリー「ヴィニクローブ」開設

（出所）現地調査により筆者作成

佐藤宗一氏には「発展の思想」があるように感じた。日本のワイン関係者の多くはソムリエがそうであるように、詩人の言葉を使って製品差別化を図ることに熱心で、また小規模であることが美味しいワインを造る秘訣であるかのように小規模ワイナリーを美化し、規模拡大を良しとしない風潮がある。ブティックワイナリー論は美意識過剰の自己満足であろう（もちろん、個人の幸せ追及はいいが、規模拡大を悪しとする社会風潮は反公共的であり好ましくない）。生産規模5万本にでも達していればいいけど、5千本でも然りである。これでは経済性が低く、産業としての発展はおぼつかない。佐藤氏には1人2haという生産性概念があり、産業の発展を支える思想がある。「発展の思想」を内包していると言える。

表 16–2　気象条件の比較（生育期間 4–10 月、昼夜気温は 9–10 月）

	高山村		勝沼	塩尻	上田	余市
	福井原	日滝原				
降水量（mm）	136.8	134.6	121.3	118.1	101.5	99.0
湿度（%）	86.0	77.1	68.6	69.1	…	72.4
平均気温（℃）	15.9	18.9	19.9	17.8	18.4	14.6
日最高気温（℃）	18.8	22.4	24.5	22.2	22.9	19.5
日最低気温（℃）	11.0	12.8	14.4	11.9	12.6	9.6
昼夜の寒暖差（℃）	7.8	9.6	10.1	10.3	10.3	9.9
日照時間（時間）	180.8	188.9	173.7	179.0	182.1	169.9

（注 1）高山村は ICT を活用した気象観測機器の実験データ（2016–19 年の 4 カ年平均）。
（注 2）高山村の降水量の多さは 2019 年 10 月の台風 19 号による歴史的な豪雨の影響が大きい。ちなみに 2016–18 年 3 カ年平均は福井原 125.8mm、日滝原 117.7mm である。
（注 3）気象庁データ。1981–2010 年平均。塩尻は松本今井観測所 2003–10 年平均（湿度及び日照時間は松本）。勝沼の湿度は甲府。

研修生受け入れ

佐藤氏は後進の育成にも積極的で、角藤農園は研修生を受け入れている。カリスマ栽培家と呼ばれる佐藤氏に就いてブドウ栽培を学びたい若い人たちが、全国から集まってくる。短期研修を含めると20名の実績がある。村内でブドウ生産者として就農した人も3人いる。

筆者が取材に訪問した時も、2人いた。1人は「ニュージーランドかぶれ」で福岡県出身（藤瀬氏）、日本と季節が逆のNZに3週間程度の短期研修に行くなど、どん欲に学んでいる。醸造は信州たかやまワイナリーで研修した。野生酵母に関心を持つなど、自然派ワインを造りたいようだ。北信地区でワイナリーを経営するのが目標だ。もう1人は仙台出身（宋氏）で、オーストラリアで1年研修し、今、長野に来て、ライフスタイルとしての農業をめざしている。

佐藤氏は、村のブドウ栽培発展にも貢献している。２００６年、当時の久保田村長はワイン振興に熱心で、すでに高山村ブドウ生産のリーダーになっていた佐藤さんも関わって、「高山村ワインぶどう研究会」を作った（発足時会長善哉久治氏、副会長佐藤宗一氏）。現在、研究会会員は１３０人（発足時30人）、北信地域が多いが、日本全国から来ている。平均年齢48歳。

研究会のメンバーは、村内のブドウ生産者のほか、ワインメーカーや

表 16–3　福井原と日滝原の農場環境比較

農　場	面　積 (ha)	標　高 (m)	土　壌	気象条件（℃）		
				平均気温	日最高	日最低
日滝原地区						
角藤農園 2006 年	8.5	450–470	砂　礫	19	22	13
佐藤農園 1995 年	4.5	450–470	砂　礫	19	22	13
福井原 2012 年	2.5	800	火山灰	16	19	11

（注 1）佐藤宗一氏の農場は日滝原工業団地東の角藤農園、佐藤明夫氏の佐藤農園は福井原のほか、日滝原に須坂地籍 1.8ha、高山地籍 2.7ha、計 7ha である。
（注 2）気象データは ICT を活用した気象観測機器の実験データ（2016–19 年の 4 カ年平均）。

流通業者、ワイン愛好家、行政関係者等が参加している。専門家を招き栽培方法の講習会をしたり、市場情報を得たり、情報共有のため相互に圃場を訪問している。技術移転の場だ。約３ヵ月に１回、研究会を開いている。

標高８００m福井原を持つ佐藤農園

佐藤宗一氏の息子・佐藤明夫氏（１９７３年生）も、ワイン業界で彼の名前を知らない人はいないくらいのブドウ栽培家である。高卒後すぐに父のブドウ作りに参加し、もう30年間もブドウを作り続けている。父から日滝原（ひたきはら）地区の３・５haのブドウ農場を継承して、２００６年独立した。シャトー・メルシャンの契約農家として、父と共に供給したシャルドネが内外のワインコンクールで数々の金銀賞を獲得したことから注目された。

現在、日滝原地区（須坂地籍１・８ha、高山地籍２・７ha）と標高の高い福井原（２・５ha）の２ヵ所でブドウを栽培している。植栽は６haで、収穫量は55t、10a当たり単収は８００kg～１tである。パートのおばさんと２人で管理しているので、１人当たり３haであり、生産性が高い。

福井原は標高８００m、日滝原は４５０mと標高差が大きい。それぞれの標高に合った品種を栽培している。また、作業適期も違うので、労働力を分散でき、規模拡大にも好都合だ。標高の高い福井原はすべて早生品種を植えてある。１人で３ha担えるのもそれが要因であろう。

標高の高い福井原の方が冷涼で、ブドウにとって適温のようだ。夜間冷えるのがいいようだ（佐藤氏は夜冷える点を強調する）。昼夜の寒暖差が大きくとも、日中35℃にもなると光合成活動は止まるので、そういう寒暖差は意味がない。福井原は夜間冷える。北海道の余市の気象条件に似ている。佐藤氏によると、同じ品種でも標高によって味わいが変わる。

ブドウの出荷先は、やはり村外が多い。メルシャンとは当初から共同開発的な関係にあり、父の代から40年来の付き合いである。収穫量55トンの出荷内訳は、

シャトー・メルシャン（山梨県勝沼）40ｔ

小布施ワイナリー（小布施町）７ｔ

ココ・ファーム・ワイナリー（栃木県）５ｔ

信州たかやまワイナリー（村内）３ｔ

ブドウ栽培農家の佐藤氏は、ワインは造らないが、生ハムを作っている（農閑期の仕事）。福井原に生ハム工房「豚家ＴＯＮＹＡ」というブランドで原木生ハムを生産する工場を持っている。生産規模は年間３５０本。近い将来、年産１０００本の小規模なワイナリーも計画している。生産量は少ないが、味は絶対ですよというワインを作りたいようだ。ブドウ＋ワイン＋生ハムの３本柱で、観光客の訪問も増えるのではないか。

テロワールか人（技術）か

佐藤氏と話していると、「プロ」を感じる。高山村はＩＣＴを活用した気象観測機器を村内７ヵ所に設置し気象データを取得しており、佐藤氏の畑にもセンサーが立っているが、佐藤氏は「感で栽培管理している」「後で、ＩＣＴデータを検証のため見ることはある」と言う。ＩＣＴの解析はプロの技をデータ化するだけであるから、当然のことだ。

熟練のプロはＩＣＴデータを見なくても最適解に達し得る。実際、それでいて、佐藤氏は数々のワインコンクールで金銀賞を得たブドウを作っている。

福井原は北海道余市に似た気象条件にある。しかし、標高の低い日滝原の気象条件は必ずしも最適とはいいがたい（もちろん、全国平均から見ればブドウ作りに適しているが、優良産地の中で比較すると格別優れているわけではない）。夜間の冷えは小さく、また降水量も余市や同じ長野県内東御市より多い（東御市の最寄りの気象観測所は上田）。それにもかかわらず、全国に名声が轟く良質のブドウを作っている。この事実は、テロワール（自然環境）もさることながら、人（技術）が重要ということを示唆している。プロは、初期条件の悪さを技術によって乗り越えるからだ。

この1年余、ワイナリー業界を調査して感じてきたことは、ブドウ・ワイン分野の生産者は、野菜やコメなど他作物の水準に達していないのではないかということだった（もちろん一般論）。テロワール強調が強すぎるのも、そのためであろう。技術が高ければ初期条件の変化に臨機応変に対応し、テロワールの悪化を乗り越えることができる。佐藤親子はそれを実証しているのではないか。

3　日本一のワイン産地を目指す――信州たかやまワイナリーの挑戦

高山村は〝ブドウ産地からワイン産地へ〟と、産業構造の高度化が始まっている。１９９６年に初めてシャルドネが植えられ、ブドウ栽培が始まったが、近年、ワイナリーの立地が続出している。２０１５年「カンティーナ・リエゾー」、２０１６年「信州たかやまワイナリー」、２０１７年「ドメーヌ長谷」、２０１８年「マザーバインズ長野醸造所」、２０１９年「ヴィニクローブワイナリー」と、毎年新規参入があり、現在までに5社が開設した。今後も新規参入が見込まれている。ちなみに、5社とも、醸造家はすべて村外からの移住者である。

ブドウ先行、ワイナリー追随型である。今日まで、高山村は県境を越えた大手ワインメーカーへブドウを供給し、高い評価を受けてきた。そんな高山村の中で、いつか自分たちが栽培したブドウで自分たちのワインを造りたいという想いを持った栽培農家たちが主体となり、ワイナリーが設立された。それが「信州たかやまワイナリー」である（生産者13名の合同出資）。

標高差450mを活かしたワイン造り

㈱信州たかやまワイナリーの取締役醸造責任者・鷹野永一氏は、高山村のワイン産業発展を確信し、「日本一のワイン産地を目指している」と語る。

鷹野氏（1966年、山梨県甲府市生まれ）は山梨大学工学部発酵生産学科を卒業後、メルシャンで醸造や商品開発に携わっていたが、2015年に高山村役場産業振興課のワイン振興担当に就任、翌16年ワイナリー設立と共に取締役に就任し、醸造責任者になった。

鷹野氏も移住者であるが、じつは高山村のブドウに早い段階から関わってきた。高山村のブドウ栽培は1996年、佐藤宗一氏から始まるが、佐藤氏のシャルドネは40年前、メルシャンとの共同開発がスタートであり、その際のメルシャン側の担当は鷹野氏であった。また、そのシャルドネを醸して金賞ワイン「北信シャルドネ」を造った醸造担当者でもあった。ブドウ作りは人の要素が大きいから、その意味では、高山村のブドウを誰よりも知る醸造家である。生産者との信頼関係も厚いようだ。

鷹野氏の醸造哲学は、ワイン産地の形成に関わりたいという思いと結びついている。高山村は標高差が大きく、村の中に様々な異なるテロワールが存在し、多様なブドウが収穫できるので、ワインに複雑さとバランスの良さをもたらす。また、地域の栽培農家はブドウ作りをしたいためこの地に来た移住者が多く、情熱に溢れ個性豊かである。ワインの造り手に取って、こんなにポテンシャルのある地域は他にないと言う。

鷹野氏は北信地域とのかかわりも長いので、ここ高山村のポテンシャルが分かっている。これを活かしたワイン造りが目標だ。「地域のポテンシャルがスパイラル的に高まっていくような取り組みをしたい」と言う。まず、情熱に溢れ個性豊かな地域の人々が同じ気持ちになることが大切だ。それが産地の力になる。それを可能にする要素が高山村にはあると確信している。

醸造も、この個性を生かすように、多様なキュヴェ（発酵槽）をアッサンブラージュして調和のとれたワインを造っている。ワイナリーが関わるブドウ畑は40圃場もあり標高差は450ｍもあるので、圃場ごとのブドウの成熟度にはばらつきが生じる（同じ品種でも収穫タイミングは1ヵ月ずれる）。そこで、同じ品種でも、収穫ごと（つまり畑毎）にキュヴェを分けて発酵させ、出来上がったものを最適なブレンドを行っている。40のキュヴェをブレンドしているわけだ。小さな村の範囲で450ｍの標高差があるからだ。こうした製品づくりは、世界広しといえど、信州たかやまワイナリーだけであろう。

「ワインは人だよ」と言う。自然環境だけがワインを決定づけているわけではない。自然に対する働きかけ、技術。人の要素が大きいと言う。テロワールだけを問題にするのは浅い考察というわけだ。

ワイン文化が育つ産地づくり

信州たかやまワイナリーの規模は2019年の仕込み量は54ｔである。年々増加しており、2年後の計画は70ｔである（高山村のワイン用ブドウの総供給量は350～400ｔか。正確には不明）。ヴィンテージを無視すれば7万本の生産規模である。自社畑はない。すべて出資者など、村内からの購入ブドウである。54ｔの購買先は、信州高山ワインぶどう出荷組合（16名）25ｔ、涌井農園23ｔ、佐藤明夫氏3・7ｔ、等である。すべて村内からの調達であり、また出資者たちのブドウであるから、自社畑の所有はないが、ドメーヌ型のワイナリーといっても過言ではない。

商品構成は、ファミリーリザーブ「Nácho（なっちょ）」とヴァラエタルシリーズの二つのカテゴリーに分けられている。ヴァラエタルシリーズは、ブドウの品種毎に商品化し、中価格帯のワインである（税込み3025円）。畑ごとに醸造した複数のキュヴェをアッサンブラージュし、味わいのバランスをとっている。一方、「なっちょ」は、親しみやすい価格帯のシリーズで（1650円）、各ヴィンテージで全体の3割程度の製造量である（現状は1万本であるが、目標は1万5000本）。価格のハードルを下げることで親しんでもらえるという発想がいい。ちなみに、1本1650円では儲けはないようだ。

「なっちょ」は長野県北部の方言で、「どう?」という意味。このワインを手に「元気?」とやり取りされることを願って名付けられたようだ。村内限定販売である。鷹野氏「産地づくりには、良い作り手と良いワインだけでなく、良い飲み手が必要です。村の人が親しみやすいように、そして村の誇りとなるようにと考えた」。

そして、「なっちょ」が全体の3割というのは、数量で言えば1万5000本である。日本のワイン消費量は1人当たり約3本であるが、1万5000本造れば住民1人当たり3本になる。こんな具体的なアイデアは、日本広しといえど、見たことも聞いたこともない。

素晴らしい哲学である（もちろん、現実は日本酒との厳しい競争が待っている）。各地の多くのワイナリー関係者は「地域にワイン文化を創る」と言いながら、高価格のワインが多く、地元では飲まれていない場合が多い（山梨県勝沼を除いて）。観光客への直売やワインマニア、東京の消費者を相手にしている。地域にワイン文化は育っていない。鷹野氏は「ワイン産地」を目指すと言っているが、高山村は「ワイン文化」も育ちそうだ。

なお、鷹野氏は研修生を受け入れ、ワイン人材を育ててきた。先の角藤農園の藤瀬氏もそうであるが、13名の実績がある。

マザーバインズ長野醸造所

高山村には、異色のワイナリーも立地している。㈲マザーバインズ長野醸造所（本社東京、陳裕達社長）は、受託醸造ワイナリーである（2018年立地）。現状はブドウ作りの生産者が、将来ワイナリーに進出する準備の一環として研修するため、同社に委託醸造している。長野県内が主であるが、2019年は岩手、山形、茨城など全国から12社が来た（18年は9社）。すべて村外のブドウ生産者であり、ブドウは彼らが持ち込むので、高山村のブドウは消費されない。仕込み量は17t（720㎖1万7000本）、1社1tから3tの規模である。300kgの人もいる。

受託醸造という形態は日本では珍しいので、各地から〝研修〟の目的でここに来る。長野醸造所はスタッフが2人いるが、所長格の石塚創氏は東京バイオテクノロジー専門学校で醸造技術を学び、北海道岩見沢の宝水ワイナリーで10年間働き、その後マザーバインズに入社した技術者である。もう1人はニュージーランドの大学に留学し、その後現地でインターンとして経験を積み、さらにスペインやブルゴーニュで研修したスペシャリストである。委託醸造するブドウ生産者は同社の醸造設備を使い、スタッフの指導の下、醸造の研修を受ける。

工場内を見ると、発酵タンクが大小20本もある。ステンレス製800ℓ、500ℓ、1400ℓのほか、樹脂製300ℓのもの等。多くはクロアチアLetina社製であった。マザーバインズの東京本社はワイナリーのコンサルティング会社であり、醸造用資材を販売している。レッティーナ社のタンクを売りたいのであろう。研修で実際に使って慣れてもらえることで、タンク等資材の販売につなげたいわけだ。「インターン」と同じだ。

なぜ、高山村に立地したのか。高山村は全国のワイナリー側が欲しがっている高品質ブドウの産地だからであろう。同社の進出も、高山村の評価の高さを証明している。

前方連関効果の雁行形態的発展

高山村のワイン産業の発展は、ブドウ先行、ワイナリー追随型である。同じ千曲川ワインバレーの東御市がワイナリー先行型であるのと違う（ヴィラデストワイナリーの存在。第13章参照）。高山村は高品質のブドウが生産されているので、ワインコンサルティング会社も進出してきた。

川上（原材料）が先に発展し、それを追いかけて川下産業（加工部門）が立地し、新しい産業構造が形成されている。前方連関効果の雁行形態的発展である（最終需要市場に近い方向を〝前方〟と言う。赤松要博士の産業構造発展論、1935年）。ある産業が発展すると、その波及効果で、他の新産業の登場が可能になる。もし、この仮説が妥当し、前方連関効果が大きいならば、今後、高山村にはワイナリーのさらなる立地、ワイン資材産業の立地、ワインツーリズム観光、等々、新しい産業が次々と登場する。そして、雇用を創出していく。

「高山村ぶどうワインコンプレックス（産業複合体）」の形成が始まっている（馴染の「コンビナート」はコンプレックスのロシア語）。ここは成長するだろうなと思った。

旧上高井郡の中で比較すると、今日までの高山村は必ずしも優等生ではなかった。人口は2000年に対する2015年の水準は、須坂市93・5、小布施町93・4、高山村90・4と、わずかではあるが減少率は大きかった。最近5年間で見ても（20年の15年比）、高山村△5・8％、須坂市△2・5％、小布施町△2・0％と、高山村の人口減少率は大きい（国勢調査と毎月人口異動調査の比較）。

産業を見ても、経営耕地面積は1990年の559haから、2015年の451haへと100haも減少（1970年888ha）、果樹園は330haから200haに減少、観光消費額は62億円から20億円に減少、一方、工業出荷額は

97億円から160億円に増えた。第2次産業だけが増え、第1次産業（農業）と第3次の観光業は減った。工業は労働生産性が高いので、工業は発展しても人口減少を支えることはできなかったのである。

人口減少を抑制するためには、農業や観光業の振興が必要であろう。ブドウ・ワイン産業はまだマイナーな存在であるため人口減少を下支えする力は小さいが、今後これが発展し、さらに前方連関効果の波及効果が出てくれば、人口減少を抑制できるであろう。

表16–4　高山村のワイン用ブドウ栽培面積の推移

年度	村総圃場面積（ha）	総栽培者数（人）			栽培法人数（社）
			専業者（人）	村外出身者（人）	
1996頃	0.8	1	1	1	0
2005	3.1	3	3	3	3
2006	3.1	12	7	5	3
2007	14.0	12	7	5	3
2008	15.8	12	7	5	3
2009	17.0	12	7	5	3
2010	19.0	13	8	5	3
2011	21.0	15	9	6	3
2012	24.0	15	9	6	3
2013	26.0	16	13	10	3
2014	26.6	19	14	11	6
2015	35.0	24	17	15	6
2016	40.0	28	21	18	7
2017	50.0	29	22	18	7
2018	52.0	35	25	22	9

（出所）高山村役場産業振興課調べ

よそ者・ばか者・若者がまちを変える
――これは町づくり村づくりの鉄則

高山村が期待できるのは、移住者が多く、人材の存在だ。上述してきたように、高山村にはワイン関係の移住者が多い。ワイン用ブドウ栽培者35人のうち、22人は移住者である（表16―4）。ワイナリーの醸造家も、5社とも移住者である。大学で醸造学を学んだ人や、ニュージーランドなど海外留学組も多い。

このように多様な人材が集まっている。そして、夫々がアントレプレナー（起業家）としてクリエイティブ（創造的）な仕事をしている。そして、研究会活動や研修生受け入れなど、インキュベーション（孵化）の仕組みもある。高山村は地域丸ごとクリエイティブ集団のように見える（ブドウ・ワイン産業をみている限り）。

注目すべきことは、高山村の移住者によるブドウ栽培は加工用（ワイン用）専用であり、生食用ブドウの栽培者ではないということだ。これは山梨県勝沼と全く異なる形態であり、彼の地では想像さえできないことである（第5章第3節参照）。通常、ブドウ農家は1kg1000円や2000円の生食用ブドウを作り、1kg200円、300円のワイン用ブドウには興味を示さない。

これに対し、高山村は単価の安いワイン用ブドウを作る専業農家である（元々の村民はリンゴや生食用ブドウ〈巨峰〉の伝統的農家である）。移住してきて、しかも単価の安い加工用ブドウで生計を立てている。プロ農家の集団である。高品質のブドウが生まれる背景である。

高山村は、今後、大きく変わっていくのではないか。「よそ者・ばか者・若者」がまちを変える！　これは町づくり村づくりの鉄則である。彼らが地域を革新するのである。全国いたるところ枚挙にいとまがないくらい事例がある（拙著『新世代の農業挑戦――優良経営事例に学ぶ』全国農業会議所、2014年、第Ⅱ部第1章《徳島県上勝町いろどり論》参照）。

これについてもう一つ言えば、成功した村づくりには、元々の村民の中に、よそ者やばか者を受け入れる器量をもったリーダーがいるということだ。高山の第6代村長久保田勝士氏が、佐藤宗一氏を受け入れ鷹野永一氏を招いたように。久保田村長はイノベーターは誰であるかを知っていたのであろう。よそ者を大切にした。

よそ者を重用する。この伝統が続けば、高山村の発展は持続的なものになろう。

第17章

金銀賞連続7回のワイナリー
家族経営で手作りの味醸す

源作印 ㈲秩父ワイン（埼玉県小鹿野町）

秩父路最奥の村にある家族経営ワイナリー

㈲秩父ワインは、他県からの〝購入ブドウ〟で造るワインで「金賞」を連続受賞している。普通のブドウを、細やかに、丹精込めて醸している。醸造技術の勝利だ。気候も土壌も影響していないわけで、テロワール原理主義の外で良いワインを作っている。家族経営の良さが表に出た事例だ。

1　武州街道をゆく——秩父の歴史がワインをつくった

秩父は山の中にある（山々に囲まれた盆地）。奥秩父でワインづくりと聞いて、「陸の孤島」でなぜ？と思った。東京から見ると、「源作印」ワインを造っている小鹿野町（おがのまち）は秩父の山奥のイメージである。

小鹿野町（人口1万1000人）は秩父の名峰・両神山の麓にある。忘れていたが、秩父の山は雲取山も両神山も、若い頃登山したことがあり、親近感を感じる。調べていくと、小鹿野町は着物で有名な「秩父銘仙」の産地であり、また、江戸時代から伝わる「小鹿野歌舞伎」も有名だ。生糸で栄えた地域だ。

山国秩父は、江戸時代半ば以来、養蚕が盛んだった。農民たちは山の斜面を利用して桑を植えた。生糸による繁栄は江戸末期の横浜開港（安政4年、1857年）で生糸輸出が始まり、爆発した。山畑はほとんどが桑園に変わった。松方デフレの前、明治14年（1881年）までが最盛期であったが、生糸は高度経済成長期の昭和40年代中頃まで続いた。

秩父の生糸輸出はフランス市場との結びつきが強かったが、その縁で、秩父郡内における最初の小学校「大宮学校」（明治6年創立）は大火で類焼したところ、明治17年（1884年）、フランスの援助で新校舎が建築された（現秩父市立秩父第一小学校）。

さらに、小鹿野町は江戸（武州）から上州・信州に抜ける交通の要所であり（武州街道、現国道299号）、江戸から明治にかけては秩父郡内きっての繁栄であった。陣屋がおかれ、市が立ち、宿、遊郭があり、大宮郷（現秩父市）より活気があった。明治2年には上小鹿野村は小鹿野町と改称したほどだった（明治22年町村制施行前。当時、宿場町や門前町のような商業機能が優勢な集落は「町」と呼ぶことがあった）。生糸だけではなく、街道の効果も大きい。小鹿野町は「地誌学」の研究対象としても面白そうだ。

武州街道を調べていくと、「秩父事件」に遭遇した。明治の自由民権運動の影響を受け、農民が起こした武装蜂起事件だ。小鹿野の北西部、旧日尾村、藤倉村の村民は80％以上が参加したと言われる（地区によって違い、当時の小鹿野の町場は襲撃された方）。指導者層はかなりのインテリだったようで、軍用金集方の井出為吉（信州南佐久）の自宅からは『仏国革命史』『民権自由演説規範』などの膨大な蔵書が発見されている。農民たちは武州街道を通って信州や上州と行き来した。また、秩父は生糸で栄えたが、蚕の卵は佐久のタネ屋から入ってきた（品質は信州ものが良かった）。卵は信州、養蚕は信州より温暖な秩父の桑の木でというパターンだった。このように、武州街道は生糸産地の発展や秩父事件に大きな役割を果たした。(注)

(注) 秩父事件は1884年（明治17年）、秩父郡の農民が負債の延納、減税などを求めて起こした武装蜂起事件。明治政府は西南戦争による戦費調達で生じたインフレを解消しようと、緊縮財政を実施した。この松方デフレにより、繭やコメなどの農産物価格の下落を招き農村窮乏を招いた。さらに、1882年（明治15年）の仏リヨン生糸取引所における生糸価格の大暴落の影響も加わり、生糸価格は大暴落した。秩父の生糸輸出はフランス市場との結びつきが特に強かったので、この生糸大暴落の影響を強く受けた。経済的困窮から、農民は秩父困民党等に結集し放棄活動に走り、暴動は群馬・長野の町村にも波及し一大騒動となった。

あたらし屋から源作印ワイン

㈲秩父ワイン（5代目、島田昇社長）は、家族経営ワイナリーであるが、生産規模15万本と案外大きい。「源作印ワイン」で知られている。創業者の浅見源作の名前を取っているが、印象に残るブランド名である。創業は1933年（昭和8年）である。『ロビンソン漂流記』にヒントを得て、ブドウ栽培を思いついたと言う。

浅見源作は明治22年（1889年）生まれ、勉強好きで手当たり次第に本を読み、剣術にも打ち込んだ。源作の家

表 17–1　源作印ワインコンクール受賞歴
（日本ワインコンクール：甲州部門）

2013 年	金賞	ちちぶワイン シュール・リー 2012（甲州辛口）
2014 年	金賞	ちちぶワイン シュール・リー 2013（甲州辛口）
2015 年	銀賞	ちちぶワイン シュール・リー 2014（甲州辛口）
2016 年	金賞	ちちぶワイン シュール・リー 2015（甲州辛口）
2017 年	金賞	源作印 甲州シュール・リー 2016（甲州）
2018 年	金賞	源作印 甲州シュール・リー 2017（甲州）
2019 年	金賞	源作印 甲州シュール・リー 2018（甲州）

（注）このほか銀賞、銅賞も沢山あるが割愛した。

系は立派である。先祖には、神田お玉が池の北辰一刀流・千葉周作がわざわざ奥秩父まで他流試合に出向いて来たが、周作と引き分けた剣術の達人もいる。源作自身も甲源一刀流の使い手だった。

浅見家の屋号は「あたらし屋」という。家系を辿っていくと、どの当主も進取の気に富み、アイデアマン、新しもの好き、モダンなことが好きだった。源作も英語に興味を持ったり、まだ珍しい自転車を乗り回して大得意だったようだ。

しかし、生活は苦しかった。息子・慶一が子供の頃愛読していた『ロビンソン漂流記』に山羊の乳とブドウで命をつないだという話があることを思い出し、山羊を飼って乳を販売し、山梨からブドウの苗木を仕入れて栽培した（昭和8年、1933年）。しかし、ブドウは単価が安く、収入の足しにならない。そこで、加工してワインにしなければ駄目だと思った。同時に、本好きの源作は外国の食事シーンを想い、日本にも〝肉食の時代〟が必ず来る、ワインが最適なはずだと確信していた。

手探りの末、川上善兵衛の「葡萄全集」を読み、また川上氏にも会って指導を受け、1936年、念願のワインづくりに成功した（『秩父ワイン物語』㈲秩父ワイン発行1994年参照）。

このように、源作印ワインの起原は、直接の切っ掛けは「ロビンソン・クルーソー」であるが、ワインの本場「フランス」が背景にあったのではないか。源作が生まれたのは秩父事件の後である。秩父は、フランス市場への生糸輸出、秩父最初の小学校の校舎はフランスからの援助、フランス政治思想の影響を受けた自由民権運動から派生した秩父事件のリーダーたちは『仏国革命史』などを読む教養人だった、等々、源作の幼少年時代の秩父はフランス

表 17–2　気象条件の比較（生育期間 4–10 月、昼夜気温は 9–10 月）

	秩父	勝沼	塩尻	上田	東京
降水量（mm）	158.1	121.3	118.1	101.5	165.5
平均気温（℃）	19.2	19.9	17.8	18.4	20.7
日最高気温（℃）	23.2	24.5	22.2	22.9	24.2
日最低気温（℃）	14.0	14.4	11.9	12.6	17.0
昼夜の寒暖差（℃）	9.2	10.1	10.3	10.3	7.2
日照時間（時間）	139.3	173.7	179.0	182.1	148.2

（注）気象庁データ。1981–2010 年平均。塩尻は松本今井観測所（2003–10 年平均。日照時間は松本）。

と深く結びついている。

勉強好き、ハイカラさんの源作は、フランス文化の一端である「ワイン」のことをよく知っていたのではないか。その意味では（これは筆者の仮説であるが）、秩父の歴史が源作にワインを造らせたと言えるのではないか。なお、源作ワインが売れ出したのも、フランス人神父の来訪がきっかけであった（1959年、後述）。

2　金賞ワイン連続受賞——丹精込めた醸造プロセスの勝利

小鹿野町は2005年10月、小鹿野町（人口1万2000人）と両神村（人口3000人）が合併して出来た町である（人口は合併当時）。㈲秩父ワインは小鹿野町両神薄にある。つまり、旧両神村であり、一番の山奥だ。山々に囲まれた場所だ。そこでワインが作られている。

「源作印ワイン」は、日本ワインコンクールで連続7回「金賞」に輝いている（2015年は銀賞）。「源作印 甲州シュール・リー」ブランドだ。このほか、銅賞も多い（「源作ワインGKT」ブランド）。

テロワールは悪い

秩父はブドウ栽培にとって、テロワールがいいとは言い難い。雨が多く、日照時間も短い地で（表17—2参照）、なぜ7回も金賞が取れるのか。興味を持った。

秩父ワインの生産規模は約15万本である。うち国産ブドウ100％の日本ワイン7万3000本、輸入ワイン（チリ等）とブレンドした国内製造ワイン7〜8万本、合計15万本である。日本ワインの規模7万余は業界50位以内に入ろう。

しかし、極めて小さいワイナリーである。事務部門は家族だけ、工場も小さく、全従業員10人である。4月中旬の訪問であり、工場現場は瓶詰をしていたが、ボトリングの速度は1時間当たり1300本とゆっくりだ（例えば業界トップクラスのアルプスワインの速度は7000本〈第15章〉、北海道ワインは4000本〈第8章〉参照）。

原料の調達は、自社畑2ha、購入ブドウ100tである。日本ワインの生産は7万3000本であるから、ブドウは70tで足りる。残りは輸入ワイン（濃縮ジュースではない）とブレンドして国内製造ワインを7〜8万本造っている（「源作づくり」ブランド）。購入ブドウは山梨県北部（北杜市か）のJAから購入してる。100tの内訳は、白（主に甲州）80t、赤（ベーリーA）20tである。

醸造工場近くに、87年前の創業当初からのブドウ園がある。山の斜面を想像していたが、平地だった。源作じいさんが始めた時は1反5畝であったが、今は50aに拡大している（もっと離れたところにも1・5ha新設畑あり）。イノシシ対策で、金網で囲ってある。圃場は二つに分かれているが、最初からの畑は今はメルローとカベルネ・ソーヴィニヨンが植えられている（当初はマスカット・ベーリーA）。長野県小諸市のマンズワインを視察して、外国品種に変えようと考え、2000年に改植した。自社畑は欧州系品種に変えた。

栽培方法も、ベーリーAは棚栽培であったが、周りに住宅ができ防除の消毒液散布に文句を言われるので、垣根栽培（マンズレインカット方式）に変えた。秩父は土地が少ないので、密植である。沢山穫ろうということであろうが、機械は使えないので、労働生産性は低いであろう。雨除けビニルが設置されているので、梅雨時の降雨は避けれる。興味を引いたのは、土壌改良だ。アルカリ性土壌にするため、圃場の下に石灰岩の石を敷いている（20〜30㎝下、大人の拳くらいの大きさの石）。これで水はけもよくなる。土壌改良、水はけ対策、一石二鳥だ。いかにも秩父らしいアイデアだ。武甲山の採石場から運んできた。

自社畑の品種は、白はシャルドネ（300本）、赤が多く（6000本）、メルロー（これが主体）、カベルネ・ソーヴィニヨン、カベルネフランのほか、山ブドウ1300本（赤）が植えられている。導入品種は気候が合わないと枯れるが、何年たっても枯れないので、欧州系はここの気候に合っているようだ。

フリーラン果汁（一番搾り）＋甲州シュール・リーで「金賞」

金賞ワイン「源作印 甲州シュール・リー」は自社畑のブドウではない。「甲州」品種であり、購入ブドウだ。山梨県のJAから購入している。特別に栽培した契約栽培ではないようだ（糖度も16度普通）。普通のブドウから、なぜ金賞ワインか。

醸造工程に秘密がある。ブドウ果汁の搾汁には、ブドウ破砕の後、圧力をかけずに自然に流れ出て抽出された果汁（フリーラン果汁、搾汁率56〜60％）と、圧搾によるもの（プレス果汁）に分かれる。このフリーラン果汁（要するに一番搾り）が金賞ワインの出発点だ。

このフリーラン果汁を発酵させ、発酵タンク段階のテイスティングで味の良いものを選ぶ。同じものでもタンクによって微妙に味が違う。ここで特に味や香りの良いタンクを選別し、シュール・リー法で醸造する。つまり、一番搾り、発酵の特別上質もの、そしてシュール・リーである。これが金賞の「甲州シュール・リー」ブランドである。生産量は約3000本。価格は720㎖2750円。

一方、同じくフリーラン果汁かつシュール・リー法であるが、発酵タンク段階で特級の選別に漏れたものは「源作ワインGKT」ブランドになる。価格は1793円。

なお、プレス果汁も入っているものは「源作印」ブランドになり、価格は1243円と、味はいいが買いやすい価格になっている。これが同社の主力商品である。

このように、じつは金賞に秘密はない。源作じいさんの教えを守り、ホンモノを追求し、丹精込めて醸しているだけである。原料ブドウは購入であり、甲州シュール・リー法はメルシャンが開発した技術で、山梨県勝沼のワイナリーはどこでも普通に採用している技術だ（第6章シャトー・メルシャン論参照）。秩父ワインの違いは、搾汁と発酵工程で、ワインメーカーの持つ思想・哲学を反映させるべく、細やかに醸しているだけである。手作りの味と言えよう。醸造プロセスで違いが生じているのであって、原産地表示ワインではない（原料ブドウを山梨県から購入しているため、「秩父ワイン」と称すことはできない。ブランドは「源作印」である）。

島根ワイナリーの金賞は〝栽培技術〟からきているが（第19章）、秩父ワインの金賞は〝醸造技術〟から生まれている。テロワール原理主義とも距離がある。

3　家族経営で紡ぐ5代の経営発展史──「超モダン」を感じるエチケット

フランス神父の来訪──「おお、ボルドーの味！」と称賛

源作じいさんの時代は極小規模ワイナリーであった。1936年にワイン造りに成功、1940年に「秩父生葡萄酒」で売り始めたが、戦時中でもあり、さっぱり売れなかった。源作ワインが売れ始めたのは、日本経済の高度成長期始まりの頃である。

1959年（昭和34年）、フランスのカトリック神父が2人、来訪した。流暢な日本語で、「こちらでワインを作ってるそうですが、味見をさせてくれませんか」。一くち口に含んで、「おお、これはボルドーの味!!　すばらしい。

これは全く加工していない。フランスの本場のワインの味です」と叫んだらしい（当時の日本は甘味果実酒である「赤玉ポートワイン」等が全盛の時代であった。１９６４年の東京オリンピックを契機に、日本人消費者の好みは人工甘味ワインから本格ワインへ移った）。

このことがあってから、源作ワインは外国人の間で評判になった。そして、この話は日本人のワイン通の間にも広がっていった。冷たかった地元の人まで「外人が誉めたんなら本物にちげえねえ」と源作ワインを飲み始めたようだ。

こうして副業にもならなかったワイン造りが、やっと本業に昇格したのである。しかし、源作ワインはやっと陽の目を見たのであるが、まだ甘味ワインが主流であったこともあり、大きな経営発展には至らなかった。まだ、知る人ぞ知る、という存在に過ぎなかった。その後、作家の五木寛之や俳人の金子兜太が源作ワインのファンとして現れ、彼らの文章が流布し、源作ワインの名前が人口に膾炙していった。昭和50年代である。

写真 17–1　秩父路最奥の村にある家族経営ワイナリー（小鹿野町両神薄）

高品質なワインめざす

秩父ワインの経営発展が本格化したのは、４代目島田安久（源作の孫娘の夫）の時代である。島田安久は１９７５年（昭和50年）、源作に依頼され、ワイン造りを引き継いだ（源作は１９８５年没、95歳）。４代目は、工場を拡張した。

この頃から、日本経済も安定成長期に入り家庭でワインを楽しむ人々が増え（第２次ワインブーム、なお１９７２年ワイン輸入自由化）、デパートからも問い合わせがくる等、お客さんにワインを飲んでもらえるようになった。源作じいさんの時代は、自作畑のブドウによる醸造で、生産本数は1万本に満たなかった。親戚や知り合いに量り売りが主だった。「秩父生葡萄酒」ブランドで、一升瓶での販売だった。4代目の時代になって、購入ブドウによる生産拡大、工場拡張、ブランドも「源作印ワイン」になった。源作ワインの知名度の向上、ワインブームと重なり、4代目の時代は同社の発展期であった。

金賞ワインを造ったのは5代目、現社長・島田昇氏（1968年生）である。5代目就任は2012年であるが、実質上は父の代から経営に参加しており、90年代にはいろいろな新機軸を手掛けた。特に、品質を高め付加価値を高める路線だ。フレンチオークを導入し醸造で品質を高めた。欧州系品種を導入した。ブドウ栽培に垣根式を導入した、等々。

今後の経営方針と課題を聞いた。島田社長「甲州シュール・リーはこれからも高品質の辛口を作っていきたい」「去年、新しい設備を導入した。この濾過機で味がしっかりしたものが出来る」「今後も、品質を高め、付加価値を高めていきたい」と抱負を語る。

秩父ワインの販売は、ほとんど問屋卸である。一部、直売もある。オンラインショップは2年前から。ワイナリーへの訪問客は、偶に団体客もあるが、1万人に満たない。カフェ・レストランが併設されていればもっと増えるであろうが、カフェ新設はリスクがあるという。交通の便が悪い、田舎にはいいコックが来てくれない、等々を挙げた。

しかし、クルマの時代だ。ワインは人を呼ぶ。町全体でワイナリーを組み込んだ観光発展のマスタープランを作れば、期待できるのではなかろうか。カフェを新設し、訪問客が1万人を大きく超える時代の到来を期待したい。

超モダンなエチケット

秩父ワインにアプローチしたのは、「金賞」の連続受賞が関心を引いたことも事実だが、もう一つ、「源作印ワイン」というブランド名のインパクトの強さだ。同時に、ラベルのデザインも興味を引いた（写真17―2参照）[注]。

（注）「源作印」は源作じいさんの遺言である。「源作印のラベルを孫、曽孫、玄孫の代、千代に継いでくれ」。現在の「源作印ワイン」のラベルは1989年に出来たものである（中村勝幸氏のデザイン）。

写真 17–2　源作印ワインのラベル

日本におけるワイン文化の受容は明治の文明開化期であり（前史は信長時代）、西洋文明の香りがする。また現在も、ワインの7割は輸入ワインであり、原料輸入を含めると95％が海外産であり、純国産の「日本ワイン」は全体の6％に過ぎない。まだ、ワインは西洋文明の象徴みたいなものである。

そのためか、純国産の「日本ワイン」も、カタカナ・ブランド、横文字的なブランドが多い。明治40年発売の「赤玉ポートワイン」も横文字ラベルであり、それが〝ハイカラ〟の象徴になっていた。100年以上経った今日も、日本の近代化は大差なし。そういう中にあって、「源作印ワイン」という名前は異色である。インパクトのあるエチケット（ラベル）である。ブランド名とデザインが一体化してその感を強めている。

「源作」という名前が田舎っぽく、ダサイ印象を受ける人もいよう。しかし、筆者には、ホンモノの近代化を体現していない、ものまねの「近代化」、「なんちゃって近代化」を突き抜けた、超越したプレゼンスを感じる。古さではなく、新鮮さを感じる。また、書は温かみを感じる。気骨ある秩父人の秩父魂のようなものも感じる。これこそテロワールか（写真17―2参照）。

このエチケットには、「先端を行く」というか「劃時代的」という意味で「超モダン」を感じる。「ポストモダン」という表現が適切とも言えるが、「ポスト」は難しく、また好きではない。あえて「超モダン」と表現したい。源作じいさんはハイカラさんだったようだけど、自分で造ったワインの銘柄の名付けも本領発揮である。案外「エスプリ」の持ち主であったのであろう。

筆者が秩父を訪問したのは4月中旬である。今年も、ワインの出来は良いようだ。島田社長は新しい設備を使ったワインでコンクール出品と意気込んでいたようだが、今年の日本ワインコンクールはコロナ禍の影響で中止となった。「金賞」を逃し、残念そうであった。新しい濾過機で一段と高品質なワインが出来るようだから、連続受賞が続くことが期待できそうだ。

第18章

品質優先・コスト犠牲の栽培技術 日本の風土に根差したワイン

マンズワイン小諸ワイナリー（長野県小諸市）

樹齢110年、善光寺ブドウ原木（マンズワイン小諸ワイナリー万酔園）

千曲川流域は、空気がきれいで、冷涼、このテロワール（気候風土）はブドウに最適だ。気候、土壌、人と三拍子揃った東信地方に立地したセンスが光る。時に「東山」地区は世界の銘醸地になる可能性がある。

不思議なことに、この地に立地するワイナリーから、雨が多く、ブドウに不利な日本のテロワールを克服するためレインカット方式が開発され、全国に普及した。

1　上田・佐久地方のテロワール——醸造業発展（信州味噌）のルーツの地

信州小諸というと、「小諸なる古城のほとり……」（島崎藤村）や「小諸出てみよ 浅間の上に……」（小諸馬子唄）を思い出す。小諸市は浅間山麓の南斜面、千曲川の上流域に位置する。マンズワイン小諸ワイナリーはこの地に立地している（1973年開設）。醤油大手のキッコーマンが親会社である。

長野県東部（東信地区）、北佐久地方の小諸市は、古くから醸造業が発達している。信州味噌は全国味噌生産量の約5割を占めるが、信州味噌のルーツは隣の佐久市の安養寺と言われる。(注) 戦国時代、信濃の国の大部分は甲斐の武田氏に支配されており、武田信玄が兵糧を現地調達するため味噌づくり（塩の備蓄）を信州各地で奨励したため普及した。小諸市の信州味噌株式会社（創業1674年）も346年の歴史がある。

（注） 信州味噌の始まりは約800年前、鎌倉時代である。安養寺は中国（宋の時代）から帰り金山寺味噌の製法を伝え味噌醸造の始祖と言われる禅僧心地覚心が創建した寺である（覚心は現松本市の出身）。ただし、味噌は中国から伝わり、奈良時代からあったようだ。

このように、小諸は古くから醸造業が発達してきた。冷涼な気象が要因と言われる。ワインも醸造業である。マンズワインの立地は「降水量が少なく、1年を通して陽光が降り注ぐ地であり、ワイン造りに最適な地として選んだ」と現代的説明であるが、味噌醸造業のルーツの地であり、ワイナリー立地は神の啓示があったのではないか。小諸はテロワールを肌で感じる地だ（表18—1参照）。

小諸は、江戸時代に江戸と越中・越後を結ぶ北国街道の宿場町で、街道が賑わいを見せていたこともあって、古くは東信地方の商業の中心として栄えた。しかし、明治4年、廃藩置県で長野が県庁所在地となったことに伴い県庁に近い上田に拠点機能はシフトし、さらに１９９７年、長野新幹線が開通し佐久平駅の開設に伴い、北佐久地方の拠点都市機能は移っていった。しかし、小諸市は昔の栄華が残り、今も水準の高い都市である。

旧追分宿の外れ中山道と北国街道の分岐（分去れ）に立つと、時代の今昔を感じる。左が中山道、右が北国街道。左の道は車がビュービュー音を立てて走り道路を渡ることもできない。一方、右側の道は偶に車も来るが、軽井沢の旧ゴルフ通り林道を散策するような静けさである。加賀百万石をはじめ幾多の大名行列、善光寺参り、そして佐渡の金、越後の蝋、塩など牛馬で運び物流で賑わった北国街道は、味わいがある。

マンズワイン小諸ワイナリーは、この小諸市に立地している。冷涼な気象で醸造業の発展に向いている。世界の銘醸地ブルゴーニュに近いテロワールの東信地方を選んで立地したセンスが光る。軽井沢の隣であり、ワインツーリズムにも最適なのであろう。年間10万人もの人たちが訪れる。ワイナリー訪問客数としては日本一か（出雲大社詣での参拝客の受け皿、島根ワイナリーを除く）。ワインへの魅力が高まるとの思いから、ワイナリー側も訪問客の受け入れに積極的である。

表 18–1　長野県東信地方の気象条件

		降水量（mm）	平均気温（℃）	日照時間（時間）
東信地方	上田	890.8	11.9	2174.9
	東御	979.6	9.3	2074.9
	佐久	960.9	10.6	2059.5
	軽井沢	1241.7	8.2	1968.8
北信	長野	932.7	11.9	1939.6
中信	松本	1031.0	11.8	2097.5
山梨県勝沼		1080.9	13.8	2163.6
東京		1528.8	15.4	1876.7

（出所）気象庁データ。1981–2010 年平均（30 年間）

2　ソラリス銘柄の産地――世界に誇る日本ワインめざす小諸ワイナリー

マンズワインのプレミアムワイン「ソラリス」は、２００１年の初リリース以来、数々の受賞、ＪＡＬ及びＡＮＡ国際線ファーストクラス機内搭載、Ｇ７サミット夕食会使用、等々の栄誉を獲得してきた。(注) 品質の高さを示している。

このソラリスを生産しているのがマンズワイン小諸ワイナリーである（１９７３

年開設）。

（注）「ソラリス」シリーズは、２０１８年日本ワインコンクールでは「信州東山メルロー」「信州千曲川メルロー」「信州シャルドネ樽仕込」の3銘柄が金賞を受賞したほか、毎年の内外のワインコンクールでの金銀賞受賞は枚挙にいとまがない。マンズワイン社ＨＰ受賞一覧参照。また、大阪Ｇ20マクロン仏大統領来日時の総理大臣主催夕食会（２０１９年）、トランプ大統領来日時の総理大臣主催晩餐会（２０１７年、赤坂迎賓館）、洞爺湖サミット総理大臣夫人主催夕食会（２００８年）、等々で世界のＶＩＰおもてなしに使用された。エアーラインファーストクラス使用は２００５年ＪＡＬ（ヨーロッパ線）、２０１７年ＡＮＡ（ヨーロッパ線）、２０１９年ＡＮＡ（北米ハワイ線）で使用。

沿革を見ると、マンズワイン株式会社はキッコーマンの多角化の一環として誕生（設立時の名称は勝沼洋酒㈱）、１９６２年に山梨県勝沼にワイナリーを開設した。当時の社長が加工専用種のトマトを導入するため長野市の善光寺近辺を訪れた際、民家の軒先に立派なブドウが大粒の実をたわわに実らせているのを見つけた。そのブドウが気になり、東京大学の「酒の博士」坂口謹一郎博士に相談すると、「いいワインが出来ると思うから試したらどうか」と言われ、試作を重ねた。そのブドウが奥信濃に昔から伝わる在来種のブドウ、日本固有品種の「善光寺」（別名「竜眼」）である。

やがて「善光寺」から高品質のワインが造られることが分かり、上田市塩田地区に契約栽培地が設けられ、さらに１９７３年には小諸ワイナリーを開設、その周辺に契約栽培地が広げられた。小諸工場の敷地内にある日本庭園「万酔園」には、長野市郊外から移植した、善光寺ブドウの樹齢１００年を超える原木が今も枝ぶりよく茂っている（今年で樹齢１０７年）。絶滅しかけていた「善光寺」を復興させた記念の木である（今も穂木を生んでいる）。

小諸ワイナリーは、この善光寺ブドウの栽培からスタートした（甲州種ブドウと同じく棚栽培）。しかし、１９８８年10月、大雪災害に会い、ブドウ棚が崩れた。もう一度棚を作り直して善光寺を栽培するか、それとも、欧州系品種に転換するか、選択を迫られた。同社は既に80年代前半から欧州系品種の栽培を試行錯誤し、88、89年には品質の高いブドウが出来ていたので、欧州系への転換を選択し、90年から欧州系品種の植栽を始めた。

日本の2大銘醸地を選んだ——東信地方は日本のブルゴーニュ

現在、マンズワインは勝沼と小諸の2産地体制である。勝沼は主力工場で、輸入原料も扱っている、大規模工場である。うち国産ブドウ100%の日本ワインは甲州、マスカット・ベーリーAを中心に仕込み量約1000t（約100万本）である。日本ワインの生産量は山梨県ではトップである。

これに対し、小諸ワイナリーはプレミアムワイン路線である。日本ワインだけを生産し、同社のトップブランド「ソラリス」シリーズの生産基地である。生産規模は仕込み量70t（50kℓ、750mℓ換算約6万6千本）。小諸ワイナリーは自社管理畑が上田市東山5ha、小諸市5ha、長和町5haの計15ha（うち自社畑4・6ha）、契約栽培8ha（小諸市大里及び上田市塩田）である。収穫量は23haで約100tである（うち約30tは勝沼ワイナリーへ）。良いブドウをとるため、収量を制限している。

図18–1　マンズワインのロゴマーク　ブドウとそれを育む太陽がモチーフ。「良いワインは良いブドウから」。高品位のワイン造りを目指すメッセージが明確である。

優れたブドウを作り、世界に誇れるワイン造りがマンズワインの目標である。それを目指して、気候を選び、土壌を選び、産地を探した。同社のロゴマークは、ブドウとそれを育む太陽がモチーフである。メッセージが明確だ。同社の理念にピッタリと思われる。

第1ワイナリーの勝沼立地は、誰が考えても順当なものであろう。勝沼が日本のワイン産業の発祥の地であり、最大の集積地になっているのは、ブドウ栽培に最適なテロワール（風土）であるからであろう。

第2ワイナリーの立地は、最適地を探したようだが、徹底調査をして小諸を選んだ。**表18―1**に示したように、小諸のある長野県東信地方は気象条件が良い（気象観測所は上田、東御）。全国的に見ても、東信地方は降水量が少ない、涼しい、日照時間が長いなど、気象条件がブドウ栽培に適している。標高は小諸650～700m、東山550m。土壌条件も、浅間山麓の南斜面という地形、土壌の性質もブドウに栽培に求められる条件が良い。東信地方のテロワールはブドウ栽培に適している。世界のワイン銘醸地、仏ブルゴーニュに近い。

上田の東山地区は、特筆しておく価値がある。東山地区は山を切り拓いた処女地である。周辺は今もマツタケが生えている山であり、痩せ地だ。それに前作がないので、土壌に養分が蓄積されていない。ワイン用ブドウ栽培には水はけのよい、痩せ地が適するが、東山は土壌条件が最適である（日本の農地は長年の作物栽培での肥料投入によりチッソ等の過剰養分になっていて、ワイン用ブドウ栽培には最適地でなくなっている）。

上田、小諸への立地は、〝産地選び〟のセンスの良さを感じさせる。ブドウ・ワインにとってポテンシャルの高い風土の地を選んでいる。筆者はこの1年余、ワイナリー調査で全国を回ってきたが、そのうち3つも当地域である。東御のヴィラデストワイナリー、高山村の信州たかやまワイナリー、そしてマンズワイン小諸ワイナリーである。軽井沢（追分宿）、小諸、東御、上田、長野、小布施、高山村と歩いたが、北国街道というか、千曲川流域である。この地域が好きだから何回も訪れているのであろう。空気がきれいで、湿潤さがなく、明るい。筆者の好みとブドウ栽培の適地は一致しているわけだ。ちょっと非日本的な風土と言っても過言ではない。

東信地方、千曲川ワインバレーは、ブドウ・ワインにとってポテンシャルの高い風土に加え、それを選ぶセンスの高い人たち（企業）が集積しているので、近い将来、日本を代表するワイン産地に発展していくであろう。

3　レインカット栽培による品質向上——密植栽培の効果

良いワインは良いブドウから出来る。品質の良いブドウを穫るにはテロワール（気候風土）だけではなく、自然に対する働きかけ、人（技術）の要素が重要だ。天候、土壌、人だ。マンズワインの「ソラリス」の高品質を支えるのは、東信地方のテロワールだけではなく、ブドウ栽培技術が大きく寄与している。

マンズワインは「レインカット方式」でブドウを栽培している。自社小諸圃場で開発した技術である。レインカット方式は、垣根の上に張り巡らせたワイヤーにシートを被せ、雨がブドウに当たるのを防ぐ構造になっている（写真18—1参照）。

写真 18–1　レインカット栽培のカベルネ・ソーヴィニヨン（東山地区圃場）

ブドウは雨に弱い。雨に濡れると病気にかかりやすく、著しく発病した場合、葉が褐色に代わり、やがて落葉する。葉がなければ光合成ができず、ブドウは成熟しない（成熟していないブドウを収穫することになる）。レインカット方式では、8月までは農薬散布で防除し葉を守っているが、8月末以降はシートを被せて葉っぱを雨から守る（秋雨対策）。レインカットすることで葉っぱは生き延び、ブドウが成熟するまで収穫を待てる。光合成活動は最後まで続き、ブドウのポテンシャルを引き出すことができる訳である。

レインカット方式が一番生きる品種は、晩生種のカベルネ・ソーヴィニヨンである。気候変動の影響で、最近は9月に雨が多い。そのため、晩熟のブドウで効果が大きく出る（早生品種はこの時期、すでに収穫適期に達している）。ということは、カベルネ・ソーヴィニヨンで造るワインはレインカット栽培が美味しいということを意味する。

小諸ワイナリー工場長・武井千周氏に確認すると、「そうです」ということであった。「ソラリス」シリーズはほとんどがレインカット栽培のブドウを使っている。だから美味しいと言う（山梨県産の甲州・マスカット・ベーリーAは棚栽培である）。

なお、マンズワインはレインカット栽培の技術を公開しているので（１９８８年特許）、多くの同業者がレインカット方式を導入している。例えば、先に紹介した㈲秩父ワイン「源作印ワイン」もレインカット方式を導入していた（第17章）。

ただ、レインカット方式は機械化が困難なため、生産性の向上が制約される。品質向上に向いている点、日本的技術と言えよう。

密植栽培で収量制限

美味しいワインを造るもう一つの秘訣は、密植栽培による収量制限である。密植すると、１本のブドウの木が枝を延ばせる空間が少なくなり、収穫量は減る。１本の木に沢山ブドウが成るより、密植したブドウの果実は成分が充実して果実味の豊かなワインとなる。ブドウの凝縮度が高まり品質が向上するからだ。

東山地区のカベルネ・ソーヴィニヨンの圃場を見学した（**写真18―1参照**）。１ha当たり６０００本も植えてある（通常は３０００〜４０００本である）。密植すると、ブドウの木が小さくなり、１本当たり収量が少なくなる。ただし、１本当たり収量は低下するが、本数が多いので、１ha当たり収量は通常栽培とほぼ同じかやや少ない（５ｔ弱／ha）。収穫量は同じだが、品質が向上する。

密植にすると、苗木コストが上昇、作業的にもコストが上昇する。つまり、品質は向上するが、コストは高くなる。しかし、高級ワインを造れば、いいわけだ。ここで穫れたカベルネ・ソーヴィニヨンで造ったワインは〝9000円〟で売れる。「マニフィカ」ブランドは15000円である。昨年の大阪G20マクロン仏大統領来日時の総理大臣主催夕食会では「マニフィカ」が使われ、喜ばれたようだ。

樹齢30年を超えたら美味しくなる

武井工場長が強調したことがもう一つある。「樹齢」だ。上田も小諸も、植栽して30年経つ（小諸ワイナリーの敷地内圃場のシャルドネは1981年植付け。樹齢39年）。シャルドネも、カベルネも、一番おいしい時だという。「人間も30～60歳が一番良い仕事ができる。ブドウも同じで、30年過ぎたら美味しくなる」「60年以上になると、味はいいが、生産性が低下する」。ソラリス・シリーズのワインは、樹齢30年を超えたこれからが美味しくなる。

この1年余のワイナリー調査で、「樹齢」をこれだけ強調した人はいない。ほとんどのワイナリーが2000年代に開設し、まだ樹齢が安定していないから、樹齢を話題にしなかったのであろう。武井工場長が〝樹齢〟を強調するのは、ソラリスのブドウは樹齢が30年になったことの自慢、品質への自信がその背景であろう。

以上のように、美味しいワイン造りに向けた栽培技術の体系はそろった。しかし、日本のブドウはワイン先進地に比べると50点未満という説がある（カリフォルニア・コンセンサス）。武井工場長によると、「メルローはそこそこまでいっている。カベルネは土地を選ぶ。ピノ・ノワールはブルゴーニュ、NZ、オレゴン、ソノマに敵わない」。日本の赤ワインはまだ発展途上か。

マンズワインは最適技術をそろえたので、その例外であるのだろうか。品質追及にはもういいという限界はない。ソラリスは市場の評価は高いようであるが、日本のテロワールの限界を考えると、栽培技術各要素の更なる向上が期待されるかもしれない。

4　小諸ワイナリー技術者の思想――日本の風土に根ざす技術開発

「ソラリス」ブランドの誕生の切っ掛けは、1988年の大雪による棚栽培の崩壊である。先述したように、これを契機に善光寺ブドウを欧州系品種に転換し、同時に、レインカット方式、垣根栽培、密植栽培に切り替えた。品種、垣根、レインカット、密植という、美味しいワインに向けた転換が〝一気に〟変わったのである。大きなイノベーションが起きたのだ。このイノベーションが「一気に」進んだのは、農家の協力があって初めてできたのは言うまでもない。

イノベーションが進んだが、よく見ると、「日本型技術」である。レインカット方式は、雨の多い日本だからこその工夫であろう。カリフォルニアでは考える必要のない技術だ。東信地区は降雨が少ないと強調したが、それは日本の中での他産地との比較であって、欧米の銘醸地に比べると雨が多い。

技術によって自然条件の不利を克服している訳だが、コストは高くなっている。

高温多湿の日本で、こうしたコストアップ要因をいかにして吸収していくか、経営上の課題は大きい。

密植は、本場フランスの銘醸地でも採用されている技術だ。シャンパーニュ地方では植栽密度はAOC規制で1ha当たり8000～9000本と決められている。ブルゴーニュでは下限1万本のAOC規制もある。ブドウの凝縮度が高まり品質が向上する技術だからだ（密植が品質向上に影響する効果については論争があるようだ）。マンズワインの植栽密度は6000本であり、ブルゴーニュほどではない。レインカット方式ではアーチがあるので、これ以上の密植はできないようだ。

日本は土地が狭く、大規模経営による規模の利益の享受が制約されているため、品質志向からの密植である。その意味では、密植も日本的技術と言えよう。

先に、小諸ワイナリーの諸々の技術は日本の風土に根差した技術開発と感想を述べたが、それは親会社キッコーマンの社風が影響しているのかもしれない。キッコーマンの主力製品は「醤油」である。〝日本独特〟の調味料である。サントリーやキリン（シャトー・メルシャン）に比べると〝農業系〟であり、日本の風土の影響を受けやすい。マンズワインの技術も、先述のように、レインカット方式は日本の風土を前提にした技術であり、密植栽培も日本の条件から採用している。そう見ると、日本独特の商品を作っているキッコーマンの技術開発の思想と同根である。やはり、作っているものが違うとはいえ、キッコーマンの企業風土（社風）を受け継いでいるのであろうか。ワインはテロワールの影響が強い商品であるため、どのワインメーカーにも日本的技術の色彩があるが、マンズワインはそれが特に強い印象がある。

第19章

条件不利乗り越え金賞ワイン 技術は自然に代替する

㈱島根ワイナリー（島根県出雲市）

島根ワイナリー（出雲市大社町菱根）

テロワール（自然条件）が悪いのに、なぜワインコンクールで金賞が取れたのか。出雲地方は降水量が多く、ブドウの適地ではない。技術が不利な条件に打ち勝ったのだ。技術が自然に代替するようになれば、条件不利地域の参入が増え、ワインは長期的には産地間競争が活発化しよう。技術は独占を破る。

1　島根県に酒の歴史あり――日本ワインもう一つの起源の地

神話の国・島根県出雲のワイナリーを訪れた。春まだ浅い2月中旬であったが、田んぼの畔は草が青みを帯びていた。出雲は案外暖かいのであろうか。

1年前まで、島根県でワインが造られていることを知らなかった。博学多才に縁遠いというか、浅学非才の悲しさ。しかし、想い起せば、島根は神話の国、酒の歴史が古い地域である。島根県にもワインコンクールで金賞を取るワイナリーがある。

島根県は神話の国である。出雲市には酒造りの神である久斯之神（くすのかみ）を祀る佐香（さか）神社（通称松尾神社）があり、全国でも数少ない酒造りが許可されている珍しい神社である。『日本書紀』や『出雲国風土記』には古くから日本酒との深い関係が記されており、島根県は「日本酒発祥の地」と言われている（『日本ブドウ・ワイン学会誌』Vol. 28、No. 1、2017）、㈱島根ワイナリー社長岡良美、巻頭随想による）。

ワインについても、島根県は古い歴史がある。ブドウ栽培の歴史は古く、慶応年間（明治の直前）に浜田市で甲州を植えた記録がある。ワイン醸造は明治3年（1870年）に藤村雅蔵がフランス人の指導を受けてヤマブドウで赤ワインを試験醸造したという記録が残っている。島根県は山梨県と同様、「日本ワイン醸造の起源」と言えよう（先述、『日本ブドウ・ワイン学会誌』）。

㈱島根ワイナリー（出雲市）を訪問した。島根経済連の子会社であり、農協系のワイナリーである。1957年創業。島根県では養蚕不況を経た桑園の転作作物としてブドウ栽培が奨励され、ビニール被覆・加温栽培（ハウス栽培）での早期出荷で全国有数のブドウ産地になった（現在もデラウェアの有名産地である）。しかし、生食用出荷基準

表19–1　気象条件の比較（生育期間4–10月、産地別）

	出雲	横田	勝沼	松本	上田	余市
降水量（mm）	159.5	160.5	121.3	112.7	101.5	99.0
平均気温（℃）	20.0	18.2	19.9	18.3	18.4	14.6
日最高気温（℃）	24.9	24.1	26.1	24.6	24.9	19.5
日最低気温（℃）	15.2	13.0	15.3	13.2	13.5	9.6
昼夜の寒暖差	9.7	11.1	10.8	11.4	11.4	9.9
日照時間（時間）	178.6	161.9	173.7	179.0	182.1	169.9

（注）気象庁データ。1981–2010年平均。

に満たない物の加工用利用としてワイン造りが始まり、以来、60年余の歴史がある。農協系の故、原料調達を巡る諸問題が鮮明に表面化してきた。

降水量多く条件不利

同社の商品「島根わいん縁結(えんむすび)甲州2018」は、日本ワインコンクール2019で「金賞・部門最高賞」を獲得、その前年も2017ビンテージで銀賞を受賞するなど、ワインコンクールで数々の入賞を果たしている。テロワールが悪く条件不利とみなされてきた島根の無名のワイナリーが、山梨、長野など先進地域と競争できることを証明した。島根ワインの金賞受賞は、ブドウの適地とは何かを考えさせる。

出雲のテロワールはブドウ栽培に必ずしも適さない。ブドウは雨が大敵である。**表19—1**は主要なワイン産地の気象条件の比較である。生育期間4～10月の降水量（月平均）は、山梨県勝沼121㎜、長野県塩尻桔梗ヶ原（松本）113㎜、同千曲川バレー（上田）101㎜、北海道余市99㎜に対し、出雲は160㎜であり、雨が多い。出雲は良質のブドウを得るには自然条件は不利である。

しかし、島根ワイナリーの場合、もともと生食用ブドウの非規格品がワイン原料に回されてきたので、ハウス栽培や雨よけ栽培が慣行であり、雨の被害は防げている。また、高品質ワインを狙って、奥出雲の山間地に自社畑を設けているが（横田ヴィンヤード、2008年開設）、ここは雨よけ栽培のほか、水はけをよくするため暗渠排水を導入している。

このように、自然条件は不利だが、技術によって条件不利を克服している。気温等は他産地に比較して劣後はない。凝縮したブドウを得るのに必要な昼夜の寒暖差も出雲9・7℃、横田11・1℃と大きい。

2 島根から甲州の金賞ワイン——収穫適期を探るため3日置きにチェック

周藤ビンヤード（出雲市大社町）代表の周藤博氏（65歳、建設会社定年後就農）にお会いした。島根ワイナリー専属栽培である。日本ワインコンクール2019で金・部門最高賞に輝いた「島根ワイン縁結甲州2018」は周藤氏のブドウである（縁結シリーズの甲州生産者は周藤氏だけ）。

「部門最高賞」は各部門の金賞受賞ワインの中で最も高得点のワインに授与される。甲州部門の金賞は4銘柄あったが、島根ワインの「縁結甲州」は〝部門最高賞〟を得たのである。甲州部門の最高賞に山梨県以外のワインが選ばれたのは初めてである（日本固有品種「甲州」の故郷は山梨県であり、甲州の95％は山梨県産。山梨県関係者の衝撃は大きかったようだ）。また、「縁結甲州」の価格は1550円（税別）であるが、金賞と同時に「コストパフォーマンス賞」も受賞した。

「縁結甲州2018」の生産量は3300～3500本に過ぎない。8月初めに金賞受賞が発表されたら、瞬間蒸発した（1ヵ月で在庫ゼロ）。

周藤氏の経営規模は、甲州30a、デラウェア14a、計44aの小規模である。父の代から、甲州とデラウェアを栽培してきた（近い将来、甲州に一本化の予定）。甲州の栽培地は田んぼを埋め立て畑にした土地で、田んぼと砂を撹拌して上の方に砂を多くしている。水はけが良い、水持ちも良いとのこと（田んぼの埋め立て畑のブドウで、金賞ワインが取れたのは注目に値する)。甲州はハウス栽培、棚仕立て、単収は１８００kg(30ａで５・６ｔ)。糖度16度。

金賞ワインの栽培管理はどうだったか。周藤氏「昔は沢山収量とった。今はワイナリー側とワンチームになって、どういうブドウ作ろうと相談しながら作っている」「糖度より、酸の切れを重視して作った。糖度は少し低くなっても構わない」「収穫時期を早め、色が少し青い時に収穫した」「数量も減らした。以前は10ａ当たり２・３ｔ取ったが、今は１・８ｔに減らした」。ワイナリーの栽培担当(藤原和彦氏)の指導で収穫期を決めているという。なお、畑の中には除草剤は撒かないと言う。

指導した藤原和彦氏の話によると、金賞ワインのブドウ(甲州)は９月初旬に収穫した。従来の収穫は９月下旬、半月早まった。藤原「８月下旬から、適期を探るため、３日置きにチェックした。糖度、酸、pHの３項目」「周藤さんの畑のブドウは昔から良い香りしていた。10年位前から、今のような指導してきた[注]」。

(注) 酸を重視し収穫時期を早めるのは、シャトー・メルシャンの「きいろ香」の理論と同じであるが、藤原氏によると「メルシャンは香りの分析であるが、うちは香りを分析できないので、酸の切れを重視している」。「きいろ香」理論については第６章参照。

このように、収穫適期を探るため、綿密な工程管理がなされている。綿密な栽培管理が金賞につながったと言えよう。ちなみに、島根ワイナリーは原料用に甲州を１１０ｔ調達しているが、そのほとんどは「葡萄神話」や「雲太(うんた)」シリーズ向けである(金賞に輝いた縁結シリーズではなく)。上述のような収穫適期の指導は周藤ヴィンヤード(甲州30ａ、５・６ｔ)だけである。

高齢者は生食用から加工用に

金賞取った周藤さんは「励みになる」と言う。頑張ったから金賞！なのである。

周藤氏にとって、問題はブドウの価格である。生食用ブドウは1kg当たり、デラウェアは1300円、シャインマスカットは3000円であるのに対し、周藤氏の加工用は190円（甲州16度）、である。今年の価格交渉では、少し色を付けてもらえると期待している。周藤氏の現状は、経営規模44a、粗収入200万円である。10a当たり45万円だ。

生食用では粗収入700〜800万円になる（80a規模）。10a当たり100万円であり、加工用の2倍以上だ。しかし、生産者は高齢化すると、手間のかかる生食用は出来なくなり、離農問題が生じてくる。生食用は跡取りがいない（80%は後継者いない）。周藤氏の若い頃（30年前）は、会社勤めを辞めて、ブドウ栽培に参入する人がいるほどだったが、近年はむしろ離農が多い。

周藤氏は「JAしまね出雲ぶどう部会」の原料ブドウ部長である。出雲地区の契約栽培者は11戸あるが、うち10戸は生食・加工兼業である。後継者難で辞めていく人には、デラウェアの加工用に参入を勧めていると言う。

3　農協系ワイナリーの経営概要——生産者減少、輸入原料を使えないジレンマ

島根ワイナリーの生産規模は、日本ワイン30万本、甘味果実酒25万本である。比較的大規模である。甘味果実酒は市場の縮減傾向が続いており（全国消費量は1970年27千kℓ、85年20、18年10と減少）、同社の生産も減少している。一時は7対3で甘味果実酒が多く同社の収益を支えていたが、今やワインの方が多い。

ワインは国産ブドウ100%の「日本ワイン」だけである。国産ブドウを年300t使用しているが、自社畑で供給できるのは10t未満である。自社畑の割合は約3%に過ぎない。そのほかは契約栽培（約19ha）230t、農協経由購入60tである。契約栽培園への依存度が高い（**表19—2参照**）。

表 19–2　ワイン醸造用ブドウの調達方法

	面積（a）	収穫（t）
自社畑	137	8.9
大社ヴィンヤード	50	3.4
横田ヴィンヤード	54 ＋ 33	5.4
契約栽培	1,885	230
出雲	167	
安来	119	
益田	1,599	
農協経由（デラウェア）	—	60
ワイン用合計	—	300
（参考）甘味果実酒用デラウェア		20?

（出所）島根ワイナリーから筆者ヒアリング

ちなみに、契約栽培は約50戸に上がる。益田市16ha（25戸）、出雲市1・67ha（15戸）、安来市1・19ha（10戸）である。

30万本も生産しているので、銘柄は多い。「葡萄神話」シリーズ、「縁結」シリーズ、「横田」ブランド、等々がある。主力品は「葡萄神話」シリーズで、720mℓで1100円（税別）、一番安い。この主力品が全体の3分の1を占める。大量生産銘柄であるから、低廉な価格を設定している。逆に、自社畑の横田ヴィンヤードの高品質ブドウで造るワインは、同社のフラッグシップワインとして、高価格で販売されている。「横田シャルドネ」（白）は3500円、「横田カベルネ・ソーヴィニヨン」（赤）は4500円である。数量限定醸造であり、赤・白合わせて2500～3000本と少ない。

日本ワインコンクールで金賞を取った「縁結」シリーズは1550～1800円。高品質ブドウだけを選んで造った「こだわり」商品である。

ブドウ生産者と「賃上げ」交渉

島根ワイナリーの森正幸常務に経営方針をお聞きした。今までのワイナリー訪問とは違いを感じた。小規模なブティック・ワイナリーを訪問すると、ワイン哲学がシャワーのように降り注いでくるが、それが無く、ビジネスライクな説明で聞き易かった。また、ブドウ生産者との価格交渉を控えて、春闘の「賃上げ」を想わせる雰囲気があった。何となく、「会社」を感じた。

同社の一番の課題は、原料確保対策のようだ。原料用ブドウが不足しているのだ。今、二つの事態が進行している。一つは生産者の高齢化が進み（70歳台が多い）、農家の離農が増えている。もう一つは、ブドウ価格の引き上げを迫られている。甲州品種のブドウ価格は現状1kg190円（糖度16度基準）、デラウェアは100円であるが、これを引き上げざるを得なくなっている。実際、日本ワインブームで需要が伸び、品不足のため、全国的にブドウ価格は上昇局面にある。山梨県勝沼はこれより数十円高い。一部には高品質であれば、300円、500円で取引されている。

金賞を取った周藤ビンヤードのブドウも1kg190円であり、今年は引き上げざるを得ないのであろう。森常務には、人手不足下の春闘賃上げ交渉に臨む経営者の姿があった。今年は、「製品価格を引き上げ、原料ブドウの価格を引き上げる」方針のようだ。

利潤源が使えないジレンマ

プレミアムワイン志向かテーブルワインか、質問した。質問への直接の応えはなかった。森常務「値上げする」。長期的な経営戦略よりも、目下の「賃金交渉」で頭がいっぱいのようだ。

ワインと甘味果実酒の50万本体制は維持したいようであるが、一番の悩みは甘味果実酒（原料はデラウェア）の減少にあるようだ。甘味果実酒は低コスト（デラウェアは1kg100円）なので利幅が大きく、この利潤で経営収支を下支えしてきたが、生産が減ってきている。甘味果実酒の減少は消費減、生産者の離農による原料調達難が要因だ。**図19―1**に見るように、出雲地区のデラウェアの生産者数は80年代の930名から、19年には290名に減った。栽培面積も、307haから90haに減った。

一方、ワイン部門は原料価格の上昇で〝利潤圧搾〟が起きている。従来なら、甘味果実酒の利益でワイン部門の

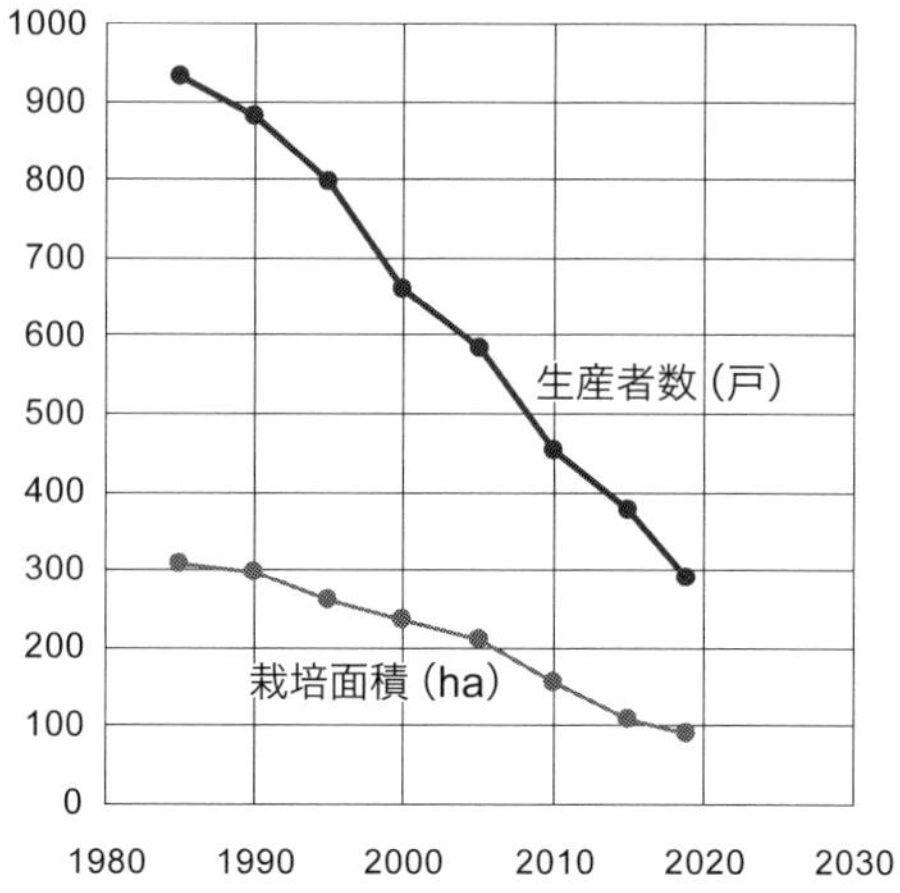

利潤圧搾をカバーしてきたが、それが出来なくなってきた。利潤源の甘味果実酒の減少が、ワイン部門の経営問題の難しさを表面化させている。

大手資本のサントリーやメルシャンの場合、低コストの輸入果汁で造る「国産ワイン」で利潤を上げ、高コストの日本ワインを下支えしているが、農協系の島根ワイナリーの場合、農協が「輸入農産物絶対阻止」の看板を掲げているので、安い輸入果汁を使えない。その代わりに甘味果実酒を利潤源としてきたのであるが、生産者の離農が増え、その道が次第に小さくなってきたのである。農協系であるが故に、経営継続に苦しんでいる。

（出所）出雲市役所農業振興課調べ（JAしまね出雲ぶどう部会資料）。

図 19–1　デラウェアの生産推移

輸入果汁は使えない。甘味果実酒も減少。島根ワイナリーは国産ブドウ１００％の「日本ワイン」を増やすことが唯一の成長戦略である。したがって、〝原料ブドウ対策〟が最大の課題である。原料ブドウの調達を確かなものにするには、ブドウ価格を上げることが不可欠である。生産者の利益を高める以外に選択の道はないのではないか。ブドウ生産者との共存共栄こそ、島根ワイナリーの生き残りの道である。

原料のブドウ価格は上げざるを得ない（生産者対策）。しかし、そうすると利潤圧搾が起きるが、それをカバーする利潤源の確保（甘味果実酒の生産拡大）が出来ない。農協系ワイナリーはジレンマに直面している。

生産者の栽培管理技術を高め、より高品質なブドウを供給し、より美味しいワインを生産、値上げにつなげることが解決策であろう。

売店・レストラン来訪者70万人

島根ワイナリーは、出雲大社の恩恵を受けている。島根ワイナリーの事業は、ワイン生産のほか、ワイナリーに売店、レストランを併設している。売店の売上げは7億5000万円、レストラン売上は2億円である。訪問客は年間70万人に上がる。ワイナリーとしては来訪者が一番多いのではないか。近くの出雲大社に年間600万人の参拝者が詣でる。その一部が島根ワイナリーを訪れるからだ。

ワイン販売も、売店2億円、酒屋向け1億5000万円である。数量ベースで半々か（酒屋卸は7掛け）。つまり、約15万本が売店販売である。訪問者の多さが売店販売に結び付いている。ワイナリーも出雲大社のお陰が大きい。

4 温暖化対策——人材こそ競争力の源泉

島根県は日本列島の南西部に位置し、島根ワイナリーも温暖化の影響を強く受けやすい。20年前から、温暖化対策も取り組んできた。

第1に、冷涼な地を目指し、奥出雲に横田ヴィンヤードを開園した（2008年）。それまでは、自社畑も契約栽培もすべて県内の平地であり、特に欧州系のブドウに関しては高品質のブドウが収穫できなかった。そこで、県内各地の立地や気象条件を調べ上げ、標高が高く、気温が長野や山形と同じ横田ヴィンヤードを開園した。冷涼な気候で、昼夜の寒暖差も10℃以上と大きい（表19—1参照）。

降水量の多い地域であるので、ブドウが雨に当たらないよう、〝雨除け栽培〟を採用し、ブドウの病害の発生を防いでいる。また、水はけをよくするため、畝間に〝暗渠排水〟を設置し、素早く排水できる環境を整えている。

このように、資本と技術で、自然条件のマイナス面を克服している。

現在、横田ヴィンヤードでは、カベルネ・ソーヴィニヨン、シャルドネなど欧州系品種を栽培している（54ａ）。２０１８年に増反し、２０２０年からはメルローも収穫する。果実の香味を保持するため、収穫は〝ナイトハーベスト〟（夜収穫、午前２〜６時）を行っている。ここのブドウで造るワインは、同社のフラッグシップワインとして、高価格で販売されている。

新品種ビジュノワールの導入

第２に、新品種の導入。赤ワイン用ブドウとして、マスカット・ベーリーＡを栽培してきたが、平野部では温暖化に伴い、赤色の着色が悪くなった。そこで、山梨県果樹試験場が開発した新品種「ビジュノワール」（２００６年正式に品種登録）を導入した（島根ワイナリーは２００３年から試験醸造に協力してきた）。ただし、ブドウ全体が不足している状況であり（特に日本固有種）、またビジュノワールは収穫時期がお盆前後になるため農家から不満の声があり、マスカット・ベーリーＡの生産者に改植を勧めるのではなく、新規の生産者にビジュノワールを栽培してもらっているようだ（現在、４名、50ａ）。

第３に、栽培管理の精密化。赤の着色不足には、窒素管理（少なく）、収量管理（少なく）、摘房の時期（的確に分析し集中的に行う）に注意している。摘房の時期の判断は早めか遅めかを見極めるのが難しいと言う。今後は、栽培の技術進歩もある。例えば、山梨大学では、生育（特に開花）ステージを人為的に遅らせて、収穫を涼しい時期に行う研究も進めている。

以上のように、高品質のブドウを求めて、様々な研究開発努力がなされている。醸造段階でも、島根ワイナリーは改善の余地がありそうだ。清酒酵母仕込みワインも、人工酵母を使っているのであるが、思い通りの結果が得られていないようだ。香りを狙っているが、香りが出ない等々、試行錯誤が続いてきた。最近、サントリーの技術者ＯＢが顧問になって指導しているので、ようやく狙ったものが出来るようになったと言う。

同社は甘味果実酒からスタートしているので、甘みが出ればよかったが、ワインは香りが重要だ。まだ経験不足のようだ。

「縁結甲州２０１８」のように、栽培管理技術によって「金賞」を取った。より多くの生産者の技術が上がれば、高級ワインが増える。人材こそ競争力の源泉である。島根ワイナリーは栽培も、醸造も、技術進歩の余地が大きく、今後、もっと美味しいワインになっていく可能性がある。

第20章　反逆のワイナリー　雨の多い宮崎でワイン造り

㈱都農ワイン（宮崎県都農町）

見晴しの良い丘の上に立地する都農ワイナリー（都農町牧内台地）

宮崎は雨が多く、ブドウ栽培には適さないと言われる。しかし、㈱都農ワインはテロワールに反逆するかのように、毎年、ワインコンクール受賞ワインを発表している。一番気難しい品種と言われるピノ・ノワールも栽培している。

都農は〝人の手〟によって新しいテロワールを創出している。技術で不利な自然条件の克服に挑む姿が頼もしい。

表 20–1　気象条件の比較（生育期間 4–10 月平均〈日向 3–9 月〉、昼夜気温は 9–10 月平均〈8–9 月〉）

	宮崎県日向		勝 沼	塩 尻	上 田	余 市	東 京
	年 間	3–9 月					
降水量（mm）	2,454	279.5	121.3	118.1	101.5	99.0	165.5
平均気温（℃）	16.9	20.8	19.9	17.8	18.4	14.6	20.7
日最高気温（℃）	22.2	30.4	24.5	22.2	22.9	19.5	24.2
日最低気温（℃）	12.4	22.0	14.4	11.9	12.6	9.6	17.0
昼夜の寒暖差	9.8	8.4	10.1	10.3	10.3	9.9	7.2
日照時間（時間）	2,143	179.2	173.7	179.0	182.1	169.9	148.2

（出所）気象庁データ。1981–2010 年平均。塩尻は松本今井観測所 2003–10 年平均（日照時間は松本）

（注）日向（都農の最寄りの気象測候所）の日最高・最低気温は 8・9 月平均。生育期間は 3–9 月平均。都農については 2010 年以降の降水量データのみ得られる。2010–19 年の 10 年平均の年間降水量は 3,338mm。また、最高値は 2012 年 4,470mm、次いで 18 年 3,752mm、19 年 3,791mm。概ね 4,000mm に近い。ちなみに、同期間 2010–19 年の日向は 2,951mm、延岡 2,896mm、高鍋 2,807mm である。都農（3,338mm）は日向や延岡よりも降水量が多い。

1　反逆のワイナリー――ワイン産地は移動する

宮崎は日本有数の降水地帯である。また、九州の南に位置し、暑い。台風も来る。「雨の多い宮崎はブドウ栽培に適さない」と言われてきた。しかし、日向灘に臨む都農（つの）町に立地する㈱都農ワインは年産21万本のワインを生産し、数々のワインコンクールで受賞している。権威を認められているＩＷＣや日本ワインコンクールでも受賞している（ＩＷＣ２０１８年銀賞、２０１９年銀賞、日本ワインコンクール２０１９年銀賞）。

確かに、ブドウ・ワイン産地は山梨や長野など、雨が少ない地方だ。ランキングでいうと、降水量が少ない1位は長野（年間降水量９０２㎜）、2位岡山（１１４３㎜）、3位山梨（１１９０㎜）である。雨はブドウ栽培の大敵である。これに対し、もっとも雨が多いのは1位高知（３６５９㎜）、2位鹿児島（２８３４㎜）、3位宮崎（２７３２㎜）である。都農の年間降水量は３３３８㎜（アメダス２０１０～19年平均、最高値は12年４４７０㎜）で、宮崎県ではえびの、深瀬（日南市）に次いで多い（**表20―1**の注参照）[注]。

（注）市町村別の降水量ランキングを見ると（１９８１～２０１０年30年間平均、気象観測所別）、1位屋久島４４７７㎜、2位宮崎県えびの４３９３㎜、3位高知県魚梁瀬４１０８㎜……9位宮崎県深瀬

3371㎜、10位高知県船戸3329㎜である。都農は3338㎜であるから全国10位に入りそうであるが、都農のデータは2010〜2019年の最近10年平均値である。近年の異常気象を反映して、近年10年平均は全国観測所の平年値（1981〜2010年平均）を500㎜位上回る傾向がある。この500㎜を調整した平年値ベースで見ると都農は2838㎜であり、全国ランキングは46位宮崎県青島2857㎜、50位新潟県糸魚川2835であるから、都農は50位前後ということになる。

都農町のテロワール（気象や土壌等の自然環境）はブドウ栽培に適していないにもかかわらず、コンクール受賞ワインを造っている。都農ワインは「反逆のワイナリー」のように思える。

ワイン業界でかつて長らく支配した常識の一つに、「銘醸地は動かない」というのがある。農業界では「産地は移動する」が常識であるが、ワイン業界では産地は移動しないと言っていたのである（実際にはニューワールドの台頭、本場フランスから米国、チリ、オーストラリア等に産地が広がっているにもかかわらず）。都農の実践は、ワインの産地神話への挑戦である。個人的には「技術は自然に代替する」という筆者の仮設「農業＝先進国型産業論」の命題の実証でもある。

テロワール原理主義への抵抗

都農のブドウ栽培が始まったのは終戦後、1950年代である。扇状地の先端にあり、大きな石がゴロゴロある上に火山灰が積もっている地帯である。水漏れがひどくて水田に適さない土地であるが（水を張るのが大変）、江戸時代は石高（こくだか）を増やすための新田開発で水田になった。しかし、上流との水争いが絶えなかったようだ。

戦前、地元の農家、永友百二は稲作に頼らない農業経営を目指し、果樹園芸に挑んだ。雨の多い都農で果樹栽培は不可能……誰もがそう思い込んでいたが、彼は雑木林を開墾し、さらには田にも梨を植栽した。「田んぼに木を植えるなんて」と周囲からは非難されたようだ（都農の果樹栽培は出発点から「反逆」のスタートであった）。こうして、戦前は梨が植えられたが、台風被害に悩まされた。そういう悩みの中から、終戦直後、永友百二ら数人によってブドウ栽培が始まった。それが今日の都農ワインに繋がる。

都農町は、巨峰、キャンベル・アーリー、マスカット・ベーリーA、デラウェアなどの有名産地に発展したが、1989年、ワイナリー構想が立ち上がり、生食用に加えて醸造用ブドウの栽培が始まった。地元産のブドウのみを使ってワインづくりを実現しようと、1994年、第3セクターとして㈲都農ワインが設立され、ブドウの里から、ワインの里へ発展した。単純に自然条件だけが品質を決定するかのような皮相なテロワール論（原理主義）への抵抗、不利な自然条件克服の成功物語である。

テロワールの〝真実〟

「都農のテロワールは悪くないよ」と、㈱都農ワイン社長の小畑暁氏（1958年生）は言う。第1に水はけが良い。都農の土質は、火山灰土壌の「黒ボク」と言われる土で、排水性には優れている。先に水田には適さないと言ったが、裏返せば水はけが良いということであり、都農の土壌はブドウ栽培に良いわけだ。問題は、排水性には優れているものの、ブドウが必要とするミネラル分が乏しいことだ。

第2に、ブドウの収穫は遅くても9月中・下旬で、台風が来る前に収穫する（キャンベル・アーリーの収穫はお盆前8月初旬、一番最後に収穫する甲州種も通常9月中旬）。都農の8月、9月は日本でも有数の晴天で、日照時間も多い。つまり、早稲ブドウは大いに可能性がある地域という。ブドウの生育期は関東より1ヵ月早いようだ。

宮崎都農は雨が多いのが欠点だが、この雨は台風の影響が大きい。梅雨は全国同じだ。したがって、台風さえ避けることができれば、一方で、水はけの良い土壌の良さが生きてくるので、都農のテロワールはそんなに悪いということにはならない。早生品種の選択や、栽培技術で、テロワールの悪い側面はある程度、克服できるであろう。

都農ワインのＨＰや資料（例えば『TSUNO WINE BOOK』）を見ると、「年間降水量は４０００㎜を超え、土壌は火山灰土壌……」とブドウ栽培に悪い条件が強調されている。しかし、アミダスによると、都農の降水量が４０００㎜を超えるのは２０１２年４４７０㎜のみである（２番目は19年３７９１㎜、３番目は18年３７５２㎜、４番目は13年３４８４㎜、10年平均３３３８㎜）。「永友百二スピリッツ」（チャレンジ精神）を強調するためであろうか、「悲劇のヒロイン」を演出しているのではないかと思われる。確かに、都農の自然環境はブドウに不利な点もあるが、水はけや日照時間のように、有利な点もある。不利を克服し、有利さを活かせば、よいワインが出来る。そのテロワールの良さを引き出すのが人の役割である。

2　風と太陽の台地に都農ワイナリー――定説にとらわれない新しい栽培方式

都農町（人口１万人）は、宮崎県央の日向灘沿いに位置し、西には尾鈴の山並みが連なり、東は黒潮流れる太平洋が広がる農業地帯である。温暖な気候が好条件となり、年間を通して野菜や果物が生産され、また和牛や養豚を主にした畜産が盛んである。西隣の川南町と都農町の生産者でＪＡ尾鈴をつくっている。

都農ワイナリーは、標高２００ｍの牧内台地にある。牧内台地は独立した丘になっており、見晴らしがよく、都農町が一望できる。地元産のブドウのみにこだわってワインを造っている。カフェが併設されており、訪問客が年間11万人に上がるのも見晴らしの良さが効いているのであろう。

原料ブドウの供給源は２ルートある。一つはワイナリーと同じ牧内台地にある自社農園（９・５ha）である。標高２５０ｍの山の上のブドウ畑である。シャルドネなど、ワイン専用品種を栽培している。

もう一つは、地域の生産者（農家40軒）からの購入ブドウである。生産者の畑は、松林の防風林に囲まれた海岸沿いにある。生食用のキャンベル・アーリー、マスカット・ベーリーAが主体。生食用ブドウを加工用に回していることになる。もともと売れ残りをワイナリーに引き取ってもらっていることもあって、ブドウ価格は1kg250円である（生食向け出荷は500〜1000円）。

牧内台地の圃場には、シャルドネ、ピノ・ノワール、テンプラニーリョ、シラー、ソーヴィニヨン・ブラン、甲州などが植えてある。雨の少ない山梨県勝沼が得意とする「甲州」もあるのに驚いた。小畑社長によると、技術的にどの位のところにあるか試したいとのこと。良いところまで来ているようだ。実際、IWC2019年では同社の甲州が銀賞を受賞している。

最高の土壌を手に入れた

牧内台地は火山灰土壌（黒ボク土）で、排水性に優れている。しかし、ブドウが必要とするカルシウムやマグネシウムなどのミネラル分が乏しい。ブドウはミネラル要求度が高い植物である。世界のワイン銘醸地は石灰岩がゴロゴロしているが、その土壌はミネラル分が多いから高品質のブドウが出来る。都農の牧内台地はミネラル分を補う土づくりが必要だ。

都農ワイナリーは、ブドウの根がミネラルを利用しやすくするため、堆肥を使った土づくりを行った。堆肥を植物栄養と捉えるのではなく、土壌微生物のエサと考える農法だ。宮崎は畜産が盛んなので、堆肥を作り土に投入すると、微生物が堆肥を分解し、分解された堆肥が接着剤の働きをして土が団粒化する。つまり、土の微生物に働きかけて団粒構造の土を作り、ブドウの毛細根が張りやすい環境を整えてミネラル分を効率よく利用できるようにしている。(注)

（注） 筆者の理解では、植物も「有機質」を吸収できる。有機肥料を使うと味が良くなるという体験的知見があるが、「植物

は無機で吸収する。だから、有機質は無用」「有機質は土壌の物理的構造の改善には役立つが、味には関係ない」というのが定説である（無機栄養説）。しかし、分析技術の進歩で分子レベルの分析が可能となり、有機質（タンパク質）が土壌中の微生物によって分解され、分子量8000程度まで小さくなれば、植物は有機質を直接吸収しているという研究が発表されている。都農ワインの土づくりでも、土の団粒構造化以上の効果が出ているのではないか（拙著『新世代の農業挑戦』全国農業会議所、2014年、110頁参照）。

提供：（株）都農ワイン工場長赤尾誠二氏

写真 20–1　牧内の地層

黒ボク層の下は溶結凝灰岩が風化した角礫や粘土を含むチャート層（35万年前の海底隆起によって形成）があるが、根が1m伸びればチャートに届く。ここに含まれるミネラル分を吸収するので、素晴らしい品質のブドウが出来る。つまり、土づくりで、水はけの良い、ミネラル豊富な最高の土壌を手に入れたわけだ。牧内台地の土壌は世界の銘醸地と同じ条件になったのである。地中深く隠されていた宝を探し当てたようなものだ（黒ボクは酸性土壌なので、堆肥とは別にカルシウム資材等も投入している）。

また、土づくりの結果、健全なブドウの樹が増えて、農薬の散布量が5分の1になった。べと病（カビ）にも掛からなくなった。特筆に値するのは、ブドウの葉が紅葉したことだ。それまでは雨や台風で葉っぱがなくなっていたが、収穫後の畑に葉が残り、紅葉した。葉が最後まで残ることで光合成活動が続き、樹に養分を貯えることができる（この点は筆者の理解。第4章ビーズニーズワイナリーの知見参照）。

垣根式を止め棚仕立て

欧州系ワイン専用品種のブドウは、垣根式が常識である。都農はこの定説にも反逆した。

シャルドネの圃場を見て驚いた。降雨対策はマンズレインカット方式（改良型）であるが、平棚方式だ。また、枝は上から下に垂らしてある。一文字短梢剪定だ。湿気の多い日本の風土では、風通しを良くする必要があること、また、枝を垂らすことによって、成長点が下に向くと徒長が止まり枝先の成長点が充実しやすく、枝や葉、果実が充実するからだ。また、フルーツゾーンが高い位置にあるので、湿度対策にもなる。

普通、欧州系品種は垣根仕立てで、枝を上にあげ、そして密植である。ここは枝を上から下に垂らし、間隔を空けて植えてある（10a当たり160本）。剪定方法も定説に反している。もともとは垣根方式であったが（1994年植栽）、試行錯誤の上、2000年に棚方式に転換した。

この栽培方法は、地元の生産者に学んだ。地元のブドウ生産者たちが昭和20年代前半（1940年代後半）に確立された方法で、生産者たちのアドバイスで確立した。

密植の方がブドウの凝縮度が高まるのではないかと質問した。小畑社長「垣根、密植で凝縮度が上げられる、恵まれた地域は世界的に見ても少数派です。その他の地域は、その土地にあった樹間をとり、樹勢を調整してブドウを栽培しています。ワイン用ブドウは垣根で密植というのは古い考えのような気がします。NZやNY近辺の雨の多い地方で採用されているジェノバ・ダブルカーテンという仕立て方があるのですが、これはまるで棚仕立てです。その土地にあった仕立て方があると思います」と言う。

牧内台地の圃場を見て、もう一つ興味を持ったのは、畝の切り方だ。白ワイン用ブドウは東西に植えてある。東西に畝を切ると、必ず日陰ができので、「酸」が残る。これに対し、赤ワイン用は南北に植えてある。南北の畝は日陰が少ない、つまり日射量が多くなる。栽培方法は微妙なところまでよく考えている。

ピノ・ノワールに挑戦

ピノ・ノワールは気品あふれるワインになり、赤ワイン品種の女王とも言われる高級品種であるが、一方で、一番気難しい品種と言われている。世界中で栽培されているが、一番有名な産地は仏ブルゴーニュである（ブルゴーニュの赤ワインは全てピノ・ノワール）。このほか、ニュージーランド、米国オレゴン州、カリフォルニア州ソノマなども有名産地だ。高温多湿の日本では難しく、北海道余市などに産地が限られている。つまり、冷涼な風土が適地なのだ。都農ワイナリーはこの気難しい品種に挑戦している。2010年に導入し、少しずつ畑を増やしている。高温多湿な地域では難しいと言われているが、雨の少ない時期に栽培すれば良い品質になると考えている（都農のピノ・ノワール収穫時期は8月初旬）。

小畑社長はブラジル駐在の経験があり、暑いブラジルで良いピノ・ノワールができていたことを知っている。ブラジルは石灰土壌だ。堆肥を使った土づくりを行い、ブドウの根がミネラル豊富なチャート層にたどり着けば、ブラジルと同じ条件になると言うのだ。土づくりと8月初旬の早期収穫で、気難しい淑女を制御するわけだ。

現段階は、数年に一度はよいワインが出来ている。ピノ・ノワールっぽくない、果実味の強いワインになっているようだ。カシスの香りもするので、カベルネ・ソーヴィニヨンに近い味のワインが出来ているらしい。赤ワインだけではなく、瓶内2次発酵による白のスパークリングワインの原料としても魅せられているようだ。夢を馳せているが、まだ挑戦が始まったばかりである。

3　土地の個性を表現するワインを造る——都農はブドウ栽培の不適地にあらず

人の手で新しいテロワールを創り出す

都農は気温が高く、梅雨明けから9月までは全国的にみても日射量の多い地なので、ブドウは一気に糖度が増す。太陽の恵みが果実味豊かなワインをつくる。収穫時の気温は30度、夜も暑い。酸味が少ないトロピカルな味だ。ピノ・ノワールは仏ブルゴーニュが本場であるが、今は世界中に広がっている。しかし、どこも、ブルゴーニュとは違う味だ。都農は、都農のテロワールが存在する。香りがきれいで果実味が豊かである。社長&醸造家である小畑暁氏は「醸造家の役割は、そのテロワールを導き出すことだ」と語る。牧内台地の個性を表現するワイン造りに情熱を燃やしている。

ブルゴーニュと味が違っても構わない。都農のテロワールのピノ・ノワールが出来ればいい。その土地の個性を表現するのがいいワインだという考えである。香りがきれいで果実味が豊かなワインで何が悪いのだということであろう。ブルゴーニュのピノ・ノワールではなく、「都農ピノ・ノワール」である（あとは消費者の選好であろう）。

小畑氏は、都農はブドウ栽培の不適地にあらず、と考えている。都農は太陽の恵みがある、台風が来る前に収穫できる、チャート土壌層に根が届けば豊富なミネラル分がある。つまり、早生品種を導入し、土づくりで根がチャートに届く環境を造ればいい。ブドウ栽培に悪い条件を克服し、良い条件を作り出せばよい。チャートという宝物を探し当てたように、人の手で新しいテロワールを創り出せばいい。要するに、「人」である。

自然派は嫌いだ

小畑暁氏（62歳）は、北海道旭川生れ、帯広畜産大学（食品化学科）卒である。自分は「油脂の分析屋」と語る。醸造学とはかなり距離がある。青年海外協力隊で南米ボリビアに行き、その後、南九州コカコーラ海外事業部（南米対応）に勤務していた時、都農ワイナリーの立ち上げを知り、96年6月、創業時から工場長として迎えられた。ワイン技術は米国ナパバレーで研修した。国内では高畠ワイナリー（山形県）およびマルス山梨ワイナリー（山梨県）で研修し技術取得した。油脂分析屋がつくるワインは面白いものになるのではないか。ワイン屋と違って「科学的」である。

小畑氏は「自然派」は嫌いと言う。ワイン醸造で「天然酵母」を使うワイナリーがある。小畑さんも遊びで使っているが、製品としては出していない。うまく成功できていないようで、途中、諦めて乾燥酵母を入れるようだ。「自分は天然酵母を信じていない。自然派は嫌いだ」「亜硫酸は使うべきだ。頭が痛いと言って使わないのはバカだ」。「自然派」というファッションにハマってはいけないと言う。ワインは農業と言いつつも、「食品加工業」だ。自然派のワイン醸造家は芸能人やマスコミにもてているが、まるで「芸能人」じゃないか。醸造の基本をおろそかにしてはいけないと、時代の流れを嘆いている。牧内台地のテロワールを大切に思うのは人一倍であるが、自然任せではなく、科学的知見に基づき牧内台地の個性を引き出そうとしている。帯広畜大出身の故か、「分析的」で、結構「科学的精神」を感じさせる。

経営概況　年産21万本

都農ワイナリーは、牧内台地の自社農園から60ｔ、生産者（40軒）から１５０ｔの原料ブドウを調達している。

自社農場は９・５haで、成園７・５ha、あと２haは植えたばかりである。ワイン生産量は７５０㎖21万本である。生産者からの購入ブドウで造るワインは、地元向けワインであり、価格は１０００〜２０００円である。自社農園のワイン専用品種で造るワインは付加価値が高く、３０００〜５０００円、県外に売っている。ワインの出荷先は県内75％、県外25％である（金額ベース。数量ベースでは県内がもっと多い）。

醸造場は、大小のタンクが所狭しと並んでいる。タンクは冷媒を使い10度に冷やしているので、結露が出来ている。瓶詰工程のボトリング速度は１時間１５００本である。小畑さんの前職はコカ・コーラ勤務であったので、もっと速いと思ったが、案外ゆっくりだ（筆者の現地ルポによると、家族経営の秩父ワイン１４００本、北海道ワイン４０００本、アルプスワイン７０００本である）。

従業員23名。うち正社員13名（畑10名、醸造３名）、契約社員10名。収穫は学生アルバイトを使う。売上高３億円である。宮崎は焼酎文化の地域であるが、出荷先は県内８割（数量ベース）と、地元の比重が高い。小畑社長「良く言えば地元に愛されている。悪く言えば県外展開が遅れている」。通信販売等の直販が増えているので、担当を置くなどしてこれを増やしたいようだが、社長は人件費コストの上昇を考え、悩んでおられた。先行投資と考え、直販担当者を設置すれば、県外がもっと増えよう。県外が増えれば、競争原理が作用して競争力が培われ、都農ワインはもっと発展するのではないか。

コロナ禍の影響で、顧客が20％減少した。農協とは持ちつ持たれつの関係にあり、今年は農協が率先して組合員にワインを買ってもらっている。小畑社長が認めるように、地元依存が少し大きいようだ。

都農町は、今年、町制１００周年である。近年、人口減少が目立ってきた。都農ワインの県外展開が成功すれば、「外貨獲得」に貢献するのではないか。農業の第６次産業化を通して、都農町の発展に貢献することになろう。

第21章

東京にもワイナリーがある都市型ワイナリーの存立形態

東京にある五つのワイナリー

深川ワイナリー

東京のワイナリーが一番面白いかもしれない。ワイン学から離れた瞬間、ワイン造りが面白くなる。産地規制ＡＯＣやテロワール論から解放された東京は、ワインビジネスが楽しい。下町・深川がＮＹブルックリンに似た町に変貌していく。ブドウ畑のない東京で、今後もワイナリーの新規参入がつづきそうだ。

東京のワイナリーが面白い

東京都心にワイナリーが続々とオープンしている。東京ワイナリー（2014年）、清澄白河フジマル醸造所（15年）、深川ワイナリー（16年）、BookRoad〜葡蔵人〜（17年）、ヴィンヤード多摩（15年）、渋谷ワイナリー（20年）。ワインビジネスがどんどん広がっている。

〈ワイン造りが〉楽しい、〈見ていて〉面白い、〈食べて飲んで〉美味しい。東京のワイナリーのことだ。短絡的な「ワイン学」の束縛から解放されたワイン造りだ。楽しむ造り手、楽しむ消費者、新しい産業社会が形成されている。

1 深川ワイナリー東京（江東区）——ワイン学の教養からフリー——

東京の下町、深川に「ワイナリー」が誕生した（2016年）。ブドウを栽培する場所もないところにワイナリーが立地、それだけでも新鮮な驚きだが、やること成すこと全て新機軸だ。「海中熟成」やビル屋上でのブドウ栽培、黒ブドウで白ワインを造る、等々。

深川ワイナリー（中本徹代表）はイノベーターだ（醸造人・上野浩輔氏）。大消費地に立地し、その強みを生かすことで、短絡的な「ワイン学」から解放されたことが、イノベーションの引き金になったのであろう。街が変わった（町も）。深川ワイナリーは面白い。

街中で1年中醸造している

深川ワイナリーは新しい価値と物語を提供する「コト創り」を目指すワイナリーである。飲食事業会社の㈱スイミージャパン（中本徹社長）の経営である。

下町・門前仲町、清澄通りを横道に入ると直ぐ、看板が目に入る。深川ワイナリーは分かりやすい所にある。道路に面した入口から入ると直ぐ醸造場、華やかな甘酢っぱい香りが立ち込めている。醸造責任者の上野浩輔氏が、紙芝居のように手作りの教材でワイン造りをレクチャーしながら、ワインを試飲させてくれた。ワイン醸造を見て・知って・体験できるワイナリー、つまり、ワイン造りをお客様に「見える化」した醸造所が中本社長の方針のようだ。

生産規模は、年産2万本である。下町・深川にはブドウ畑はない。原料ブドウは北海道、青森、山形、長野、山梨など地方からの調達（多い時は20ｔ）のほか、海外からも輸入している。日本のブドウが入ってこない季節に、南半球のオーストラリアとニュージーランドから計10ｔ輸入している（グループ内他醸造所の分も含む）。

つまり、年1回しか収穫できないという国内産地の制約から解放されているので、年中、醸造できるわけだ（国内産地でのワイン造りは収穫期の9～11月、輸入ブドウは3月収穫、日本着は5月末～6月）。

ブドウ輸入は「冷凍」（マイナス24度）で輸送しているが、解凍したら自然発酵が始まるという。初耳、面白い（冷凍下でも酵母は生きているのである）。白ワイン用はジュースで輸入する。

醸造はすべて自然発酵である。学生時代には優良酵母を使えと教えられたが、今、上野さんは野生酵母を活用している。また、ワインの7割は無濾過、〝濁りワイン〟である。無濾過の方が美味しいと言う。ただし、シャルドネは濾過した方が美味しい、デラウェアは濾過しない方が美味しいようだ（前に勤務していた滋賀県のヒトミワイナリーはすべて無濾過である）。

なお、原料ブドウは生食用が多い（国産調達の8割は生食用）。生食用と加工用の区別はしないと言う。出荷は、半分は直売及び併設レストランでの自家消費、半分は卸販売である。

自由自在のワイン造り

上野氏は、日本国内ではワイン造りの最高学府である山梨大学工学部醸造学科で学び、滋賀県のワイナリーで17年半、新潟のワイナリーで5ヵ月ワインの醸造に携わってきたワイン造りのスペシャリストである。「町の中でやる」という中本代表の言葉に惹かれて深川に来た。「消費者や飲食店の近い町中のワイナリーに新たな可能性を感じて、この事業に参加させてもらいました」と言う。

上野さんのワイン造りは、自由自在だ。瓶内2次発酵の無濾過スパークリングワイン、オレンジワイン（白ワイン品種のブドウを果皮も果汁と一緒に漬け込む赤ワインの製法で造る）はもとより、新しいワイン造りにも挑戦している。黒ブドウから白ワイン造りも実験中だ。これをやっているのは深川ワイナリーだけである（世界では黒ブドウから白ワインを造る例あり。スペインでは黒ブドウのテンプラニーリョの白ワインもある）。「面白そう、とか、やってみよう、と思ったことをどんどんやっています。あれとこれを混ぜてみようかな、とか」。

「東京は色々な地域から人が集まっている。ブドウも色々な地域から来る」ので、東京らしいワイナリーのワインを造ろうと、「長野、山形、北海道、青森のワインをブレンドしている」（収穫時期が違うので、混醸ではなくワインのブレンド）と言う。産地に縛られないワイン造りだ。AOCワインばかりでは客が引くので、ソムリエがペアリングするのと同じだ。東京だからこそ出来ることだ。

上野さんの話を聞いていると、レシピに囚われず思いのまま自由自在に料理している、手慣れた料理人のようだ。ワイン造りは自家薬籠中の物のようだ。ワイン造りのプロである。

海中熟成

一番興味を引いたのは「海中熟成」だ。通常、ワインは醸造後、蔵の中で静かに眠らせておく。しかし、深川ワイナリーは東京湾に近いので、東京海洋大学と組んで、「海中熟成」を始めている。海の底に沈めて熟成させる。東京湾（越中島）の深さ4ｍの海中。12月に沈めて、夏前7月に引き上げる。まろやかな味わいになるようだ（数値は変わらないが、舌センサーではわかる）。海の持つ力をワインの熟成に役立てており、新たな海の利用方法である（海の中は冷涼である。水温は12月13度、7月20度）。

海中熟成は、中本代表の発想である。「地中海の沈没船から引き揚げたワインが、オークションで高値が付いた」ことで思い付いたようだ。いかにも〝深川〟らしい実験である（深川は東京湾に注ぐ隅田川の左岸に位置する）。「モノづくりではなく、コトづくり」を目指すワイナリーの真骨頂だ。地元・深川の活性化につながろう。

下町が変わった――NYブルックリン似

深川ワイナリーは、大都市の持つ魅力を引き出すことを狙っている。ワイナリー併設レストランでは、イタリアで修業したシェフが本格的料理を出している。

門前仲町駅すぐの地元密着スーパー「赤札堂」の屋上で、ブドウを栽培している（２０１8年から、２００㎡）。今年8月には2㎏収穫できたが、ワインを造るには量が足りないので、ワイン醸造の「酵母」として使った。来年からは本収穫になるので、「深川産ワイン」が誕生する。

赤札堂の屋上には「深川ワインガーデン」がある。地元の深川や清澄で醸造されたワインを出している。

ニューヨークのブルックリンには、都市型ワイナリーや、ビール醸造所、ウイスキー蒸留所がある。２０１6年にはウォーターフロントの屋上ブドウ園がオープンした。マンハッタンの摩天楼を見張らせる屋上で、屋上緑化や地産地消など、都市生活と密接なワイン造りである。深川ワイナリーにとってのヒントがここにある。

深川を日本のブルックリンにしたいのであろう。同じくウォーターフロントだ。地域にある大手建設会社から、ビル屋上緑化など、一緒にまちづくりしようと提案を受けている。ほかのビルの屋上にもブドウを植えれば、江東区産のワインが「1000本出来るよ」という話がある。江戸時代からの深川は、材木（木場）とガラスの町である。そこが「ワインの街」に変わろうとしている。もう一つの「コト創り」の真骨頂である。深川ワイナリーの挑戦は面白い。

深川ワイナリーを経営する㈱スイミージャパンは、2020年8月、渋谷（宮下公園）にもワイナリーを開設した。大阪空港（伊丹）で世界初のエアーポートワイナリーも開設している。ほかにもコンサルの話が出ており、今後、大都市におけるワイナリー開設が増えそうだ。

2　東京ワイナリー（練馬区）
――東京の農業を元気にしたい――

東京で初めてワイナリーを開業したのは越後屋美和さんである（2014年）。大学の農学部卒で、大田市場で野菜の仲卸として働いていた時、東京の農家さんと出会い、東京にも意外と農地があって野菜や果物を作っている農家が沢山いるんだと知り、「東京の農産物を広めていこう」と思い、ワイナリーを興した。

「事業家能力」が高いなぁというのが第一印象であった。

・

Pioneer's fortune

都市の中で、素人がワイン造りに参入した（練馬区大泉学園町）。ブドウ集めなどで苦労があったのではないかと

写真 21–1　東京ワイナリー

思い、お尋ねした。「大した苦労はなかったです。市場にいたので、農家さんや産地と太い絆があり、改良普及員とも知己、東京のワインを造るということで、協力してくれる人が沢山いました」。

東京で「最初の人」と認められたため、応援してくれる人が沢山いた。ファンも出来た。2014年、事業を立ち上げると直ぐ、クラウド会社から「やりませんか」と声がかかり、クラウドファンディングで200万円得た。

「東京ワイナリー」の名前も、最初でなければ付けられなかったであろう。新聞やテレビの取材も、年間10～20本くらいある。東京で初めてのワイナリーという、〝パイオニア〟であることが、幸運、利益をもたらしている。'Fortune favours the brave.'(「幸運は勇者に味方する。」)という諺があるが、ここではまさに'Fortune favours the pioneer.'(「幸運はパイオニアに味方する。」)と言えよう。

東京生まれ「高尾」ブドウのワイン

都市立地である以上、原料ブドウの手当てが一番の問題だ。

東京ワイナリーの規模は年産1万本である。搾汁率が60%と低いため、ブドウ必要量は12tである(委託醸造分も含む)。その内、2割は東京都内から供給される。産地は練馬、国分寺、国立、日野、府中、東村山である。品種は生食用ブドウが多い。練馬には自社畑もあり(19年から、17a)、来年辺りからブドウ供給できる。自社畑には各品種を植えてあるが、練馬は何が適するか、まだテスト中と言う。

残り8割は地方からで、北海道、青森、山形（置賜郡）、長野（安曇野および朝日村）から調達している。原則、1品種、1地域からで、各地域2tくらいである。地域間のブレンドはしない。

東京ワイナリーのフラッグシップワインは「高尾ロゼ」である。ブドウ品種「高尾」は東京生まれ、東京育ちのブドウ（生食用品種）である。巨峰の改良品種であり、東京都農業試験場が育種した品種である。高尾が育成されたのは1960年代と早いが、栽培管理が難しく普及が遅れた。味は抜群に良いと評価されている。価格は1kg1600円（店頭）で、巨峰（同1000円）よりはるかに高い。人気のシャインマスカットに次ぐ高値だ。

現在、高尾ブドウは都下の稲城市や日野市が本場だが、練馬区でも栽培されている。越後屋さんは「東京の農業を元気にしたい」という初心から、東京生まれ東京育ちのブドウでワインを造っている（商品名「高尾ロゼ」）。そういう意味では、「高尾ロゼ」は東京ワイナリーのシンボルと言えよう。テイスティングしたが、日本ワインとしては格別の美味しさであった。この1、2年、越後屋さんは上手になったという話も、同業者から聞こえてくる。「高尾」でワインを造っているのは全国で唯一、東京ワイナリーだけである。価格は1本3500円で、同社で一番高い（他は2100円）。

東京ワイナリーのワインは、すべて無濾過無清澄の〝濁りワイン〟である。コンクールには出せない。コンクールの審査基準は、ヨーロッパに倣って、色や輝きなどがポイントだから、濁りワインは賞をもらえない。

ワインのアルコール度は11度である。もともとのブドウを活かしているので、糖度を無理して上げることはしない。基本的には補糖しない（巨峰など生食用品種の時、1〜2度補糖することもある）。補酸はしない。

出荷先は、8割は直売とイベント（練馬区開催のマルシェ）での販売である。直売が多い。2割は量販店向けである。なお、「量り売り」（100cc単位）もしている。

街のコミュニティスペース

大泉学園町の住宅街にワイナリーがある。新聞の配達所を改築した小さな建物である。初期投資は初リリースまでの家賃等を含めて2000〜3000万円という。

ワイナリー内には、こぢんまりしたカフェとショップがある。練馬の売りは「農」であり、ワインと地元の採れたて新鮮野菜とのマリアージュも楽しめる。お客さんはワインの醸造を見ながらワインを楽しんでいる。楽しいひと時を提供しており、街のコミュニティスペースになっているようだ。訪問客は土・日は10〜30人、年間約4000人もいる。

練馬区が主催するイベントにも参加し、農が売りの練馬を盛り上げている。もちろん、マルシェにワインを出品し、売っている。売れる。

パイオニアとしての幸運だけで事業が成り立っているのではなく、「農」が売りの練馬区に立地、クラウドファンディングによる資金調達、カフェ、マルシェ出品、年間10本以上のメディア取材、等々、販売につなげるアイデアが一杯ある。この組み立ては並々ならぬアントレプレナーシップを感じさせる。仲卸「市場」が越後屋さんのビジネス能力を育てたのであろうか。

3　BookRoad〜葡蔵人〜（台東区）
——つくるを楽しむワイン造り——

下町・御徒町の街中ワイナリー。飲食店事業から出発した㈲K's プロジェクト（大下弘毅社長）が、自分たちでワイン造りがしたいと思いワイナリーに進出した（2017年）。東京で4軒目の都市型ワイナリーである。K's社は建設業もやっており、建設業、製造業（ワイナリー）と多角化しているが、どちらも「ものづくり」であり、クリエイティブな仕事という点で共通している。

愛着を持ってお客様に説明できる

ホテルオークラも経歴した大下社長は創業以来ずっとサービス業に携わり、お客様に喜んでもらうことを考えてきたが、「自分たちで作ったものでないとちゃんと説明できないという思いがあった。そこで、愛着を持ってお客様に説明できるものをと考えた時『ワインを造ろう』と思った」と言う。

BookRoad～葡蔵人（ぶっくろーど）～という名前は、葡（ブドウ）と人（消費者）を蔵（自分たち）が繋ぐ、という意味が込められているようだ。ワイナリー施設は、御徒町駅近くで、元工場だった4階建てのビルを社員たちでリノベーションし、1階と2階は醸造、3階はワインの販売と試飲できるテイスティングスペースになっている。3階はワインを購入し会員になった者に限り、1日1組でワインと料理を楽しめるレストランもある（1週間前予約制）。ブックロードは典型的な〝都市型ワイナリー〟である。

ワイン生産規模は年2万本（750㎖）である。卸及びインタネット販売が主であり、自社の飲食店での消費は少ない。直売と自社消費合わせて全体の1割位である。

原料ブドウは、年間22～23t使用しているが、主に山梨県と長野県から調達している。契約農家は山梨5軒、長野4軒。各戸1～2tずつで、山梨から10t、長野から10tである。山梨（勝沼）はアジロンダックと甲州、長野（須坂、安曇野）はソーヴィニヨン・ブランが主である。ブドウ品種は約10品種に及ぶ。

自社農場からの供給もある。茨城県八千代町の農家と協力し、20aで2～3t供給している。ブドウのない東京からすれば、近場ということであろう。品種は山ブドウとメルロの交配種「富士の夢」。富士の夢は酸味の強い品種であるが、今年は酸味が穏やかで、まろやかな味わいの美味しいワインになっているらしい。八千代町の夏は暑く、ブドウ栽培に最適なテロワールとは言い難いが、富士の夢は酸が抜けないので、いい品種選択かもしれない。そういう意味では八千代町のテロワールに合っている。

醸造の指揮を執っている女性醸造家・須合氏によると、食事と合わせて美味しいと思えるようなワインをめざしている。アルコール度数は11度と低めである。ブドウの糖度（低い）をそのまま生かしている。補酸もしない。「ブックロードのワインが、食事の時、「楽しいタネ」になって欲しい」。そういうワインをめざしていると言う。

ワイン造りはワクワクして楽しい

醸造責任者の須合美智子さんは、もともとは同社の飲食店で働いていたが（主婦パート）、ワイン好きだったので、「会社でワイナリーを作ると聞いた時、面白そうだと思い、やってみたいと手を挙げました」。技術は、山梨県勝沼のワイナリーに1年間通い、研修して取得した。山梨のワイナリーの仕事は朝8時から始まるので、東京から電車で行ったのでは間に合わない。ペーパードライバーだった車の運転を再開したようだ。家庭の主婦業と両立させた訳であり、須合さんはかなり根性のある人だ。

女性醸造家になった須合さんに、飲食店勤務とワイン造りの違いをお尋ねした。「ワインは造っていて、どんな風になるかワクワクした気持ちがある。飲食店のお客さんとの会話も楽しい。どっちも、同じくらい楽しい」。

筆者は、ワイン造りは料理に似ているように思う。献立を考えることから始め、どういう味付けにするか等、創造的、クリエイティブな仕事であり、また、食べる人（お客さん）に楽しんでもらいたいという思いで作る。ワイン造りは女性に合っているかもしれない。この1、2ヵ月で訪問したワイナリーでも、つくば市のビーズニーズヴィンヤーズ、練馬区の東京ワイナリー、いずれも女性の醸造家兼起業家である。

ワイン造りは、クリエイティブな、楽しい職場を創出している。日本の社会にもっともっと広がっていい職業だ

(ただし、大下社長さんに今後の新規ワイナリーについてお尋ねすると、「今のところワイナリー新増設の考えはない。儲からない、原料も不足している」とのこと。確かに、そういった経済的問題はあろう)。

須合さんに続く第2、第3が現れるか聞いた。「根性が必要です。よっぽど根性がないとできません」「やりたいと思う強い気持ちが大切」「どんな仕事も納期がある。ワインも出来上がるのをお客さんが待っている。納期に間に合わせるには根性が必要です」。

ワイナリーは、楽しい産業である。従業員のモチベーションも高揚する。ワイン造りは陶芸家と同じだ。どんな色になって出てくるか分からない、ワクワクした気持ちで出来上がりを待っている。クリエイティブで楽しい仕事である。都市型ワイナリーは原料立地から解放され、同時に消費者に接近しているので、今後増えていくのではないか。

2010年代以降、ワイナリーの新規参入が増えたが、今までは原料立地が多い。しかし、都市型ワイナリーの成功が見えてきたので、今後は大消費地での新規参入も増えるのではないか。東京は山梨に次ぐワイナリー王国になる夢が馳せる(生産量ではなく、ワイナリーの数)。ただし、日本のワイン産業はまだ揺籃期にあり、テロワールのいい産地でもほんとに美味しいと言えるワインが出来ていないことが、都市型ワイナリーの成長を許しているのかもしれない。

4 清澄白河フジマル醸造所(江東区)
――ワインを身近に感じてもらう――

レストラン併設の街中ワイナリー。㈱パピーユ(藤丸智史社長、本社大阪)はワインの業務卸が主業であるが、「ワインを日常に」をモットーに、ワインショップあるいはワイナリー併設のレストランを大阪で展開しているが、気軽に醸造所も見学でき、ワインを身近に感じてもらえるようにとの期待から、東京の下町・清澄白河にワイナリーを設立した（2015年）。ワインの敷居を下げたいとの思いがある。もちろん、それがワイン販売の増加につながろう。清澄の併設レストランには月間1000人の顧客がある。

清澄白河フジマル醸造所マネージャーの室谷統氏（41歳）に話を聞いた。

山形・山梨からブドウ調達

清澄白河フジマル醸造所のワイン生産は、年産1万5千～2万本である。国産ブドウ100%の日本ワインである。

原料ブドウは関東地区の農家からの購入であるが、主に山形県、山梨県から調達している。山形はデラウェア、山梨はシャルドネ、カベルネ・ソーヴィニヨンである。このほか、茨城県からマスカット・ベーリーA、千葉県から巨峰を調達している。トラック輸送（2t）で、山形から醸造所まで3～4時間で来る。収穫後、冷却処理し、夜間出荷、朝到着することで鮮度保持を図っている。(注)

（注）当社は大阪府柏原市等に自社畑を持っている（2ha超）。耕作放棄地を中心にブドウ栽培を始めたが（2010年）、耕作依頼は年々増え、また近隣農家からの買取依頼も増え、大阪の醸造場の受け入れ能力を超えてきたので、東日本のブドウを受け入れるため、東京にワイナリーを設立したようだ。ブドウの買入れを止めると農家が困るので、そこを止めないようにするため東京進出したという。

醸造所は市街地の中にある。住宅街のビルの中の2階がレストラン、1階が醸造場になっている。全く都市型ワイナリーである。

醸造は、手作りである。搾汁は時間をかけてゆっくり搾る。ブドウ本来の味わいが楽しめるようなワイン造りで、食中酒として日本の食卓に寄り添うような味わいを目指している。醸造期間は8月中旬から10月中旬。

価格は、日常的な手頃なワインが主力であり、一番高いもので3800円、安いのは2000円程度。レストランで供給する場合は、これに2000円プラスする。

出荷先は、卸販売が多い。レストランでのワイン消費は、自社ワインが7〜8割を占める（残りは海外ワイン）。なお、輸出も一部ある。アジアや北欧へ、数百本程度。

従業員はワイン好きが大前提

レストランは月間1000人の顧客がある。ワインを求めての客と、料理を求めての客が半々のようだ。料理も美味しいようだ。客単価は約6000円。

室谷店長によると、「従業員のモチベーションは高い。ワイン造りに携わりたいなど、ワイン好きが大前提であるから、ただのレストランに比べ、やりがいがある」と言う。「ワインを身近に感じるようになってもらいたい」という会社の目的に共感して、自分たちは働いていると言う（従業員数5人）。

都市型ワイナリーが出現したことで、喜び勇んで労働する職場が創り出されたのである。

5　ヴィンヤード多摩（あきる野市）
——医者がワイン造り、高齢者・障碍者に寄与のため——

西多摩あきる野市の㈱ヴィンヤード多摩（森谷尊文社長）は、歯科医師が経営するワイナリーである。まだ拡大途中であるが、年産5000本の規模である。求めやすい価格になっており、多摩地域で販売されている。

なぜ、医者がワイナリー経営に参入したのか（2015年起業）。西多摩医師会のワイン好きの仲間が集う席で「自分たちのワインを造りたいね」という話から、「じゃやってみようか」という話になり始まったようだ。本人も「我ながらびっくりしています」と話す。本業は歯科医師、休日にワイン造りという「逆兼業農家」であり、趣味のワイン造りと言えようか。しかし、一方で、高齢者や障碍者への寄与、地域活性化を図りたいというモットーを持っている。

養蚕・自由民権運動の風土

あきる野市は1995年、秋川市と五日市町が合併して誕生した。八王子の北に位置し、東京都心から約1時間と近くベッドタウン化が進んでいるが、秋川渓谷など大自然が残っている。㈱ヴィンヤード多摩は秋留台地にあり、旧秋川市西域の上ノ台地区でブドウを栽培している。もともとブドウ（生食用）が栽培されていた農地で、耕作放棄地になっていたところを借地したものだ。少し離れたワイナリー（下代継地区）は目の前を多摩川の支流の中で最大の秋川が流れている。

この地域は、戦前は関東山地の山際は桑が栽培され、明治中期から大正、昭和初期にかけて養蚕が盛んな地域であった。ワイナリーの近く、渕上地区には「繭生産量全国トップ9回」の農家跡が保存されてある。泥染めの絹織物「黒八丈」（江戸中期—昭和初期）の産地もこの地である。桑畑とブドウ栽培は相性がいいと言われる。傾斜地で水はけがいいからであろう。ヴィンヤード多摩の立地は、そういう土地である。

明治の初め、全国各地で「自由民権運動」が展開されたが、あきる野市（特に旧五日市町）はその一つの拠点であった。「五日市憲法草案」が起草されているが（1881年）、欽定憲法の時代に、現在の「日本国憲法」に比較しても引けを取らない民主的な内容を含んだ憲法草案であった。

養蚕が盛んな地域で、自由民権運動が発展し、そして戦後、桑の跡地でブドウが栽培される。埼玉県小鹿野町の秩父ワインと全く同じである（第17章参照）。養蚕＝自由民権運動＝ワインのつながり、興味深いものがある。

経営概況

医師会仲間のワインの会で「自分のワインを造ろう」と語り合った後、森谷氏はＪＡＬのカルチャーセンター「ＷＳＥＴ」に5年くらい通い、ワイン学を学んだ（ＷＳＥＴはロンドン本部、世界最大のワイン教育機関でＪＡＬセンターはその日本校。２０００年ＷＳＥＴ認定校）。森谷氏はＷＳＥＴ日本校の２期生である。ただし、現在、実際のワイン造りは山梨県塩山にあるワイナリー醸造家が師匠となり、指導を受けている。

２０１３年　青梅市梅郷で試験栽培
２０１５年　ヴィンヤード多摩設立
２０１６年　あきる野市上ノ台30ａ植栽
２０１８年　醸造免許取得、自社醸造
２０１９年　上ノ台40ａ借地（自社畑70ａ）

当初、青梅市梅郷でブドウの試験栽培を始めたが（２０１３年、30ａ借地うち20ａ植栽）、風通しが悪いためか病気が出て、収穫も２００kgも穫れなかった。２０１６年、あきる野市上ノ台でブドウ植栽（借地30ａ、10年契約）を始め、現在70ａでブドウを作っている（一枚圃場）。地代は10ａ当たり1万円。あとで借りた40ａ分（地主3軒）は地代ゼロである。将来、２haに拡大する計画である（周辺には耕作放棄予備軍の畑が沢山ある）。

ブドウ供給は、市内の自社畑のほか、山梨県、長野県、栃木県から購入している（今年の購入ブドウは計4トン）。自社畑はヤマソーヴィニヨン主体で1・２ｔ収穫した（30ａ分）。ワイン生産は約５０００本。

ヤマソーヴィニヨン種の赤ワインが当社のフラッグシップワインである。価格は一番高いもので3600円、あとは1800円から2000円台である。

自社畑に行くと、ほとんどの品種が紅葉を終え落葉していたが、ヤマソーヴィニヨンの葉は野生の山ブドウの紅葉の如く、濃い赤紫に紅葉して残っていた。ヤマソーヴィニヨンは樹勢が強く、病気にも強いようだ。一部の品種は土地が合わないようで、生長が悪い。

もともとブドウ（生食用）が栽培されていた土地であるため、一度も土壌分析を行わず、したがって土壌改良も行っていない（やはり逆兼業農家か）。一部の品種の生長が悪いため、今年の収穫後、初めて土壌分析を行った。

森谷医師は醸造を担当しており、一番の出番は10月である。醸造は10月だけで終わる。畑は現在、奥さんの担当であるが、病院の定休日にはブドウの消毒などに駆り出される。誘引・剪定作業や、ブドウへの傘掛けも行う。ショップの営業時間は日曜日の午後、13時から17時であり、この販売も手掛ける。

地域活性化へ市役所も応援

あきる野市は、東京都心のベッドタウンとして発展しているため、しかるべき産業がない。ヴィンヤードの誕生は重宝がられているようだ。近くにある醤油工場、蜜蜂ファーム、秋川牛、ヴィンヤードがグループを組んで、イベント（例えば10月コスモス祭り）の企画等、地域を元気にする活動に取り組んでいる。市役所も応援しているようだ。市内に残る大自然、渓谷や温泉などとコラボし、観光客の誘致につながることが期待されている。

ヴィンヤードのもう一つの地域貢献は、高齢者、障碍者への寄与である。障碍者グループホームの人たちに、ブドウ栽培の作業をお願いしている。仕事を与えることによって、生き甲斐を感じてもらおうということであろうか。障碍者が農作業や地域との交流に生き生きと向き合う機会が増えれば、健康と精神安定を取り戻す効果がある。この分野で先駆的業績を上げているのは栃木県足利市のココ・ファーム・ワイナリーであるが（本書第3章）、それを見本にしている。ヴィンヤード多摩は、福祉農業による社会貢献が大きいように思われる。経営は課題が多い。食品グループと組んで秋川渓谷などの地域資源とコラボし、観光産業の発展に参画することが新しい発展の契機になるであろう。

東京の5つのワイナリーを並べた。伝統的な農村型6次産業から先進的なスマートワイナリーまで、東京には多様なワイナリーがある。ワイン産業がまだ揺籃期にあり整理されていないこともあるが、そもそもワイン産業は「人」の要素が大きいことからくる多様性であろう。

第22章

夢追い人たちのワイン造り泊まるワイナリーの観光地

㈱カーブドッチ（新潟市角田浜）

カーブドッチワイナリー（新潟市西蒲区角田浜）

砂丘開拓地が新しい観光地になった。新潟ワインコーストは年間30万人が訪れる。レストラン、温泉ホテル、結婚式場、本屋、美容院、等々を併設し、さながら「休暇村」だ。ワイナリーは手駒の一つに過ぎない。

五つのワイナリーが集積しているが、カーブドッチが主宰した「ワイナリー経営塾」の卒業生たちである。異能が集まり、アイデアと事業家能力がワイナリー群を発展に導いた。

1　開拓地から新しい観光地に――新潟市は雪降らない!?

新潟市の西部（旧西蒲原郡）に位置する角田浜は、砂丘地で、松林が続く。戦後、基盤整備が行われ、開拓民が入った。タバコやスイカ畑が広がる開拓農地だった。この地に、カーブドッチワイナリーほか4つのワイナリーが集中立地している。NIIGATA WINE COAST（新潟ワインコースト）と呼ばれている。

ワインは湿潤を嫌うと言われる。ブドウ栽培は雨が大敵だ。米国カリフォルニア、国内で言えば山梨県勝沼など、乾燥地帯でワイン産業は発展している。新潟は雪国、何故、そこに立地するのか。疑問だった。

カーブドッチの掛川千恵子代表に質問すると、「新潟市は雪降らない」と言う。確かに、湯沢や十日町など上越地域はスキーの名所で豪雪地帯だ（年間降雪量は湯沢１３４７㎝、十日町９６７㎝）。しかし、新潟市の年間降雪量は１３９㎝と少ない。ちなみに富山市２５３㎝、秋田市２７３㎝、山形市２８５㎝、青森市５６７㎝。新潟市が雪が少ないのは、佐渡島が風除けになっているからだ。日本海側から来る湿り気を含んだ雪雲は佐渡島の山脈にぶつかり、佐渡島で雪を落としてから新潟市に来る。

降水量も少ない。梅雨がないからだ。特にブドウが降雨を嫌う4～6月の降水量は、新潟市は4月97㎜、5月94㎜、6月１２２㎜。東京の１３４㎜、１４０㎜、１６８㎜より少ない。

新潟市は気象風土から言えば、ワイン不適地ではない。しかも、ここは砂丘地であり、水はけの良い砂質土壌だ（浜辺の海砂ではなく、川砂）。砂地に合った品種を栽培すれば、ここのテロワール（気象や土壌等の自然環境）はワイン適地になる。

カーブドッチが角田浜に立地したのは１９９２年である。角田浜は戦後まで砂丘と砂防林としての松林だけの地域であった。田中角栄さんの影響で農業基盤整備が行われ、誘致が始まったのに伴い入植した。現在、ワイン生産規模は年11～12万本、ワイナリーを軸にレストランや宿泊施設を併設し、年間30万人が訪問する新しい観光地になっている。「滞在するワイナリー」と称している。

角田浜を抱える新潟市西蒲区の人口は約5万人（旧巻町2・5万人）、この10年で13％減、20年で16％減と人口減少が続いているが、カーブドッチワイナリーには年30万人が訪れる。砂丘開拓地がワインリゾート観光地に変わり、西蒲原の過疎化を抑制する地域貢献は大きい。雇用創出150名（パート等含む）。

本稿では、このカーブドッチの発展は如何にして実現したかを明らかにしたい。

2 テロワール　海と砂のワイン――夢追い人×事業家才能

コンセプト

新潟市の南西部、日本海に面した砂丘地（角田浜）に㈱カーブドッチがある。角田山の麓だ。カーブドッチの名前は、共同創業者の落希一郎氏の名前に由来している。「カーブ・ド・オチ」（落のワイン蔵）から来ている。落氏は、西ドイツ国立ワイン学校を卒業後、北海道や長野のワイン事業に従事したのち㈱欧州ぶどう栽培研究所「カーブドッチ」を設立した（1992年）。

掛川千恵子氏（1950年生）は、三井物産やマーケティング会社勤務の後、鎌倉に住み、企画会社でコンサルの仕事をしていた。プランナーが集まり、面白かったと語る。グループで話し合っているとき、落氏が言い出して、新潟でワインを造ろうということになった。

まずコンセプト作りが始まった。当時の日本では、横浜のワイナリーは輸入原料、山梨は食用ブドウの2次利用だったので、「国産ブドウ、かつ欧州系ワイン専用種100％のワインを作ろう」と言うことになった。「100％〝国産〟主義」だ。夢を追っているようなもので、当時としては珍しかった。規模は小さいが、オンリーワンのワインをめざした。

テロワール

1990年、新潟のゼネコン福田組に誘われた。海に近い砂地で、欧州に似たテロワールが期待できるということで当地に立地を決めた。新しい開拓地で圃場区画が1haと大きく、借地でなく所有できる点もよかった。

角田浜の砂丘地は、海砂ではない。信濃川によって運ばれてきた土砂が堆積して出来た〝川砂〟である。この砂質土壌は水はけがよく、栄養分は乏しいため、ブドウの樹は水分を得るため根を地下に伸ばす。また、ここは海が近いから昼に海風、夜に陸風が吹き、湿度が下がるため、風がブドウを病気から守ってくれるので、農薬の使用が抑えられる。先述のように、雨量も比較的少ない。

このテロワールは決してブドウ栽培の〝不適地〟ではない。この土地に合ったブドウ品種さえ栽培すれば、質の高いワインが造れるはずである。

現在、自社畑11haに20品種以上のブドウを植え、白ワインも赤ワインも造っているが、特筆したいのはスペイン系品種「アルバリーニョ」（白ワイン品種）の導入である。

もともとはドイツ系品種であった。落氏がドイツで勉強したこともあって、91年に、ケルナー、ミラー、ツヴァイゲルトレーベなど数品種、1haに3000本植えた。しかし、ここ新潟はドイツに比べ暑すぎた（酸が抜ける）。それで、すぐに変更を決意し、5年以内にフランス系に植え替えた。

写真 22–1　角田山の麓に広がるブドウ畑

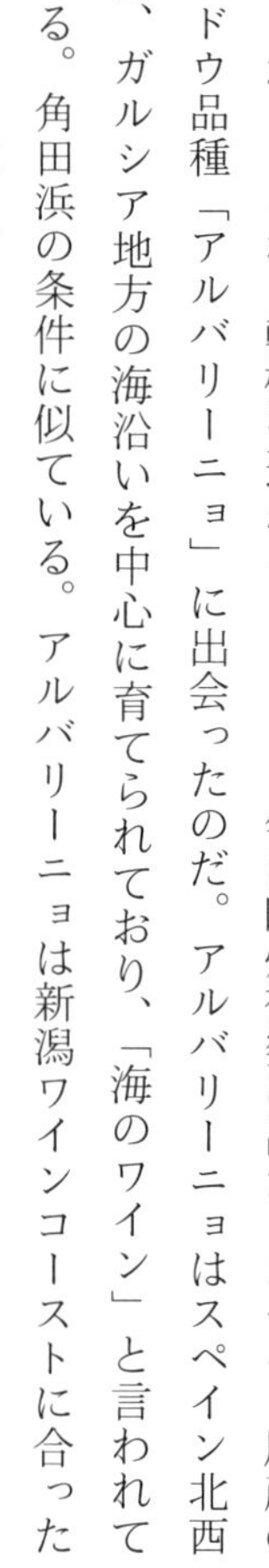

アルバリーニョ品種の導入

しかし、これも転機を迎える。２００５年に欧州視察に出た。スペイン原産のブドウ品種「アルバリーニョ」に出会ったのだ。アルバリーニョはスペイン北西部、ガルシア地方の海沿いを中心に育てられており、「海のワイン」と言われている。角田浜の条件に似ている。アルバリーニョは新潟ワインコーストに合ったブドウ品種だ。

アルバリーニョはスペインの白ブドウ品種の中で最も高貴な品種とされている。ワインは香り高く、酸やミネラルが豊富で口当たりも良く、バランスの良い優れた味わいのワインと言われている。「海のワイン」であり、魚介類との相性が良い。病気にも強い品種である。

海に近い砂地土壌で栽培されている品種であり、新潟ワインコーストの風土に適した品種である。土地に合ったブドウ品種である以上、美味しいであろう。

カーブドッチにとって、アルバリーニョは「希望の星」だ。２００５年、さっそく植えた。今、カーブドッチの主力品種になっている。どこよりも早かった。新潟ワインコーストは日本におけるアルバリーニョの先駆者である。

この人たちは、決断が速い。ドイツ系からフランス系へ、そしてスペイン系「アルバリーニョ」へ。醸造法も変えた。ドイツのワイン醸造は樽を使わない。これでは思ったものが造れなかった。掛川さんの三男がフランス留学し、フランスのワインの造り方を学んできたので、樽醸造に変えた。ブドウ栽培も、醸造方式も、フランス方式に変わった。

30年前からクラウドファンディング

今や、ワイン年産12万本、会社売上高12億円に成長したカーブドッチであるが、創業当初は厳しかった。自己資金200万円しかなく、資金繰りの問題に直面した。生きるか死ぬかの状況を救ったのは「オーナー制」による資金調達であった。

1991年、畑も蔵もないところから（つまりワインの実態なし）、オーナー制「Vino Club」を始めた。ワイン造りの夢に「1万円」出してもらった（当時、野村證券で株は1万円から買えた）。一口1万円出せば、10年間、ワイン1本ずつ受け取れるというものである。今日のようにネットでクラウドファンディングを呼びかけることはできないので、東京でファックスと手紙で呼びかけた。

初年度は一口1万円の募集で、2800人が応募し、約3000万円集まった。2年目は2500万円集まった。郵便振り込み用紙が束ねると立つほどであった。大成功！　これで運転資金が出来た。九死に一生なくらい、このオーナー制による資金調達は創業当初のカーブドッチを救った。掛川千恵子氏のアイデアだった。今から30年前、ネットのない時代に、クラウドファンディングで金を集めたのである。必死に作業している姿が目に浮かぶ。

3〜4年目には1万人になった。ブドウの樹には会員番号が付いており、オーナーは自分の樹の成長を確かめ、ブドウ畑の草取り体験を兼ねて、東京から受取りに来てもらう。来ない人には送料自己負担で送った。このワインクラブは途中4年間休止もあったが（苗が足りなくなった）、現在も「1万円で5年間ワイン1本ずつ」は続いている。現在、会員は6000人、半分が再契約である。

3　カーブドッチは泊まるワイナリー――モデルは米国ナパバレー

カーブドッチはワインを造っているところではあるが、多様な施設が整備され、小さな「国民休暇村」をイメージさせる観光地である。豊かな時間を過ごせる空間、食と癒しの場となっている。ワインリゾートだ。年間30万人が訪れる。

ワインショップやレストランだけではなく、ビール、ハム・ソーセージ、パンの製造販売、さらに、日帰り温泉、泊まる機能、結婚式場、本屋、美容室まである。売上高（12億円）に占めるワインの割合はわずか2割に過ぎない。温泉ホテル、カフェ、美容院、本屋が一つの建物の中にある。瀟洒な建物である。心癒され安らぐ、上質な空間と時間を提供するのが目的である。建物も洋風と見間違えるデザインの明るい日本建築だ。「ワイナリー」のおまけではない施設である。

本屋が面白い（図書館ではない。本を売っている）。4000冊が9つの選書テーマ別に並べられてある。「よのなかどうなる？」というテーマのコーナーには、ノーベル経済学賞受賞J・スティグリッツの『プログレッシブキャピタリズム』やポール・コリアー『新・資本主義論』等が置いてある。温泉に泊まりに来た人が購入するとは思えないような固い本も多い。

「芸術を見つめる」テーマのコーナーには、独創的な熱帯建築家ジェフリー・バワの作品集や、日本の伝統家屋の魅力を伝える写真家・二川幸夫の本『日本の民家』など、レアで貴重な本もある。本格的な本屋さんである。

よく売れていると言う。選書は青山ブックセンター等にいたブックディレクター幅允孝（はばよしたか）氏に依頼している。書籍棚の前のソファーや中庭のベンチで何人かが本を読んでいた。カフェが併設されており、ワインもビールも飲める。

まさしく上質な空間と時間を提供していると言える。プロの選書家による本の売り場ディレクションで（2年前から）、客層が変わったと言う。従来は女性の日帰り客が多かったが、男性が増え、若い人が増えたという。

こうした事業展開は、米国カリフォルニアのナパバレーがモデルという。欧州を視察に行ったが、歴史が古くて話にならない。そこで1991年サンフランシスコ訪問。ナパバレーのワイナリーは、ホテル、レストラン、スパ（温泉）、マルシェが併設されて、ワインの楽園だった。「ここに来てもらい、見てもらい、買ってもらう」という米国ナパバレーを手本としたワインリゾートを目指した。

ナパバレーのような「ワイン地帯」にしたい。ワイナリー1軒ではそうならない。5軒になれば、ナパバレーのようになれる。5つのワイナリーが集積する新潟ワインコーストの原点だ。

カーブドッチのコンセプトは「100%国産主義」、モデルはカリフォルニアのナパバレーだ。多様な施設を整備し上質な癒しの空間を提供しているカーブドッチは、類い稀な事業家才能を感じる。100%国産主義のワイン造りは夢追い人の仕事、オーナー制で資金調達しナパバレー型ワインリゾートを作り上げたのは事業家才能だ。うまく描写できないが、カーブドッチは夢追い人×事業家才能から生まれている。

4　異能人材の新規参入——金融マン、微生物学Ph・D、IT、等々

新潟ワインコーストは、5つのワイナリーが集積している。カーブドッチのほか、4つのワイナリーがある。カーブドッチが主宰した「ワイナリー経営塾」の卒業生たちだ。

表 22–1　新潟ワインコーストのメンバー（2023 年 10 月現在）

会社・経営者名	設立（年）	ワイン生産（万本）	ブドウ畑（自社畑分、ha）	前職等
カーブドッチ 掛川千恵子	1992	11–12	11	企画会社。醸造家・掛川史人（フランス留学）
フェルミエ 本多孝	2006	1.5	2	筑波大卒、日本興業銀行、みずほ証券
ドメーヌ・ショオ 小林英雄	2011	2	1.5	筑波大院、土壌微生物学、外資系コンサル企業
カンティーナ・ジーオセット 瀬戸潔	2013	1	1	広告会社（東急エージェンシー等）
ルサンクワイナリー 阿部隆史	2015	0.8	0.6	IBM

ワイナリー経営塾

新潟にワイン産地を形成するには、仲間を増やす必要がある。同業者を育成するため、カーブドッチは２００５年から、「ワイナリー経営塾」を開講した。

ワイン業界の経験がなくてもワイン造りを生業にしたいという熱意のある人に、１年間マンツーマンで、ブドウ栽培、醸造技術、販売等を指導した。創業支援もした。その成果が、５軒のワイナリーの集積につながった。

第１号は２００６年開業のフェルミエ（05年受講生）、第２号は11年開業のドメーヌ・ショオ（08年受講生）、第３号は13年開業カンティーナ・ジーオセット（10年受講生）、第４号は15年開業ルサンクワイナリー（14年受講生）。

表22―1に示すように、各ワイナリーの醸造家は金融機関、ビジネスコンサルタント、広告マン、ＩＴ企業の出身と、まったくワインとは縁のない職歴からの転身だ。掛川さんによると、「仲間づくりだから、受講生はそのつもりで選んだ」。

カーブドッチで学んだからと言って、「のれん分け」制度のように同じ味と言うわけではない。皆、個性的な経営を行っている。

動物シリーズ

カーブドッチの栽培・醸造責任者は、掛川史人氏である（掛川千恵子氏の３男）。

1980年生。高卒後、フランスに渡りワイン造りを学んだ。帰国後、26歳でカーブドッチの醸造責任者に就任した。

史人さんはイマジネーションが豊かなようだ。「動物シリーズ」なるワインを造っている。「アナグマ：サンジェベーゼ」「くま：メルロー」「みつばち：シュナンブラン」「ぺんぎん：ケルナー」等々。ボトルのエチケット（ラベル）に動物の絵が描かれている。若い史人さんの趣味に走ったワイン造りだ。優しく身体に染みわたる味わいのワインらしい。酸化防止剤が一切入ってない自然派ワインである。

この遊び心満載の動物シリーズは大人気、販売するや否や即完売になるようだ。史人氏はまだ43歳と若いが、カーブドッチの後継者として未来を嘱望されている。

カーブドッチのワインは、出荷先は直売＋直営レストランで50％、宅配25％、残り25％が卸売である。レストランやホテルを経営しているから、そこでの消費が多い。ワインの価格帯は3000〜6000円だ。日本ワインとしては高い価格設定である。「観光地」顧客が多いからであろう。

異能の群像

経営塾の卒業第1号は「フェルミエ」を開業した本多孝氏（1967年生）で、2005年に経営塾で学び、06年に「フェルミエ」を開業した。カーブドッチから徒歩2分の地に立地している。

本多氏は筑波大卒で、日本興業銀行入行、みずほ証券を退職した金融マンである。アルバリーニョ種が主力品種である。フェルミエのワインの特徴は価格の高さだ。日本ワインは概して価格が高いが、フェルミエは1万円クラスがオンパレードだ。

ワイナリーでレストランを経営している。大変成功しているような印象を受けた。金融マンの才能を生かした経営であろうか。

第2号は「ドメーヌ・ショオ」を開業した小林英雄氏（1977年生）。お父さんの仕事の関係で、ドバイ生まれ、その後シンガポール、……と海外生活が続いた。筑波大で微生物学を学び（Ph・D）、いったん外資系コンサルタント企業に就職するも、3年で辞め、カーブドッチの経営塾に入り、11年にワイナリーを開業した。

小林さんは土壌微生物を大切にするブドウ栽培を行っている。海のテロワールの影響を強く受けたブドウから個性的なワインを造っている。

第3号は「カンティーナ・ジーオセット」の瀬戸潔氏（1961年生）。広告マンからの転職（東急エージェンシーから）。

第4号は「ルサンクワイナリー」の阿部隆史氏。IT企業のIBM出身。

以上のように、まったくワインとは縁のない職歴からの転身である。カーブドッチの経営塾で学び、それぞれ個性的なワインを生産している。

ちょっと肌触りの違う人たちである。その良し悪し、好き嫌いはあろう。「農家」イメージはまったくない。皆、エリートだ。新潟ワインコーストは「異能の人材」の集まりである。

フランス語でワイン農家はvigneron（ヴィニュロン）である。しかし、この言葉の意味は変わってきている。かつては貧しいブドウ農民の意味合いの強い言葉だったが、いまは「栽培醸造家」を意味している。じつは日本でも、農家は「農業経営者」に変わった。この意味の変遷と同じように、日本の「農民」「農村」も、このわずか数十年でその意味は大きく変化してきた。農業・農村は進化している。

筆者は40年前、「農民は最高の職業である」と発表した。じつは今、全国各地で、大学教授、医者、研究者、等々から農業に転職する事例が見られる。ワイン産業を典型に、農業は疎外のない職業、「自己実現」がしやすい産業だからであろう。「農業は先進国型産業」「農民は最高の職業」と規定し日本もそうなると展望した筆者の農業論（１９８０年）が、実現しつつある。ワイン産業はその先頭を走っていると言えよう。

第Ⅱ部　日本ワイン比較優位産業論——日本ワインは成長産業か？

第23章

総論――新しい産業社会への移行

ワイナリーの新規参入が相次いでいるのも、近年の潮流だ。北海道余市町にはワイナリーは1軒だったが、2010年以降新規参入が相次ぎ、今は11軒に増えた（その後さらに増えた）。長野県千曲川ワインバレーは2000年代初め2軒だったが、10年代に新規参入ラッシュが起き、今や16軒に増えた（上流の東地区だけで）。同じ長野県の桔梗ヶ原ワインバレー（塩尻市）は古く明治期からのワイン産地であるが、ワイナリー数は2000年代初めまで7社に過ぎなかったが、10年代に入って新規参入が相次ぎ、今や18社に増えた。

停滞する日本社会で、なぜ、このようなことが起きているのか。また、成長戦略は何か。

1　未来の産業社会の先駆け

わくわくするクリエイティブな仕事

日本ワイン産業は、若い人たちや脱サラ組が就業している。新規参入ラッシュだ。ワイン造りは、若い人たちが自己実現できるクリエイティブな仕事である。錬金術師さながらブドウを味わい深い美味しいワインに変容させるプロセスは、驚きと発見、そして喜びに満ちたものである。

育て、創造する喜びに価値を見出す時代が来た。若い人たちの価値観はこの方向に流れている。本物のものづくりで自分らしさを追求し表現することに価値を見出す時代へと変化している。長時間労働も厭わず時間を忘れて働き、あるいは都会を離れ地方の山中でワイン造りに励む若者がいるのも、そのためである。若者だけではない。ワイナリー新規参入者に脱サラ組が多いのも同じ理由である。

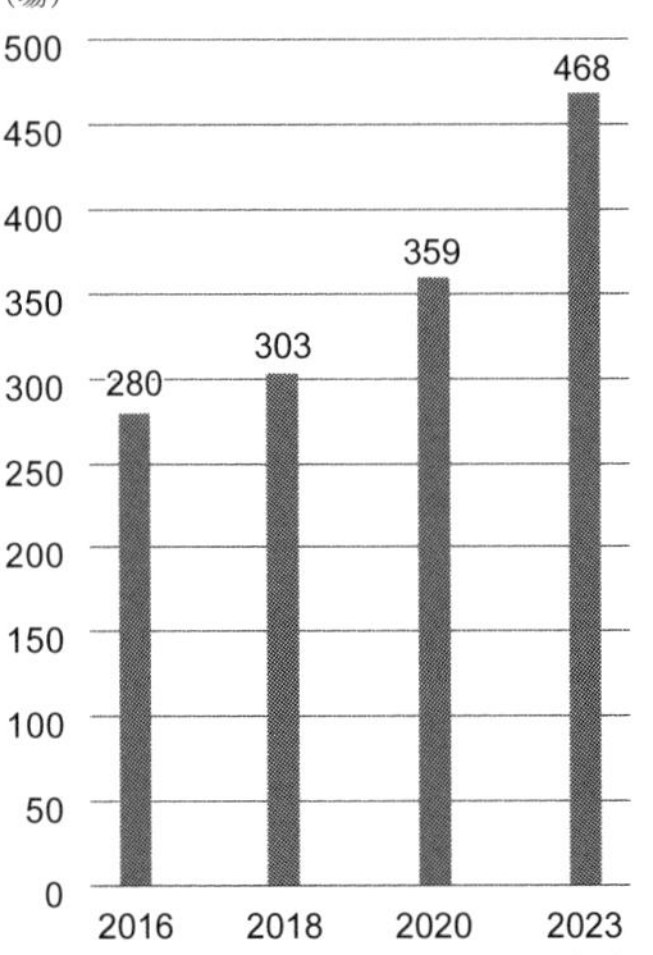

（出所）国税庁酒税課「国内製造ワインの概況」等
（注）16〜19年は3月31日現在、20年以降は1月1日現在の「製造免許場数」である。

図 23–1　ワイナリー数の推移

ワイン産業の働きの現場に見るのは、「労働」ではなく「仕事」だ。働くこと自体が喜びなのだ。LaborからWorkへの移行。

産業社会は変動期に来ている。高所得だけが職業選択の要因ではなくなりつつある。労働時間短縮に着目した「働き方改革」も、政策の輝きを失っている。クリエイティブな仕事が人々を引き付けている。

今後、ＡＩが進歩すれば、なおさらであろう。人間疎外の労働過程は可能な限りＡＩロボットに任せ、人々は働く喜びを求めて仕事を探すであろう。

ワイン産業（日本ワイン）はこの価値観の変動を体化（embody）しており、産業社会の新潮流を先駆けしている。今世紀に入って、価値観の変化は大きい。しかし、こうした若者の価値観の変化が社会（産業社会）に与える影響を取り込んだ産業論がない。ワイン論は文化論やソムリエ型解説ではなく、産業社会の新潮流を取り込んだ議論が期待される。こうした新しい潮流は広く経済学にも影響を与えていくであろう。

状況的には、新規参入ラッシュが起きているワイン産業は、１９７０年代、欧州でサイエンスパークが形成され、ハイテク産業が次々と創出された状況に似ている。ワイナリーの現地取材は、産業誕生の歴史的瞬間に立ち会っているみたいで、興味深かった。その仕組みの本質はインキュベーション（孵化）機能であり、人材育成である。ワイン産業は自立自興型の地方創生の手法になっている。

また、さらに一歩進めて、ワイン造りは人間を甦らせる教育効果も持っている。栃木県足利市にあるココ・ファーム・ワイナリーは知的障害者が傾斜度38度、「山のブドウ畑」でブドウを栽培し、ワインを造っている。窓ガラスを割ったり、暴れたり、都会では手に負えない子供たちが、ここでは生き生きとして生活している。急斜面の畑はブドウの生育に良いだけではなく、障害を持って可哀そうと過保護にされてきた子供たちが心身の鍛錬により、健康と精神安定を取り戻した。「人間復興」を感じさせられるワイナリーだ。ワイン造りの教育効果は大きい（本書第3章参照）。

ペティ＝コーリン・クラーク法則の新段階

産業構造は第1次産業から、第2次、第3次産業へと移行する。ペティ＝コーリン・クラークの法則と言われるものである。一国の時系列でみても、国際間の横断的比較でみても、この法則は成立している。経済の教科書の最初に出て来る鉄板の法則だ。
17世紀の人、W・ペティ（法則の発見者）は、農業より製造業、製造業より商業が儲かる、故に、人々は農業から製造業・商業へと移行していくと考えた。所得が高い分野に人は移行するという観察だ。産業構造変化の誘因は「所得」である。

しかし、経済が発展し、飢えることのない社会になると、人々の選好は「所得」ではなく、クリエイティブで、働くことが楽しめる産業へと移っていく。ワイン産業はそれを示している。産業構造の変化要因が、変質し始めたと言えよう。所得⇓産業職業選択という一直線ではなくなり（所得要因の決定力は相対的に弱まり）、将来はバラけてくるであろう。

今、ワイン産業は新規参入ラッシュだ。大学院で博士号Ph・Dを取得した人、医者、研究者、一流企業からの脱サラ組の就業が相次いでいる。所得選好ではなく、クリエイティブな仕事に自己実現の喜びを求めての職業選択だ。そういう人が増えてきたということであろう。

昨今の若者は、大企業に就職しても、1〜2年で離職（退職）する者が多くいるようだ。面白くないと辞める。ただし、辞めた後、どこに進むかは定説はない。これに対し、ワイン産業はワクワクした気持ちで働ける仕事であるため、人々を引き付けている。ワイン産業は選ばれる職業の方向をはっきり示唆しているのではないか。クリエイティブが若者の職業選択の選好要因になってきている。

ワイン産業は小さな産業である。日本全体から見れば、取るに足りない産業だ。しかし、そこには未来の新しい産業社会の先駆けが出ている。ワインという「窓」を通して社会を眺めた訳である。

つまり、方法論としてのワイン産業分析である。日本の未来を考えるための「素材」として、ワイン産業を取り上げたのである。

ヌーベルバーグ

2000年代に入って、ワイン産業は「新しい波」が現れた。栽培、醸造、さらに品種でも新しい動きが現れた。仏映画界に1950年代、商業映画に束縛されない自由奔放な映画製作が現れた。「新しい波」（ヌーベルバーグ）だ。最近の日本ワインの動きにはそれを彷彿とさせるものがある。

「野生酵母」が面白い。日本のワイン造りは1980年代以降、人工の「培養酵母」を使うのが普通になった。培養酵母は扱いやすく、失敗しない、安全だからだ。これは世界の流れでもある（日本で使われている培養酵母はすべて輸入品）。

しかし、2000年代に入って、野生酵母を使うワイナリーが出てきた。野生酵母は管理が難しいが、発酵がゆっくりで、予想できない面白い味わいになる。予期しない複雑な香りや味わいを生み出すことがある。柔らかく繊細で口当たりがやさしくなる。つまり、個性的で上質なワインが出来る。速効で予想通りの効果が現れる培養酵母と違いリスクはあるが、美味しいワインを目指すワイナリーたちがこの野生酵母を使い始めている。

今でも、多数派は人工酵母である。大規模ワイナリーはリスクのある野生酵母は使えない。小規模ワイナリーが野生酵母を使っているが、まだ少数派だ。

野生酵母を使う場合、原料ブドウは有機栽培である。農薬を使うと野生酵母が働かないからだ。無農薬栽培が前提になる。また、亜硫酸等の添加物も使わない。無農薬、野生酵母、亜硫酸塩ゼロのワイン、つまり、「自然派ワイン」が出てきたのである。新しい潮流の主体は、小規模なワイナリーである。

ココ・ファーム・ワイナリー（栃木）、小布施ワイン（長野）、ドメーヌ・タカヒコ（北海道余市）、10Rワイナリー（北海道岩見沢）、等々が新しい波（ヌーベルバーグ）の具現者たちだ（本書第I部現地ルポ参照）。

品種も、新しい動きがあり、多様化してきた。ワイン醸造専用品種として、従来からあったシャルドネやメルローのほか、ピノ・ノワールやソーヴィニヨン・ブラン、プティ・マンサン（南仏産品種）を栽培する生産者が出てきた。温暖化対策への取り組みも背景だ。

この野生酵母や新品種導入はワイン自体のヌーベルバーグであり、先述した未来の産業社会の先駆け論は産業論のヌーベルバーグである。ワイン産業のヌーベルバーグは二重の意味がある。

2　テロワールより人！

技術は自然に代替する

ワイン産業は、「技術は自然に代替する」という私の技術哲学を具現化している。ワイン（ブドウ栽培）は乾燥地帯が良いと言われる。しかし、降水量の多い島根県出雲の島根ワイナリーは日本ワインコンクール２０１９で「金賞・部門最高賞」を獲得した（甲州部門の最高賞に山梨県以外のワイナリーが選ばれたのは初めて）。テロワールが悪く条件不利と見なされてきた島根のワイナリーが、山梨、長野など先進地域と競争できることを証明した。自然条件は不利だが、技術によって条件不利を克服したのだ（現地ルポ19参照）。

欧州系品種メルローが日本に定着するまでは苦難の道程があった。いま、「塩尻メルロー」は「山梨の甲州」と並ぶ重要な産地になっているが、当初は桔梗ヶ原の寒さに耐えられず枯れ、実を結ばなかった。林五一氏（林農園）が凍害を避けるため、「高接ぎ法」を考案してようやく桔梗ヶ原に根付いた。不利なテロワールを技術が克服した。人の努力があってこその成功である。栽培技術（高接ぎ法）の開発物語は感動的でさえある（第14章参照）。

ワイン関係者は「テロワール（風土）」（気象、土壌等の自然条件）を強調する。確かに、美味しいワインを造るのに、自然のテロワールは重要だ。フランスのA・O・C規制（Appellation d'Origine Controlee原産地統制呼称）はテロワールが基準であるが、それが品質分類になり、ワイン価格に大きく影響している。日本のワイン関係者も、フランスのA・O・C規制に依拠してテロワールをワインの品質を決める決定因の如く重要視している人が多い。しかし、実際には上述のように、自然条件不利な地域であっても高品質のワインを生産できる。技術は自然の悪条件を乗り越えることができるのだ。上述の島根県出雲以外にも、事例は多い。本書は現地ルポによって、ワイン産業についての固定観念への反逆事例を数多く見出した。技術＝人が重要なのだ。

もちろん、並みの技術力なら、テロワールの規定力の方が強いであろう。テロワールが良い方がコストも安い。しかし、並み外れた技術力と努力があった場合、自然条件の悪い地域でも、それを克服し、高品質のワインを造ることはできる。テロワールも重要だが、「テロワール神話」だけに頼ってはいけないと言うことであろう。人の要素も重視したい（Human Capital人的資本）。

ワイン業界には、「テロワール概念には人的要因も含まれる」と言う説もあるが、テロワールと人的要素はもともと別だ。現実を説明できなくなったため、状況に合わせてテロワール概念を修正したものであり、技術は自然に代替すると言う哲学がないから、現実に合わせて無理に造られたコンセプト修正のように思われる。いずれにせよ、土壌や気候など自然条件だけで美味しいワイン造りを説明することはできないのである。

私は40年前、農業問題で「技術は自然に代替する」という命題を提唱した（拙著『農業・先進国型産業論』１９８２年）。この点、ワイン産業は農業分野より遅れているように思える。農業界では「産地は動く」というのは常識である。

ワイン北上説

日本にはワイナリーが４６８場ある（２０２３年1月1日現在）。これは輸入原料で造った国内製造ワインを含む醸

表 23–1　主要産地のワイナリー数の推移

順位	都道府県	2011 年	2017 年	2023 年	日本ワイン生産量（2022 年度）（kℓ）	構成比（%）
1	山　梨	55	81	92	3,466	28.9
2	長　野	12	35	72	3,049	25.4
3	北海道	7	35	55	2,484	20.7
4	山　形	11	14	20	492	4.1
5	新　潟	6	10	10	479	4.0
	全　国	154	303	468	11,987	100.0

（出所）国税庁酒税課「国内製造ワインの概況」、「酒類製造業及び酒類卸売業の概況」（2023 年アンケート）
（注）2023 年調査分のアンケート回答率（全国）は低いので、22 年度生産量及び同構成比は実態との乖離があり得る。なお、表 25–5 参照。

造場数であり、日本ワイン以外も一部含む（日本ワインのみのワイナリー数は国税庁調査では不明）。ただし、その多くは「日本ワイン」を造るワイナリーである。

ワイナリーは新規参入が多い。２０１１年には１５４、17年には３０３、23年には４６８と急増した。増えているのは〝日本ワイン〟の醸造場と考えてよい。「日本ワイン」ブームの影響だが、人々の「労働」に対する哲学の変化も大きい。

かつて、ワインは山梨県勝沼の独占だった。しかし、今、ワイナリーは「北上」しつつある。山梨より北方へのワイナリーの展開を見ると、長野県は２０１１年12場から23年72場へと急増、山形県は11から20へ、岩手県は5から15へ、北海道は7から55へと増えた。山梨県も55から92に増えたが、独占度は低下してきている。

ワイン生産量の一番多い地域は神奈川県である。しかし、神奈川県は輸入原料による国内製造ワインであり、日本ワインはない。日本ワインで一番生産量が多いのは山梨県、次いで長野県、北海道と続く。日本ワイン生産量についてみれば、山梨県のシェアは17年31％から、22年29％へ低下した（この数値は国税庁アンケートによるもので、年次によって回答率が異なるので、厳密な比較はできない）。今なお、山梨県は約3割を占めているが、今後はもっとシェア低下が進むであろう。

ワイン生産は全国化しつつある。12年前はワインを造っていない地方は宮城、千葉、三重など12県もあったが、今やワインを造っていない県は佐賀と沖縄の2県のみである（表25―5参照）。ワインは冷涼な地を好むため、「北上」が基本であるが、南を含めて全国展開もまた事実である。

3　ワインの産業特性

ガルブレイス依存効果

ワインは、消費に特徴がある。「ソムリエ」の存在である。ワインは「味わい」の違いが大きい。清酒等より「美味しい」評価（味わい、香り等）の幅が大きい。それ故、商品情報を伝えるソムリエという職業がある。料理とのペアリングの良し悪しの情報も提供する。「バラや白い花などの華やかなフローラルアロマが感じられるワイン」「地中海の風とフレッシュな爽やかな味わいを感じさせる」「ミネラルと果実味を備え、岩ガキや旬の魚介類にもピッタリな夏ワイン」等々と言って（商品説明）、消費者の欲望を誘う。当たっている時もあるが、外れの口上もある。これで誘導されたワイン消費は生存に必要な水準を超えた「有閑階級」の消費だ。

米国の経済学者Ｊ・Ｋ・ガルブレイスは『豊かな社会』（１９５８年）で、「依存効果」という概念を生み出した。ガルブレイスによると、生産者によって欲望がかき立てられる。企業の宣伝広告によって、過剰に人々の消費が煽られ、促進されている。消費者は本来は必要でなかったものに欲望を抱くように仕向けられ、消費を拡大することになる。欲望は企業に操作されているというわけだ。これが「依存効果」である。

ワインは「依存効果」の大きい商品の典型である。あの人を魅了する、ソムリエのこそばゆい口上が消費者の欲望をそそる。ソムリエはワインメーカーの宣伝広告代理店を果たしている。その存在は、和食とペアリングの良いワインの情報を提供し消費者利益を実現させてもいるが、消費者主権の世界とは違うと言っても過言ではない。「製品差別化」を促進する役割も果たしている。ワインはふたを開けてみないとわからないリスクの大きい商品だ。本来は必要でなかったものまで消費させられているとすれば、ソムリエは反消費者的一面もある。

クラフト原理主義 vs. 大規模大量生産（消費者利益）

ワイナリーは世界中、小規模が多い。しかし、勘違いしてはいけない。「小さいことは良いこと」と言えるのは条件付きである。小零細規模は決してサステナブルな経営ではない。

世界のワイン銘醸地、仏ブルゴーニュ地方は高級ワイン産地として有名であるが、小規模なブドウ畑しか持たないドメーヌが多い（平均4ha程度）。世界最高のワインと言われるロマネコンティはわずか1・8haの畑で生産されている（年平均6000本）。1本百万円のワインを生産できるのは、テロワールの良さに加え、人の関与、技術の高さがある。高い技術・高品質で高級ワインを供給できて初めて、小規模でもサステナブルな経営になり得る。

大規模と小零細が併存するのは万国共通である。日本のワイン業界も然りだ。「日本ワイン」の大規模は北海道小樽市の北海道ワイン（年産250万本）、長野県塩尻市のアルプス（120万本）など。規模の利益を活かして、1000円台、2000円を切る日本ワインを生産している（日本ワイン業界は3000円程度が普通）。アルプスの矢ヶ崎学社長は「手ごろな価格でワインを提供し、誰でもが楽しめるワイン造りを目指している」と言う。お客様を大切にすると言う企業理念である。消費者利益の実現こそ企業成長の源泉と考えている（第15章参照）。

北海道ワインの嶌村公宏社長も、「プレミアムワインよりもテーブルワインを」と言う。規模の利益が大きい大型設備を活かし、手ごろな価格でワインを供給し、日本にもっとワインが浸透することに貢献したいと言う。手ごろな価格のワインを大量供給する方が、ブドウの大量消費になり、農家や農業、北海道と言う地方の活性化に、より大きく貢献できるという。素晴らしい企業理念である。大型化は公共の利益を実現させる（第8章参照）。

これに対し、小規模ワイナリー経営も多い。年産1万本未満も無数にある。ワイナリーの数で言えば全体の8割を占める。こうした小規模ワイナリーの中には、少量生産だから高級ワインが造れると言った客観性のない信念の持ち主も多い。しかし、実際には小規模ワイナリーはコストが高いから、高いワインしか造れないのであって（今のところ）、価格と美味しさの乖離が大きい。小規模＝美味しいとは限らない。一定の規模があってこそ、ブドウ栽培もワイン醸造も、厳格な品質管理ができる。手作り（クラフト）小さいことがいいことみたいな風潮には疑問が残る。「行き過ぎたクラフト原理主義」は作る側の勝手な自己満足の解釈であって、消費者利益に寄与できない。

長い間、家族経営の「小零細・高コスト」は日本農業の宿痾（しゅくあ）であった。特に稲作農業では深刻であった（筆者が農業革命を提唱した1980年当時の農家規模は1ha未満）。しかし、食管制度が崩壊し市場原理が浸透し始めると、規模拡大が進み、今では100haも珍しくなくなった。また、当時は、規模拡大すると粗放農業になるとの風潮も強かった。筆者はこれに反逆して、米国の畜産やスペインの果樹産業の事例を示して「大規模精密農業」と言う概念を打ち出し（拙著『先進国農業事情』1985年、236頁等参照）、規模拡大を提唱した。現状は日本の稲作農業も規模拡大が実現し、生産者コストも、大規模農家は60kg当たり6000円未満である（市場価格1万3000円）。輸出競争力さえある状況だ。そして、農業・農村は豊かになった。

日本ワインは、「小規模・高コスト」という日本農業の昔ながらの宿痾の上に成り立っている。ブドウ栽培の経営面積が小さいことから来る現象だ。ここでの土地革命が必要だ。果樹農家の高齢化、ワイナリーの自社栽培の拡大等で、規模拡大は少しずつは進展している。水田転換で、平場で大規模圃場づくりに成功しているワイナリーもあるので、技術でテロワールを制御し規模拡大に挑戦してはどうか。

生食用のシャインマスカットと競合し、ワイン用ブドウ供給が増えない事態も起きている。品質と経営のレベルを上げ、ワイン価格を上げることができれば、ブドウの購入価格の引き上げも可能となり、生食用ブドウに対する競争力を相対的に回復できる。また、加工専用の西洋品種を増やすことも対策になろう。

農業分野は、この20～30年で、だいぶ変わってきた。日本ワインも、小零細・高コストの宿痾を克服する必要がある。消費者利益が実現し、結果として、産業の発展につながる。行きすぎたクラフト原理主義を脱却して初めて、成長のメカニズムを掴むことになろう。

4 成長戦略

カリフォルニア・コンセンサス

日本ワイン産業は、耕作放棄地の解消、過疎化の抑制、生物多様性など公共性があり、また産業として未来を先駆ける等、称賛すべき点が沢山ある。

しかし、批難もある。批難は、日本ワインはまだ発展途上にあり、特に赤ワインは十分に美味しいとは言い難い（筆者の嗜好）。米国ワインのメッカ、カリフォルニア大学デーヴィス分校の関係者には、日本の赤ワインは50点未満という厳しい評価が多い（カリフォルニア・コンセンサス）（第3章第5節、第15章参照）。

品種選択など適地適作、技術向上が求められる。日本のワイン造りは始まったばかりであり、産業としての成熟が期待される。つまり、まだ幼稚産業であり、これからの技術革新によって比較優位産業へ発展していく（幼稚産業とは、経済学の専門用語であり、今はまだ競争力が弱い産業であるが、技術革新により、将来は輸出産業に発展する強い産業、将来性のある産業を言う）。

料理と一番相性が良いのはその土地の地酒と言われる。和食は欧風料理に比べ味が薄いので、日本ワインと和食は相性が良い。しかし、日本ワインのシェアがまだ6％と低いのは、価格や美味しさ等で輸入ワインに対し競争力がないからであろう。本来なら、和食の日本では日本ワインはペアリング上、有利のはずだ。日本ワインは、潜在的には日本に向いたワインであり、成長の可能性は大きい。

ワインは国際商品であり、日本ワインは世界と競争している。欧米のワイン先進国に比べ、雨の多い日本の風土はワインに最適とは言い難い。つまり、テロワールは悪い。しかし、和食とのペアリングは良い。国際競争に勝つにはテロワール上の不利を克服しなければならない。「テロワールより人！」ここに気付いて、技術力を向上させたとき、比較優位産業への道を歩む。

ワインの国内流通の65％は輸入品、30％は輸入濃縮果汁から造った国内製造ワイン（これは日本ワインとは呼ばない）、国産ブドウ100％で造る日本ワインのシェアは6％である。輸入由来のワインが95％を占めている。日本ワインの技術が向上し、もっと美味しくなれば、輸入ワインに代替し伸びる余地は大きいので、日本ワインは潜在的には大きなマーケットを持っていると言えよう。

ただし、そうは言っても、ブルー・オーシャンではない。ブドウ畑の規模の制約から、日本ワインは小規模・高コストの典型であり、価格面で輸入ワインとの競争という「壁」がある。和食に合ったワインであるから、輸入ワイン市場を侵食してもっと伸びる余地はある。仏ブルゴーニュのドメーヌ水準まで技術が向上すれば、輸入ワイン代替は大きいが、少々の技術向上では価格面の競争不利から自ずから成長の限界があるであろう。

成長戦略——まず消費者を育てよ

ワインは〝製品差別化〟の大きい商品である。ソムリエのこそばゆい美辞麗句につられて目玉の飛び出るような高価なワインに容易に手を出してしまう。製品差別化が大きいと、消費者が安価な製品を選好する行動は妨げられ、ワイン価格は高止まり、誰でもがワインを楽しむことは妨げられる。ひいては成長が妨げられる（つまり不完全情報市場の弊害）。この成長抑制要因を除かねばならない。

まず消費者を育てよ！　長期的にワイン産業の成長を考えるならば、ワイン文化を育て、消費者を育てることを優先した方が良い。低廉な価格でワインを供給すればワインの消費人口は広がる。ワイン文化も育つ。それによって、消費者がワイン情報を蓄積し、美味しいワインを吟味できるようになれば（つまり情報の不完全性が克服されるならば）、生産者の技術も向上する。

成長戦略の尖兵は、大規模大量生産型のアルプスワイン（長野）や北海道おたるワインだ。「手ごろな価格」でワインを提供することを企業理念とするワインメーカーが増えた方が良い。ワイン消費人口が広がり、ワイン文化が育ち、消費者の目利き能力が向上し、生産者の技術が向上していく。このプロセスがあって初めて産業成長の道が開ける。

日本ワインメーカーに規模拡大と技術向上のイノベーションが起き、輸入ワインと同じ品質のワインが同じ価格で供給できるようになれば、輸入代替が始まる（「国産贔屓（びいき）」があるから、完全に同じでなくても接近さえすればこのメカニズムは働く）。国内流通に占める日本ワインのシェアは現状わずか6％であるから、輸入品にとって代わるようになれば、日本ワインの市場は無限に広がる。産業成長の可能性は大きい。

消費者がワインに対し目利きになれば、ソムリエの跋扈（ばっこ）もなくなる。もちろん、料理とのペアリングの良し悪しの情報等は役立つので、ワイン人口の増加と共にソムリエも増えるであろうが、こそばゆい美辞麗句を並べ立て消費者の欲望を誘うだけのソムリエは無用になっていく。

技術進歩でスマホを使ったワインの目利き

仲買人は市場で、マグロは切断した尾の断面で品質を見極める。目利きのスキルを持った職人の前では、虚飾の美辞麗句に包まれた神話は無力化する。町の魚屋で、魚の見分け方に長けた主婦は、目が透明に澄んでいる、エラが鮮やかできれいな赤色をしている、色鮮やかでお腹にハリと弾力がある魚を選び、美味しい魚を買うことができる。消費経験の積み重ねの中で培った目利きのスキルだ。ワインも価格が低廉になり消費人口が増えれば、選好眼が磨かれ、製品差別化の効果は小さくなっていこう。

目利きのスキルを機械化すればよい。スマートフォンをＱＲコードにかざすだけで味や香りが分かるようになれば、消費者はリスクが減り、消費が増えるであろう（ＱＲコードに記載する情報は分析技術に左右される。科学技術の水準に依存するが、これこそが致命的に重要）。

茨城県旭村（現鉾田市）は、全国一のメロン産地である。その背景には光センサー選果がある。メロンは高価であるが、当たり外れがある。見た目が良くても、甘くないことがあり、消費者にとっては購入リスクがある。苦情も出る。そこで、旭村農協は「糖度の見えるメロン」を作ることにした（２００４年）。光センサーを導入し、１個１個、光センサーで糖度や熟度を図り、その情報を書き込んだラベルをメロンに貼って出荷した。消費者はスーパーの店頭で、スマホを使ってラベルのＱＲコードを読めば、糖度や栽培管理（農薬等）の履歴を知ることができる。これで消費者は当たり外れなく、安心して買える。旭村のメロンは、消費者に信頼され、「選ばれる」メロンになった。全国一のメロン産地に発展したのは、光センサー、すなわち技術進歩の成果であった（拙著『新世代の農業挑戦』全国農業会議所、２０１４年、第Ⅰ部１章参照）。

「香り」の数値化は難しいであろう。しかし、技術進歩によってそれも不可能ではないのではないか。例えば、農業界には、かって化学肥料一辺倒の時代があった（１９８０年代）。「植物は無機で吸収する。だから有機質は無用」

ということが言われた（無機栄養説）。有機質は土壌の物理構造の改善には役立つが、味には関係がないと言うような議論だった。しかし、一方では、有機肥料を使うと味が良くなると言う体験的知見も根強くあった。

ところが技術が進歩し、分子レベルの分析ができるようになって理論が変わった。例えば魚粕の有機質の分子量は2〜3万であり、そのままでは植物は吸収できないが、土壌中の微生物によって分解され分子量が８００程度の有機質になれば植物に効果的に吸収される。そういうことが、分子レベルの分析ができるようになって初めて分かった。そこから、食の安全を求めて、有機質肥料の見直しの時代に移行した。つまり、分析技術の進歩で、理論がひっくり返ったのである（前出拙著、第Ⅱ部３章参照）。

香りの数値化も、可能なのではないか。分析技術の進歩とＡＩの進歩を結合し、先述のメロンのように、ボトルのラベルに書き込んだ情報をスマホで読み取れば、そのワインの味や香りが分かるようになろう。

こんな技術は日本が一番先に発達しそうだ。「必要は発明の母」と言われる。ワインの本場フランスは、ＡＯＣ規制（原産地呼称統制）のもと製品差別化に成功し名声を博しており、それを覆す技術開発には積極的にはならないであろう（スマホで味わいや香りが分かるようになれば、ＡＯＣ規制は無力化する）。フランスは成功体験が技術革新を遅らせるという「イノベーション・ジレンマ」（米ハーバードビジネススクールのクリステンセン教授、１９９７年）に陥っている蓋然性が高い。それに比べると、日本は新興産地であり、失うものがない。一方、技術力も高い。日本にはイノベーションが起きる素地がある。ソムリエ的世界の神話から目覚め、問題に気付けば、日本はイノベーターになれる。

大規模メーカーの規模の利益を活かした低廉なワインの供給で、ワイン消費人口が増えワイン文化も育ち、それが生産者の技術・品質向上につながることによって、輸入ワインの市場を駆逐し、日本ワインは成長する。クラフト主義はもっとワイン消費人口が増えた後の議論ではないだろうか。急がば回れ！

ＡＯＣ規制は消費者を保護するための制度だと言われる。何百年昔からの制度である。しかし、それは参入障壁となって消費者利益を害している側面もある。技術進歩によって味わいや香りがデジタル化されれば、無力化していくであろう。ＡＯＣは技術の低い段階での消費者保護論に過ぎない。ソムリエも無力していく。新しい技術進歩のもと、ワイン産業の発展は新しい次元を迎えるであろう。それに気づくことが、日本ワインの成長要因になろう。

5　公共政策

ワイン産業の公共性——地方創生の手法として

ワイン産業は公益的機能がある。ブドウは水はけの良い土地を好む。つまり、傾斜地が良い。明治大正期、養蚕が盛んな頃、山裾は桑の木が植えられていた。各地で、そういう所が真っ先に耕作放棄されるが、そこが適地なのだ。ワイン造りは耕作放棄地の解消に寄与している。

また、過疎化の抑制にも寄与している。傾斜地が好ましいため、ワイナリーは丘陵や中山間地帯に立地することが多い。過疎化地域だ。北海道余市町では、児童10人の学校で、うち９人は新規就農のワイナリーの子弟だ。ワイナリーの進出で、廃校を免れた。

地方創生の手法としてワイナリー立地を推進している地域もある。長野県の「千曲川ワインバレー構想」はその典型だ（第13章参照）。その場合、インキュベーション（孵化）機能が組み込まれている。千曲川のヴィラデストワイナリーもそうであるが、北海道の10Ｒワイナリー（第10章）、新潟のカーブドッチ（第22章）など、成功事例は多い。

１９７０～80年代、欧州でサイエンスパークが形成され、ハイテク産業が各国で生まれた。今の日本のワイナリー誕生はそれに似ている。「産業」がどのようにして誕生してくるのか、目の当たりに見るようで興味深い。その本質は人材育成である。

ワインは女性を呼ぶ。ワインのメッカ、山梨県勝沼は観光客が多い（かってはブドウ狩り観光客が多かったが、今はワイナリー訪問が多くなった）。人口８０００人の小さな町に、年間２５０万人の入込観光客が訪れる。人口１人当たり観光客数は３００人と多い。鎌倉は１１８人、北海道富良野市は83人であり、有名な観光地より観光密度が高い。ちなみに軽井沢は４４９人。軽井沢を除けば、勝沼は最上位にある。町全体が６次産業化している。

新潟市角田浜は５つのワイナリーが立地し、新潟ワインコーストと呼ばれているが、ここは年間30万人が訪れる。当地区（旧巻町）の人口は２・５万人、20年間で人口減少16％と大きいが、ワインリゾート観光地の集客力が過疎化抑制に寄与している。

また、ブドウ栽培は農薬・除草剤の使用が極力抑えられる。特に野生酵母によるワイン造りの場合、農薬はまったく使用できない。そのため、ブドウ畑は生物多様性を保全している。生態系保全が地球的課題の今日、ワイン産業の発展は望ましいことである。

人材革命

茨木県つくば市のビーズニーズヴィンヤーズ（今村ことよ代表）は、一番印象に残る人である（第４章）。科学的知見を使って、まるで名探偵のように問題を解決していた。筑波の土壌は花崗岩からミネラルが溶け出しており、良質なブドウ栽培に適している。一方、筑波は雨が多く、また気温も高く、気象面ではブドウ栽培に適しているとは言い難い。しかし、今村氏は大学の先生方の研究論文を読み、気象の「逆転層」現象や「陸海風」の存在から、不都合なテロワールを乗り越えることができることを知り、研究職から〝脱サラ〟し、ワイン造りに新規参入した。非から是へ、次々と逆転していく話が面白かった。「逆転の発想」を導く自然現象が筑波山麓にはある訳だが、研究熱心がそれを叶えさせている。今村さんの説明は、理にかなった話ばかりで、研究者能力の高さを感じた。そういう人がワイン農業に参入してきているのだ。世界をめざす北海道余市町のドメーヌ・タカヒコ（曽我貴彦代表）も、科学する醸造家である（第9章）。立地、栽培、醸造、いずれの場面でも、意思決定は気象や土壌の科学的分析データに拠っている。

農業・農村の担い手が変わってきた。40年前、筆者は「農業革命」（四つの革命）を提唱した。市場革命・土地革命・技術革命・人材革命が起きて、農業・農村は大きく変わっていくと展望した（前出、拙著1982年）。ワイン産業は新規参入が多く、多くは非農業からの参入だ。研究者や専門的職業、脱サラ組が多いが（例えば本書第4章、第10章、第13章、第21章、第22章参照）、経済学、経営学、生命科学、情報工学等々の、新しい情報を持った人たちが、農業の担い手になり、農村を変えている。ワイン産業はこの「人材革命」の先頭を走っている。

先に、ワインは人を呼ぶと言った。フランスではグリーンツーリズムが盛んであるが、山梨県勝沼の6次産業化や、新潟角田浜のワインリゾート観光地をはじめ、ワイナリー集積地域は交流人口が増え、農村が変わってきている。

ワイン産業は、まだ「飛び地経済」的存在であるが、未来の産業社会の先駆けであり、やがて農業農村の全体がこのようなことになっていくのではないか。

第24章

世界ワインは成長産業か？
――西欧先進国は消費減　輸出伸長――

世界のワインは成長産業か？　西欧先進国では国内消費は減少、輸出は増加、生産は横ばいである。輸出産業であり、生産の3～5割は輸出向けである。製品差別化が大きく、価格帯の幅は大きいが、日本より低廉な価格が多い。小規模ワイナリーが多いのも世界の共通。日本は世界の動向に何を学ぶか。

1　スモールビジネス優位

ワインはスモールビジネスである。世界的に見ても、ワインは小さな企業が無数にある。小さい企業が大企業と互角に競争している。小さい企業の方が有利な側面もあるからだ。その限定した意味で、「ワインはスモールビジネスである」と言いたい。

良いワインを造るのに、スモールビジネスは優位に立てる。先に第23章で述べたように、野生酵母は大企業ではリスクが大きくて採用できない。また、自己表現できる産業という点でも、スモールビジネスがいい。幸い、ワインは製品差別化が大きい製品であるから、消費者の価格選好は比較的小さく、規模の利益の重要性が相対的に小さい。経営形態上、ワイン産業はスモールビジネスが優位な側面があると言えよう。

実際、世界のワイン銘醸地、仏ブルゴーニュ地方は高級ワイン産地として有名であるが、小面積のブドウ畑しかもたない企業が多い。ドメーヌ（ワイン生産者）の保有農地は平均4ha程度である（ボルドー地方のシャトーは規模が大きく、ブドウ畑10haと言えば小さな畑になる）。世界最高のワインと言われるロマネコンティは1・8haの畑で生産されている（ワイン平均年産6000本）(注)。その価格はボトル1本何百万円である。一方、米国カリフォルニアのE.&J.ガロ社は年産10億本の規模である（日本のワイン生産量は約1億7000万本）。

（注） ロマネコンティは1・8haでワイン6000本（1ha換算3300本）。日本ワインは多くの場合、1ha＝ブドウ10t＝ワイン1万本である。「甲州ワイン」は1ha（単収2t）＝ワイン2万本。もちろん、標準はなく、生産量の分布の幅は大きい。経営方針によって異なる。ここから計算すると、ロマネコンティと日本ワインは、畑の価値が百倍以上も違うようだ。

もちろん、小さければよいというものではない（十分条件ではない）。慣行的なワイン造りを脱し、科学的知見に基づいてブドウ本来の能力を100%引き出して美味しいワインを造る〝科学する醸造家〟だけが「スモール・イズ・ビューティフル」なのである。

「スモールビジネス優位」説は、産業論としての概念の試みである。自然派ワインが日本に登場したのは約20年前、2000年代初めと言われる。しかし、「自然派ワイン」という概念は、「産業論」としての概念ではない。20年を経過しているにもかかわらず、産業論がなかった。

産業論にもヌーベルバーグが必要だ。高度成長期以降を見ても、ベンチャービジネス（中村秀一郎・清成忠男、1970年代）、ハイテク産業、等々、概念が道しるべとなって産業発展を導いた。新しい概念が産業界を革新した訳だ。今、産業界は広く「マイクロ革命」「IT革命」が起きている。半導体の進歩が引き起こした新しい波である。

色々な産業にヌーベルバーグが現れているのではないか。新しい概念を付与することで、経済発展の可能性が出て来よう。ワイン産業もその一翼を担う。

2　米国のワイン産業――巨大企業と小零細ワイナリーの併存

酒類は全世界、どの民族でも消費している。しかし、ワイン産業はなぜか先進国（それぞれの時代の）で発展してきた。技術進歩があり、また文化と共生してきたためであろうか。ワインは「先進国型産業」と考えていいかもしれない（仮説）。日本のワイン産業は歴史が浅い。欧米先進国のワイン産業を観察し、日本のワイン産業の未来を考える素材としたい。

まず、世界最大のワイン消費国である米国のワイン産業から見てみたい。**表24―1**は、米国のワイナリー数を地域別に見たものである。カリフォルニア州の比重が圧倒的に高い。ワイナリー数で44％、生産量で86％を占める。2位以下のオレゴン州やワシントン州、ニューヨーク州を大きく引き離している。最近の傾向としては、カリフォルニア州以外でも新規参入が増えている。

カリフォルニアのE. & J. Gallo社はワイン生産7500万ケース（9億本）の規模を誇る巨大企業であり、1社で米国全体の2割以上を占める（全米生産量3・3億ケース）。カリフォルニア州の比重が大きいのは同社の影響である。

表24―2は、米国のワイナリーを規模別にみたものである。超巨大ワイナリーと小零細ワイナリーが併存している。全米のワイナリー数は1万超あるが、小零細規模が多い（委託醸造しているワインメーカーを含む）。50万ケース以上規模はわずか1％である。ただし、生産量の比率で見ると、大規模ワイナリーのシェアは約8割を占める（筆者試算。**表24―2**の注2参照）。つまり、軒数では1％に過ぎない大規模ワイナリーが、全体の約8割を生産している（過少推計か。

大胆な仮定に基づく試算でありシェアはもっと大きい可能性あり）。先述のE.&J.ガロのような巨大企業が存在するからだ。

一方、山梨県勝沼の中小ワイナリー程度の規模、1〜5千ケース規模以下の極小ワイナリーが数の上では80%を占める（先述したように委託醸造しているワイン企業を含む）。生産量のシェアは3%である（筆者試算）。ここでは、小零細ワイナリーも数多く存在していることを強調しておきたい。

ちなみに、2019年7月現在のワイナリー数は1万超であるが、13年のワイナリー数は7762軒であった。6年間で31%の大幅増加である。小零細規模が急増しているようだ。

表 24–1　米国の地域別ワイナリー数とワイン生産量

州　別	ワイナリー数		生 産 量	
	軒数	(%)	数 量（千ケース）	(%)
カリフォルニア	4,510	44	288,000	86
オレゴン	791	8	4,600	1
ワシントン	780	8	15,000	5
ニューヨーク	405	4	12,000	4
テキサス	381	4	1,800	1
ペンシルバニア	305	3	950	0
バージニア	291	3	1,000	0
オハイオ	265	3	900	0
ミシガン	204	2	1,200	0
全　米	10,185	100	333,000	100

（出所）Wines Vines Analytics (https://winesvinesanalytics.com/statistics/winery/)
（注）生産量は2018年、ワイナリー数は2019年7月現在（1ケースは750 mℓ× 12本）。

表 24–2　米国の規模別ワイナリー数（2019年7月）

規 模 別（単位 ケース：750 mℓ／12）	ワイナリー		生産（推定）*（%）
	軒数	(%)	
大規模（500,000 〜）（600万本以上）	71	1	78
中規模（50,000 〜 499,999）	270	3	12
小規模（5,000 〜 49,000）	1,669	16	7
極小（1,000 〜 4,999）	3,712	36	2
限界企業（〜 1,000）	4,463	44	1
計	10,185	100	100

（出所）WinesVinesAnalytics (https://winesvinesanalytics.com/statistics/winery/)
（注1）Bondedwinery（酒税納入商業用ワイナリー）のほか、自らは畑も醸造場も持たずブドウを買って委託醸造でワインを製造しラベルを貼って売るVirtualwineryを含む。Bondedの方が多い。例えば、カリフォルニアの場合、Bonded3370、Virtual1130である。
（注2）＊印：生産量（推定）は断片的な情報に基づく仮定の下、大胆な試算である（筆者試算）。中規模以下の各規模の平均生産量をレンジ上限値の3割と仮定し（例：中規模は15万ケース）、総生産量からそれらを差し引いて大規模クラスを推定した。

表 24–3　米国の平均価格帯別のワイナリー数（2019 年 7 月）

価格の幅（ドル）	ワイナリー数	%
1 ～ 10.99（100 ～ 1100 円）	169	2
11 ～ 19.99（1100 ～ 2000 円）	3,080	30
20 ～ 29.99（2000 ～ 3000 円）	3,199	31
30 ～ 39.99（3000 ～ 4000 円）	1,711	17
40 ～ 59.99（4000 ～ 6000 円）	1,341	13
60 ～ 99.99（6000 ～ 1 万円）	504	5
100 ＋（1 万円以上）	181	2
全　米	10,185	100

（出所）Wines Vines Analytics (https://winesvinesanalytics.com/statistics/winery/)

カジュアルなワインが多い

米国のワイン価格は、750mℓボトル10ドル未満が圧倒的に多い。3ドル未満が3割、3~6ドルが3割と言われている。つまり、普段飲みのワインは3~6百円である。EU諸国でも、4~5ユーロ程度（約500円）だと言われている。日本ワインよりかなり安価である。

（注）「日本ワイン」は、国内最大規模の北海道ワインは1100円位のカジュアルなワインも出しているが、山梨県勝沼のワイナリーは安くて1500~1600円、ほとんどは2000円前後である。新興産地のブティックワイナリーの価格は3000円台が主流である。日本ワインは高い。米国より高価格帯で供給している。

表24—3は、米国におけるワイン価格情報である。11~19ドルのワインを供給するワイナリーが全体の30%、20~29ドルが31%を占めている。つまり、10~30ドルで61%を占める。逆に、100ドル以上（約1万円以上）のワインを供給しているワイナリーは全体の2%に過ぎない。カジュアルなワインの生産者が多く、高級プレミアムワインの生産者は少ないと言えよう。

表24—3の価格帯の情報は、もう一つ重要な意味を持っている。同じワインという製品でありながら、価格は10ドル未満から100ドル以上まで開いている。これはワインという製品は品質差もさることながら、〝製品差別化〟が大きいことを示唆している。大規模ワイナリーは廉価なワイン、中小は製品差別化した高価格ワインを供給しているのであろう。

3 主要国で高まる輸出産業化——価格も上昇し成長産業に

世界のワイン産業は成長産業である。新興諸国での消費の伸びが大きい。価格も上昇し、輸出額の伸びは著しい。

欧州先進国は消費減少

世界のワインの生産・消費は、数量ベースで見るとほぼ横ばいである。しかし、欧州の伝統的なワイン先進国では消費は減少傾向にある。1人当たり消費量トップのフランスの場合、国全体のワイン消費量は80年代後半の４１７０万hℓ（１hℓは１００ℓ）から、２０２１〜22年２５１０万hℓへ減少、つまりボトル換算（７５０㎖）で55億本から34億本へ減少した。イタリアは同期間３６６０万hℓから２３６０万hℓへ大きく減少した（国際ワインぶどう機構ＯＩＶ統計による）。

これに対し、米国の消費量は２０８０万hℓから３３６０万hℓへ増加、中国は２７０万hℓから２０１０年代には１６００万hℓに増加した。ワイン消費は新興国で伸びている（中国は近年、ワイン等酒類の消費が急減している）。

欧州の生産は、消費量ほどの減少ではない。つまり、輸出が伸びているのだ。欧州3大ワイン生産国のワイン輸出は２０００年代初めの３０１０万hℓから、21・22年４６３０万hℓへ増えた。特にスペインの輸出増加が大きく、１１００万hℓから２２００万hℓへと急増している。

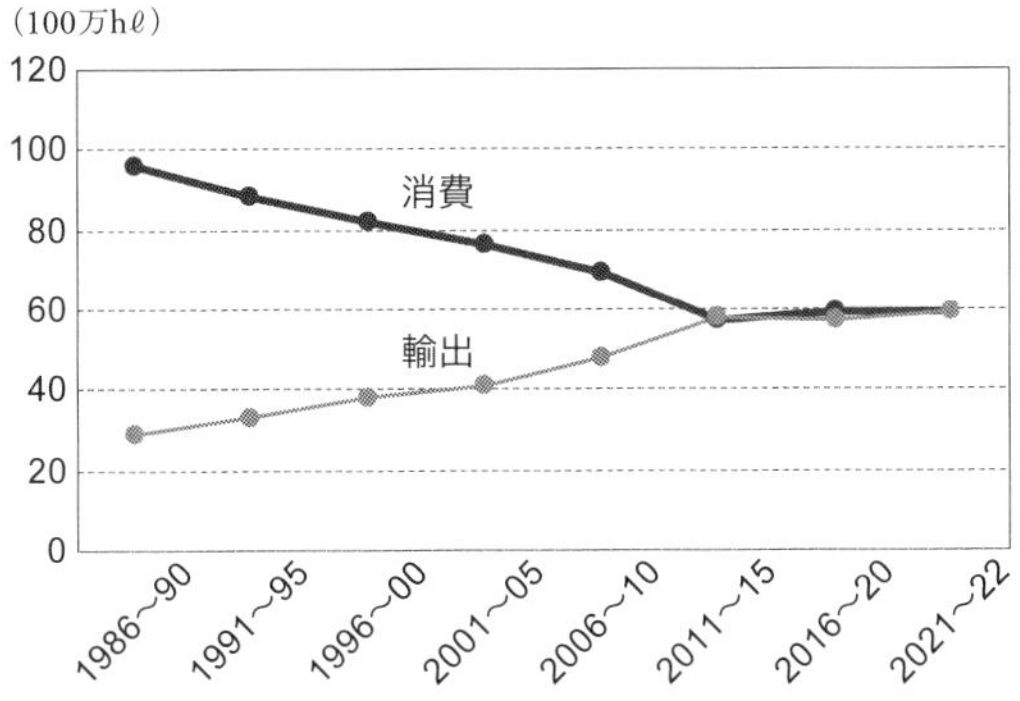

（100万hℓ）
消費
輸出
1986~90 1991~95 1996~00 2001~05 2006~10 2011~15 2016~20 2021~22

（出所）OIV, State of the world and wine sector in 2022.ほか。

図 24–1　西欧 3 大ワイン国（仏伊西）のワイン国内消費と輸出の推移

表 24–4　世界のワイン生産・消費・輸出の長期推移

年	生産（1000hℓ）	消費（1000hℓ）	輸出（1000hℓ）	同金額（10億ドル）
1986 ～ 90	304	240	43	6.7
1991 ～ 95	263	223	49	8.7
1996 ～ 00	272	225	61	12.9
2001 ～ 05	272	235	72	16.9
2006 ～ 10	271	246	89	25.6
2011 ～ 15	272	242	106	33.2
2016 ～ 20	266	240	108	35.0
2021 ～ 22	261	233	110	40.2

（資料）OIV, State of the world and wine sector in 2022 ほか。輸出は FAOSTAT（単位 :1000hℓ、10 億ドル）

ワインは輸出産業である

ワインは〝輸出産業〟である。主要国では、生産に占める輸出比率は３～5割に達する。フランス31%、イタリア44%、スペイン59%、チリ67%、オーストラリア49%と高い（表24―6参照、２０２２年）。

ワインの輸出市場は5兆円規模に達する巨大市場である。２０００年代初めには世界のワイン輸出額は１６９億ドル、10年代前半には３３０億ドル、20年代には４００億ドルに達した。金額ベースでは、一番輸出の多いのはフランス、次いでイタリア、スペインと続く。

ちなみに、ワイン貿易は〝水平分業〟である。フランスは、ワインの輸出国であるが、輸入国でもある。高級ワインを輸出し、低価格ワインを輸入している（平均輸出価格は８・９ドル／kg、輸入価格は１・７ドル、２０２２年）。双方向貿易は米国、イタリアでも然りである。輸出もあれば輸入もある貿易形態を示すグルーベル＝ロイド指数は高い（Grubel-Lloyd index）。ただし、チリなど発展途上国は輸出は多いが、輸入は少ない。一方通行である。

輸出価格は上昇トレンド

金額ベースでワイン輸出の推移を見ると、世界のワイン輸出は２０００年の１２７億ドルから、22年３９９億ドルへと、年率５%の伸び率である（ＦＡＯ統計）。「成長産業」と言うに相応しい高い伸び率だ。数量ベースの伸びは３%であるから、価格上昇の効果が大きい（図24―2参照）。

表 24–5　主要ワイン国の生産・消費・輸出の長期推移

（単位：1000hℓ）

	米国		フランス			イタリア			スペイン		
	生産	消費	生産	消費	輸出	生産	消費	輸出	生産	消費	輸出
1986 〜 90	18.2	20.8	64.6	41.7	12.9	65.7	36.6	11.9	33.5	17.4	4.6
1991 〜 95	17.4	18.8	52.9	37.3	11.4	60.8	35.1	13.7	26.4	15.4	7.4
1996 〜 00	20.4	20.8	56.3	35.3	15.0	54.4	32.0	14.8	34.2	14.4	8.4
2001 〜 05	20.4	23.8	51.9	33.9	14.8	46.9	28.5	14.7	37.0	13.9	11.4
2006 〜 10	20.3	27.4	46.2	31.1	13.9	48.2	25.3	18.9	36.4	12.2	15.1
2011 〜 15	22.1	30.3	45.6	25.8	15.1	47.3	21.1	21.1	37.4	9.9	21.7
2016 〜 20	24.8	32.7	44.0	26.2	14.7	49.0	22.8	20.7	38.3	10.1	21.7
2021 〜 22	22.6	33.6	41.6	25.1	14.8	50.0	23.6	21.9	35.6	10.3	22.2

（資料）OIV, State of the world and wine sector in 2022 ほか。輸出は FAOSTAT

表 24–6　主要国のワイン生産・消費・輸出入（2022 年）

	生産(A)（1000hℓ）	輸出(B)（1000hℓ）	輸入(C)（1000hℓ）	消費(D)（1000hℓ）	1人当たり消費（ℓ）	輸出比率（B／A）（%）	輸入依存度（C／D）（%）
フランス	45,800	14,000	6,100	25,300	47.4	30.6	24.1
イタリア	49,800	21,900	2,200	23,000	44.4	44.0	9.6
スペイン	35,700	21,200		10,300	25.8	59.4	
ドイツ	8,900	3,500	13,400	19,400	27.0	39.3	69.1
イギリス			13,000	12,800	23.2		101.6
南アフリカ	10,300	4,400		4,600	8.0	42.7	
米国	22,400	2,800	14,400	34,000	12.6	12.5	42.4
チリ	12,400	8,300				66.9	
アルゼンチン	11,500	2,700		8,300	23.8	23.5	
オーストラリア	13,100	6,400		5,500	26.1	48.9	
中国	4,200	94	3,400	8,800	0.8	2.2	38.6
日本	796		2,700	3,400	3.1		79.4
世界計	258,000	107,000	107,000	232,000	3.0	41.5	46.1

（出所）OIV

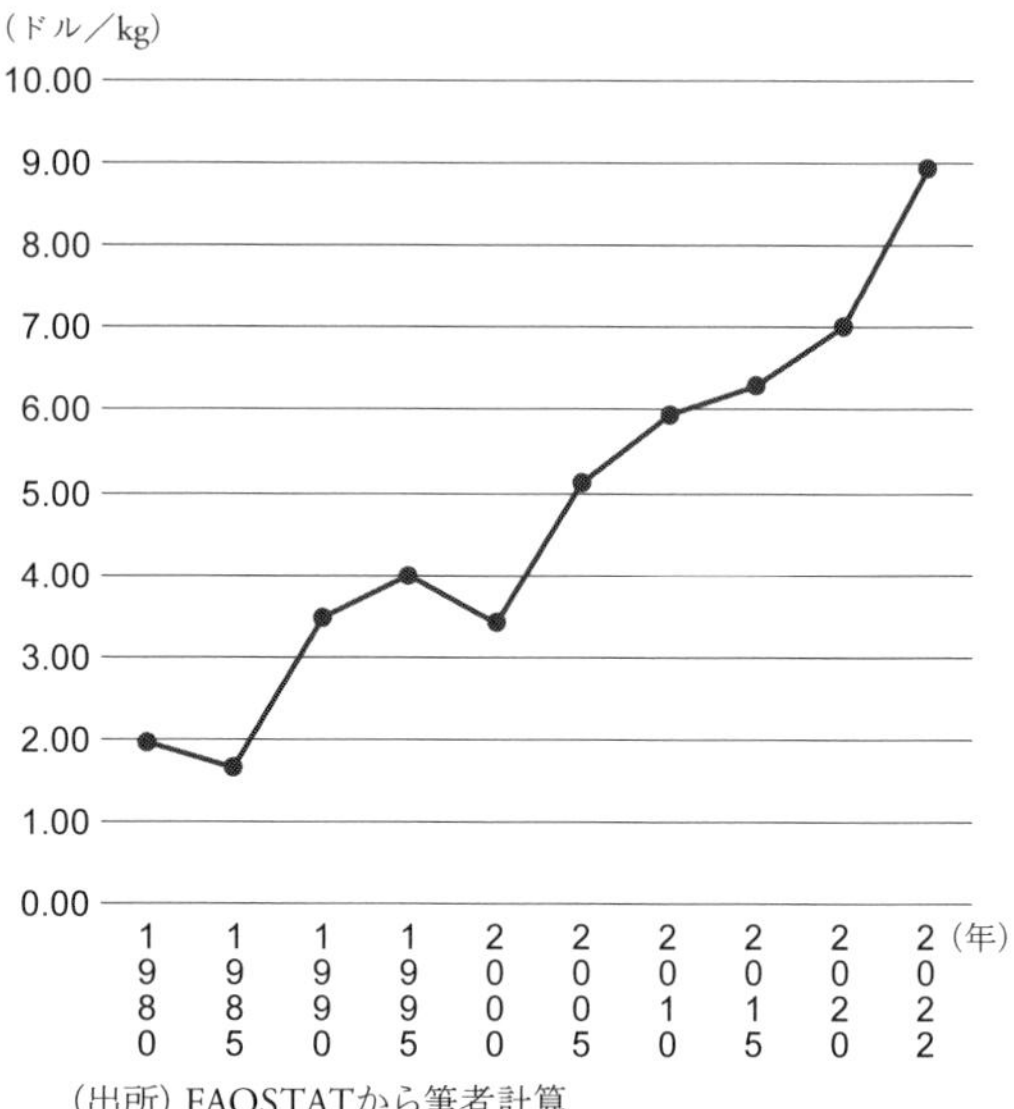

（出所）FAOSTATから筆者計算

図 24–2　フランスワインの平均輸出価格

表 24–7　フランスの輸出金額の推移

年	金額（100 万ドル）	数量（千 t）	輸出単価（ドル／ kg）
1980	1,735	887	1.96
1985	1,918	1,161	1.65
1990	4,255	1,231	3.46
1995	4,561	1,140	4.00
2000	5,044	1,482	3.40
2005	7,015	1,368	5.13
2010	8,392	1,411	5.95
2015	9,145	1,452	6.30
2020	9,936	1,418	7.01
2022	12,925	1,445	8.94

（出所）FAOSTAT

フランスワインの平均輸出価格は2000年の3・4ドル（ドル／kg）から、21・22年8・7ドルへと、2倍以上も上昇した。イタリアも、同期間に、1・5ドルから3・8ドルへ上昇した。平均輸出価格は長期的に上昇トレンドにある。

ちなみに、平均輸出価格が一番高いのはフランスである。フランス8・9ドル、米国5・3ドル、イタリア3・8ドルと続き、オーストラリア2・3ドル、チリ2・3ドル、スペイン1・5ドル、南ア1・6ドルである（2012年）。先進国の価格が高く、途上国になるにしたがって安い。フランスの輸出価格がダントツに高いが、〝ブランド力〟であろう。

この輸出価格の上昇は、人手不足などコスト上昇が要因とみる説もあるが、果たしてどうか。フランスの場合、国内価格上昇は小さい。ワインの消費者物価指数は年率1～2％の上昇である（国内消費は減少している訳だから、価格上昇がみられないのは整合的である）。同期間の輸出価格は年率4％上昇した。

ワインの輸出価格は、国内物価指数より上昇率が高い。輸出市場は競争的であるにもかかわらず、価格上昇がみられる。これは、輸入国側のワイン輸入が年々、より高級品に移っているからではないだろうか。

以上のように、欧州のワイン産業は自国の消費は減っているが、新興国のワイン消費の伸びを反映して、輸出産業として伸びている。成長市場であるため、各国は輸出競争力を強化するため、イノベーションにも積極的なようだ。

日本は、世界のワイン業界ではマイナーな存在である。1人当たり消費量は3ℓ（4本）で、フランス63本、イタリア59本に比べるべくもない。輸出もゼロに近い。輸入だけはトップ10に入り、輸入依存度は79％と高い。典型的な輸入産業だ（表24―8参照）。

日本は清酒があるから、それでいいとばかりは言えない。実はワイン産業は案外、〝公共性〟を持っている。ブドウ栽培は中山間地帯の傾斜地や、耕作放棄地の活用が多く、地域振興に役立っている。このように、ワイン産業は公共性を実現しているので、伸ばしてあげたい。

4　新興国向け輸出が増大――ワイン小国日本は世界動向から何を学ぶか

フランスワインを事例に、ワイン輸出の実態を見てみよう。西欧向けは軒並み減少している。一方、米国、中国、香港・シンガポールなど新興国向けは増えている。一時、一番伸びたのは中国向けであった。２００５〜17年の12年間で、中国向けは30倍も増えた。中国の〝爆買い〟が、世界のワイン産業の成長を支えた。しかし、２０１７年をピークに、中国向けは急激に減った（中国は経済成長の鈍化に加え、若い世代〔80年代以降生まれ〕の酒類消費離れが大きい。また、「反腐敗」も酒類消費を悪化させている。酒類メーカーの倒産も多いようだ）。

ちなみに、中国はどこから輸入しているか。中国のワイン輸入が旺盛な頃（ピークは17年）の実績で見ると、フランス、オーストラリア、チリからの輸入が多い。輸入価格は、輸出国によって違う。オーストラリア及びフランスのワインは約5ドル（ドル／kg）と高い。これに対し、スペインワインは１・４ドル、チリワインは２・５ドルと安価である。

生産・消費・輸出入ランキング

最後に、各国の位置づけのため、ランキングを示しておこう（**表24—8**）。フランスは今や、生産も消費も2位であって、1位ではない。輸出も3位である（金額ベースでは1位）。西欧ではスペインの躍進、消費では米国の増大が目立つ。スペインは輸出もイタリアに並んで1位である。下剋上のごとく、変化がみられる。

ドイツ、イギリスは輸入の2位、3位である。中国は、生産は10位、消費8位、輸入8位である。

日本はトップ10のランキング表では、ようやく輸入で顔を出す。生産、消費、輸出ではいずれも姿が見えない。日本はワイン小国である（日本の数値は輸入果汁から造る「国産ワイン」を含む）。

日本は世界のワイン動向から何を学ぶか。

本稿は、世界ワイン事情の統計的把握である。概観は得られたと思う。しかし、ワインビジネスに触れることは

表 24–8　世界のワイン生産・消費・輸出入ランキング（2022 年）

（単位：100 万 hℓ）

順位	生産		消費		輸出		輸入	
1	イタリア	49.8	米国	34.0	イタリア	21.9	米国	14.4
2	フランス	45.8	フランス	25.3	スペイン	21.2	ドイツ	13.4
3	スペイン	35.7	イタリア	23.0	フランス	14.0	イギリス	13.0
4	米国	22.4	ドイツ	19.4	チリ	8.3	フランス	6.1
5	オーストラリア	13.1	イギリス	12.8	オーストラリア	6.4	オランダ	4.6
6	チリ	12.4	ロシア	10.8	南アフリカ	4.4	カナダ	4.2
7	アルゼンチン	11.5	スペイン	10.3	ドイツ	3.5	ロシア	3.9
8	南アフリカ	10.3	中国	8.8	ポルトガル	3.3	中国	3.4
9	ドイツ	8.9	アルゼンチン	8.3	ニュージーランド	3.0	ベルギー	3.3
10	中国	4.2	オーストラリア	5.5	米国	2.8	ポルトガル	2.8
	日本	1.8	日本	3.4	日本	0.0	日本	2.7
	世　界	262.0		232.0		107.0		107.0

（出所）OIV（トップ 10 ＋日本）

少なかった。ワイン企業の行動様式、特に価格形成など、産業組織論上の興味ある論点は別途の機会が必要だ。それでも、米国でさえ、小零細規模のワイナリーが存在している（むしろ増えてきている）ことは、日本のワイン産業の未来論に示唆を与えるものであろう。また、ワインは製品差別化の大きい産業であることも、日本の小規模ワイナリーの未来に示唆を与える。

第25章

日本ワインは成長産業か？
——北上仮説 都道府県別産地動向（統計的分析）——

ワインは成長産業か？ 酒類消費が減少する中で、ワインは増加傾向にあるが、国産ブドウ100％の日本ワインは原料不足から成長できないという見方がある。しかし、農家減少（高齢化）＝ワイン原料用ブドウの減少ではない。生食用との競合に勝つ道はある。日本ワインは新規参入ラッシュが起きている。ワイン産地は〝北上〟中である。

1 輸入ワインの優勢つづく——日本ワインのシェアは6％

本書第Ⅰ部は、ワイン産業の実態を明らかにすべく、現地ルポを繰り返し、今日の姿をありのままに記録することを重視してきた。本章はワイン産業の現状を統計的に把握し、ワイン産業の大まかな全体構造を描くことにしたい。

情報公開が少ないのがワイン業界の特徴でもあるので、現地調査で得た情報を加えながら統計を読んでいきたい。それは逆に、現地調査から得た仮説、例えば、ワイン北上説、技術がテロワールに代替するという仮説、等々の統計的検証でもある。

新しい表示規制

ワイン表示規制が２０１８年10月30日に施行された（果実酒等の製法品質表示基準）。従来、国内で製造されたワインは、原料が輸入濃縮果汁であっても、国産ブドウ１００％であっても、「国内製造ワイン」と表示され、輸入ワインと区別された。しかし、これでは紛らわしいので、新しい表示規制では国産ブドウのみを原料とし日本国内で製造されたワインは「日本ワイン」と表示できるようになった。輸入濃縮果汁を原料としたものは「日本ワイン」と表示することはできない。業界では「国内製造ワイン」と称することが多い。

（注）酒税法上では、「国内製造ワイン」に「日本ワイン」と「輸入濃縮果汁を使って国内で製造されたワイン」の両方が含まれている。新表示規制は国産ブドウ１００％で造ったワインは「日本ワイン」と表示できるという規制である。つまり、今でも酒税法上は日本ワインも国内製造ワインの〝内〟である。

例えば、業界大手のサントリーワインの場合、２０１８年販売実績は年７７００万本と巨大であるが、日本ワインは72万本に過ぎず、輸入原料の国内製造ワイン４８００万本、輸入ワイン２８００万本である（第7章参照）。こうした明確な表示規制から、「日本ワイン」がクローズアップされ、日本ワインブームが期待されたのである。ちなみに、国内製造ワインに占める日本ワインの割合は約25％と推定される。

輸入ワインのシェアは約65％

日本のワイン市場は、食生活の多様化と共に、何度かのワインブームを経験しながら拡大してきた。家庭用市場

表 25–1　ワイン消費量の推移

年度	消費量 (kℓ)			構成比 (%)		全酒類消費に占める割合 (%)
	国内製造	輸入	合計	国内産	輸入	
1980	33,062	10,903	43,965	75.2	24.8	0.66
1990	59,566	58,620	118,186	50.4	49.6	1.30
2000	104,565	161,503	266,068	39.3	60.7	2.80
2010	84,254	178,221	262,475	32.1	67.9	3.08
2015	110,360	259,977	370,337	29.8	70.2	4.37
2018	118,992	233,054	352,046	33.8	66.2	4.27
2021	124,602	230,390	354,992	35.1	64.9	4.60

（出所）キリンHP「ワイン参考資料」。原資料は国税庁統計年報

の歴史は、フルボトル５００円ワインの登場で開拓され（１９９４年、輸入原料ワイン）、その後、赤ワインに含まれるポリフェノールが注目され、97年後半から赤ワインブームが起こり、98年に爆発的な市場拡大を見た（第6次ワインブーム）。２０１２年にはチリ等新世界からの低価格輸入ワインが消費を牽引し（第7次ワインブーム）、そして現在、「日本ワイン」人気がワインブームを演出している。

しかし、「日本ワイン」ブームと言われながら、ワイン流通全体に占める比率は６％程度である（国税庁「国内製造ワインの概況」）。この点をしっかり認識しておかないと、ワイン産業の実態を見間違いかねない。

表25―1に示すように、日本のワイン市場の規模は約35万kℓである（フルボトル換算約5億本）。人口１人当たり年間約４本消費している。

内訳は、輸入ワイン65％、国産ワイン35％である。また、国内産ワインの75％は輸入濃縮果汁を原料とする国内製造ワインであり、残り25％が国産ブドウ１００％の日本ワインである。つまり、日本で流通しているワインの９割強は輸入由来であり、輸入依存度が大きい。

時系列でみると、ワインの消費が少なかった１９７０年代から80年代前半にかけては、国内産ワインが約75％を占めていた。90年代に赤ワインブームでワイン消費が大きく伸びた時、輸入で賄ったため、90年代には国産・輸入が逆転し、２０００年には輸入61％、国内産39％と格差がついた。増加分の

大半を輸入に依存してきた訳である。供給力、品質、価格共に、輸入ワインには勝てなかったと言えよう。

２０００年代に入っても、輸入ワイン優勢の実態に大きな変化は見られない。ただ、強いて言えば、国内産ワインのシェアは少し上昇気味である。国内製造ワインの競争力が少し向上したのであろうか。

留意しておきたいのは、輸入ワインに押されて国内産ワインの生産が減った訳ではないということだ。国内産ワインの生産量は安定的に拡大している（98年の赤ワインブーム終焉後は一時的に落ちたが）。輸入依存度の上昇は消費が急増し、輸入が国内産を上回るスピードで増大したからだ。もちろん、この時代、国内産ワインと言っても、それは輸入濃縮果汁から造ったワインである。食生活の多様化に伴うワイン市場拡大に対応するため、国内産ワインの生産を増やした訳だが、国産ブドウ１００％のワイン（純日本ワイン）がフルボトル５００円で供給できる訳がない。

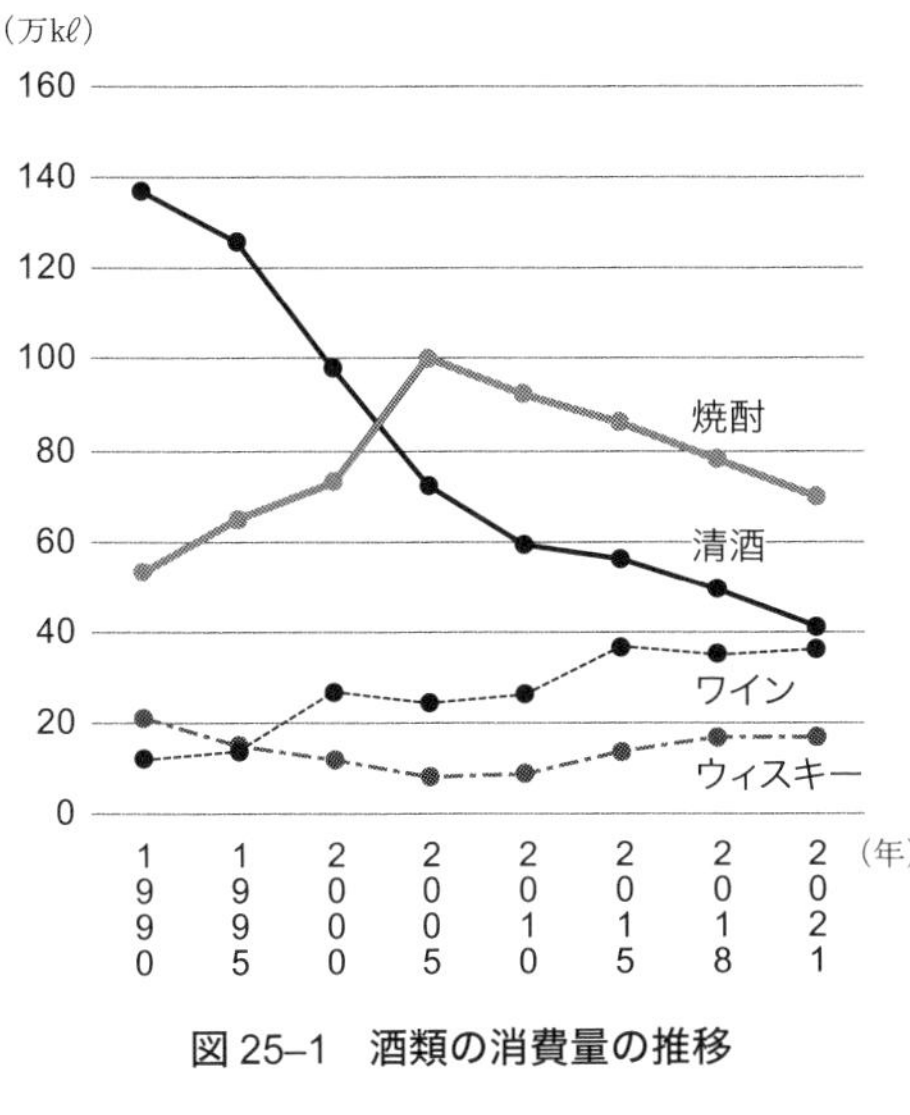

図 25–1　酒類の消費量の推移

酒類の減少傾向、ワインは増加傾向

ワイン市場の成長率は、この10年間平均では年率３％弱である。ワインブームが騒がれ、またＥＰＡ協定による自由化（関税ゼロ）が話題になったが、その割には３％成長は低いように思われる。しかし、酒類全体は微減が続いているので、その中で見れば、３％成長は順調な伸びという評価もできる。

図25―1に示すように、１９９０年から２０２１年にかけて、清酒は１３７万kℓから41万kℓに減少した。大幅な減少だ。ビールも清酒と同じく半減した。全酒類も、90年の９０３万kℓから21年７７２万kℓに減少した。これに対し、ワインは緩やかでは

表 25–2　酒類の産業規模（品目別出荷金額）（2019 年）

	出荷額	
	（億円）	構成比（%）
清酒	4,099	11.9
焼酎	4,546	13.2
ビール	10,185	29.6
発泡酒等	1,941	5.6
ワイン	612	1.8
〃（輸入）	1,973	5.7
ウイスキー	2,507	7.3
チューハイ・カクテル	2,132	6.2
その他	6,470	18.8
酒類計	34,465	100.0

（出所）出荷額は「工業統計表」（品目別）（輸入ワインは貿易統計）
（注 1）ビール、ウイスキーの出荷額は輸入を含む（輸入額はビール 72 億円、ウイスキー 776 億円、発泡酒 110 億円）。
（注 2）その他は酒かす、添加用アルコール、合成清酒、みりん、混清酒。

表 25–3　日本のワイン輸入量（国別）

	2009 年（kℓ）	2015 年（kℓ）	2022 年（kℓ）	平均輸入価格（ドル／kg）
フランス	56,254	64,212	61,843	17.19
チリ	17,769	53,913	44,346	2.31
イタリア	28,500	41,199	42,196	4.94
スペイン	16,880	29,212	31,957	2.65
オーストラリア	9,350	8,326	6,343	3.17
米国	9,240	9,720	9,113	11.17
世界	148,318	219,639	209,613	7.03

（出所）財務省関税局（スティルワイン＋スパークリングワイン）
（注）平均輸入価格は FAOSTAT、2022 年値。

あるが増加傾向にある。

なお、酒類全体の中で、ワイン消費はどう位置づけられるか。一番沢山飲まれているのはビールであるが（酒類の24％）、次いで焼酎９％。清酒５％、ワインは５％に過ぎない（数量ベース）。なお、清酒に対して、ワイン消費が追い上げ、接近している。数量ベースで清酒に対し87％の水準にある。なお、産業規模は清酒４０００億円に対し、ワイン（輸入品込み）は２５８５億円である（表25―2）。

ちなみに、アメリカはワインの新興国であるが、酒類の構成はビール45％、スピリッツ38％、ワイン17％である。欧州諸国はワインの比重がもっと高い。日本は、ワインの比重は４％台であり、ワインの普及度は国際的にみて低いといえよう。

どこから輸入しているか

ワインは輸入依存度が高いが、どこから輸入しているのか。**表25―3**に示すように、日本のワイン輸入先はフランスが多いが、次いでチリ、イタリアの順である。フランスから高価格ワインを輸入、チリから低価格ワインを輸入という構図である。ボルドー、ブルゴーニュ信仰の厚さが際立っている。米国、イタリアからの輸入も比較的高価格である。

表 25–4　ワインの都道府県別生産量 2022 年度

	生産量（kℓ）	内日本ワイン（kℓ）	同左比率（%）	（参考）2018年度日本ワイン生産量
北海道	2,577	2,484	96.4	2,603（15.7）
岩手	398	397	99.7	580（3.5）
山形	495	492	99.4	1,159（7.0）
栃木	133	132	99.2	237（1.4）
新潟	486	479	98.6	339（2.0）
長野	3,527	3,049	86.4	3,950（23.8）
山梨	11,408	3,466	30.4	5,189（31.2）
神奈川	23,379	—	0.0	—
大阪	167	167	100.0	170（1.0）
島根	198	196	99.0	241（1.5）
宮崎	137	137	100.0	306（1.8）
全国	44,958	11,987	26.7	16,612（100.0）

（出所）国税庁酒税課「酒類製造業及び酒類卸売業の概況」
（注）2022 年度調査分。
＊ 22 年度調査分はアンケート回答率が低く、対象時点が異なるとランキングは大きく変化する場合がある。

2　日本ワインは新規参入ラッシュ

山梨県の独占度低下

全国各地で、ワイナリーが増えている。**表25―5**に示すように、全国にワイナリーが立地している（ワイナリーのないのは沖縄県と佐賀県の2県のみ）。2023年1月現在、一番多いのは山梨県でワイナリーが92場もある。次いで、長野県72場、北海道55場である（このワイナリー数は国内製造ワインの醸造場数であり、日本ワイン以外も一部含む。日本ワインのみのワイナリー数は国税庁調査では不明）。

表 25–5　都道府県別のワイナリー数推移

	2011 年	2019 年	2023 年
全国	154	331	468
北海道	7	37	55
青森	1	6	10
岩手	5	11	15
宮城	0	4	7
秋田	2	4	7
山形	11	15	20
福島	1	6	10
茨城	1	6	12
栃木	3	6	10
群馬	4	4	3
埼玉	2	3	4
新潟	6	10	10
長野	12	38	72
千葉	0	5	9
東京	7	4	8
神奈川	0	4	5
山梨	55	85	92
富山	2	2	5
石川	1	2	4
福井	1	1	1
岐阜	1	2	3
静岡	1	5	9
愛知	3	4	7

	2011 年	2019 年	2023 年
三重	0	1	3
滋賀	1	2	2
京都	2	2	3
大阪	4	8	8
兵庫	2	4	3
奈良	0	—	1
和歌山	0	1	3
鳥取	2	3	4
島根	2	4	5
岡山	4	8	10
広島	2	8	9
山口	0	2	2
徳島	0	1	2
香川	1	1	3
愛媛	0	1	2
高知	0	1	3
福岡	1	2	8
佐賀	0	—	—
長崎	0	1	2
熊本	1	3	4
大分	1	6	6
宮崎	3	6	5
鹿児島	1	1	2
沖縄	1	1	—

（出所）国税庁「国内製造ワインの概況」、「酒類製造業及び酒類卸売業の概況」
（注）2011 年、2019 年は 10 月 1 日現在、2023 年は 2023 年 1 月 1 日現在。

日本ワインの生産量を県別にみると、山梨県のシェアは２０１５年度34・７％、22年度28・９％とシェアは次第に低下傾向にある（本調査は各年次で回答率が異なるため、経年比較はこの点留意が必要であり、参考値である）。また、山梨県を１００とした時、長野県の生産量は２０１５年度58、22年度88と上昇。長野県が山梨県を追い上げている。ワイナリーの増加数、ブドウ供給力を考えると、このキャッチアップはさらに続くと思われる。

このように、日本ワインの生産拠点は、現状は山梨県がトップであるが、山梨県の独占的地位は次第に低下している。

もう一つ注目したいのは、ワイナリー数がどんどん増えていることである。２０１１年に全国で１５４場だったが、２０２３年（1月1日現在）には４６８場に増えた。わずか12年間で３倍増した。特に増加が大きいのは、北海道７から55へ、長野県12から72へ、山形県11から20へ、岩手県５から15へ等だ。新規参入ラッシュと言ってよい。

同じ酒類でも、清酒は参入規制が厳しく、新規参入はほとんどできない。これに対し、ワインは清酒と違って、もともと〝需給調整〟を目的とした参入規制がなく、それに加えて、「特区」制度があるからだ。ワインは醸造量６kℓ以上でないと製造免許を与えないが、特区に認定されれば、２kℓで参入できる（フルボトル換算約２７００本）。

近年、ワイナリーの増加が多いが、ほとんどは小規模ワイナリーである。

ワイン産地は北上する

ワイナリー立地は、長野県、北海道、山形県、岩手県で特に増えている。冷涼な気候は高品質のブドウ作りに好条件であるが、温暖化の影響で北上する傾向も出ている。山梨県勝沼の独占度が低下していく背景である。

一方で、列島南部の九州地方で良質のワインが生産されている事例もある。大分県安心院町や宮崎県都農町のワイナリーは、日本ワインコンクールで連続入賞している。技術革新で、降雨が多いというテロワール（気候風土）

の不利を克服しているのであろう。

次章で、ワイナリーの経営形態分析のほか、原料ブドウの供給構造など、日本ワインの未来展望に不可欠な要素を分析する。「生食用ブドウと競合しているため、日本のワインは成長できない」という見方の当否も、ここで検討する。

第26章

日本ワインの産業構造

――ワイン用ブドウの供給メカニズム――

日本ワインの将来展望には、原料ブドウの供給分析が重要だ。ワイナリーの新規参入が続いたが、その背景は生食用から加工用へブドウ生産の転換、リタイヤ農家からの借地による規模拡大、水田のブドウ畑への転換、大手ワイナリーの自社畑増設ラッシュもあった。農村の変化がワイン産業の発展を支えている。

生食用ブドウと競合するので、日本ワインは成長できないという見方はどこまで妥当するか。

1　ワイナリーの規模分布――ガリヴァーからブティックワイナリーまで

大手ワインメーカーの規模は年産5000万本

日本ワイン以外のワイナリー（輸入原料依存の国内製造ワイン）は大規模で、最大クラスの1000kℓ以上および300kℓ以上の大規模クラスに分布している。これに対し、日本ワインは全クラスに分布しているが、小規模が多

表 26–1　ワイナリーの規模別分布

	100 kℓ未満	100 kℓ以上300 kℓ未満	300 kℓ以上1000 kℓ未満	1000 kℓ以上	総 計
企業数	231	24	11	7	273
生産量（kℓ）	4,094	4,071	6,481	67,673	82,319
日本ワイン以外	210	171	3,126	62,201	65,707
日本ワイン	3,885	3,900	3,355	5,472	16,612
（同上構成比）（%）	23.4	23.5	20.2	32.9	100.0

（出所）国税庁「国内製造ワインの概況」平成 30 年度調査分。（令和 2 年 2 月）
（注 1）調査回答企業の集計値。回答率 87.5% 製造 (免許者 312 のうち 273 者)。
（注 2）生産規模別は日本ワイン以外のワインを含む生産量の規模別である。日本ワインだけで 1000 kℓ以上が 7 社もあるわけではない。

く、100kℓ未満の小規模に集中している（表26―1）（国税庁「国内製造ワインの概況」からは、ワイナリー総数は分かるが、「日本ワイン」のメーカー数がいくつかは厳密な数は不明である）。

日本ワイン以外の国内製造ワインのメーカーはサントリーやメルシャンなど大手であり、彼らは1000kℓ未満クラスは少ないと考えてよい（1000kℓはフルボトル換算約130万本）。表26―1に示す1000kℓ以上の約7社マイナスα（7社の内一部は日本ワインのみ製造）、300kℓ以上～1000kℓ未満11社の内の数社、合計10数社であろう。ちなみに、サントリーワインの規模は約3万5000kℓ（約5000万本）、メルシャンもほぼ同規模である。

これに対し、日本ワインのメーカー数は、サントリーなど大手も日本ワインを造っているから、312社マイナスαと考えてよい（ワイン製造免許者は312者）。恐らく、日本ワインのメーカー数は300以上、312未満であろう。

（この規模別ワイナリー数の情報は、令和2年2月発表の「平成30年度調査分」（国税庁酒税課）である。令和4年度調査分からは規模別1000kℓ以上の区別がなくなり、また令和3年度調査分は回答率が低すぎるので、ここでの分析は実態を比較的よく示していると思われる平成30年度調査分のデータを使うことにする。令和2年度調査分は大手1社の回答が欠けている。）

典型規模の試算――年産1～2万本

企業規模は、日本ワインは小規模が多い。その85％以上が最下位クラスの

100kℓ未満である。231社で日本ワイン3885kℓ生産しているので、単純平均すると、1社17kℓである（720mℓフルボトル約2万3000本）。つまり、その多くが1万本から2万本の生産規模と推測される。

仮に1万本規模とすると（7・2kℓ）、典型規模の姿は、原料ブドウ必要量10t、ブドウ栽培面積1haである（甲州の場合、単収2tなら、畑50a）。ワイン1本2000円と仮定して、売上高は2000万円である。もちろん、これより小規模なものが沢山ある。多くは家族経営である。この小規模クラスは生産量では全体の23％を占める。

小規模ワイナリーが多数である背景は、日本ワイン業界は新規参入したばかりで、まだスタートアップ段階にある企業が多いこと、加えて、原料ブドウの拡大が容易ではないことが考えられる。さらに、「良いワインを造るには小さなことがいいことだ」という信仰も要因になっていると思われる。

このように、ワイナリーの経営規模は小さい。比較すると、例えば、〝農業経営〟は売上高2千万円では小さい方である。5千万円はザラ、1億円以上も珍しくない。もちろん、畜産農家は10億円以上も多い。つまり、小規模ワイナリーの経営者は「農家」より小さいのである。メディアに登場し華やかに見える場合もあるが、経営規模は大方が想像するよりも小零細である（これは逆に、「貧農史観」に支配され、農業経営の変化〔大発展〕に気づいていない人が多いことにもよる）。

日本ワインのメーカーには、「ブティックワイナリー」とか「ガレージワイナリー」という言葉がある。上記のような小規模ワイナリーを指す言葉である。

これに対し、10万本から30万本の中堅メーカーもある（100〜300kℓクラス）。こうした中堅どころが35社ある。企業数では13％であるが、生産量では44％を占めている。10万本規模の場合、価格を2000円と仮定すると、売上高は2億円。20万本クラスで、売上高は4億円。恐らく、従業員15人程度の中小企業である。知名度の高いワイナリーはメディア等でもてはやされるが、そのイメージに比べると、実態は意外に小規模である。

日本ワインのガリヴァー

上記国税庁調査以外の情報で捕捉すれば、日本ワインのトップメーカーは北海道小樽市にある（約250万本）。日本ワインのガリヴァーである。2位は長野県塩尻市にある（120万本）（本書第8章、15章参照）。

ちなみに、サントリーワインやメルシャン等国内製造ワイン大手の国産ブドウ100％の日本ワイン生産規模は70万本程度である（輸入原料による国内製造ワインは5000万から6000万本と多い）。キッコーマンの子会社マンズワイン勝沼ワイナリーの日本ワイン生産規模は約100万本である。

2　日本ワインvs国内製造ワイン

ワイン業界は情報公開が少ないのが特徴である。日本ワインの生産量さえも定かではない。様々な点に留意しながら、日本ワインの生産規模を見ておきたい。

表26―2は、国税庁調査による日本ワインの生産推移である。国産ブドウ100％の日本ワインの生産量は、2021年現在、1万5073kℓである。ほとんど横ばいである。「日本ワインブーム」を言われながら、伸びていない。また、国内製造ワインに占める比率は約17％である。ただし、本調査はアンケート調査であり、毎年、回答率が異なっており、厳密な時系列比較には適さない点を割り引いて考える必要がある。実態はワイナリーの新規参入が増え、また原料ブドウ価格が上昇していることを考えると、実際には日本ワインの成長率はもっと高いと考えてよい。しかし、生食用シャインマスカットの急増に伴い、加工用ブドウ栽培が伸び悩んでおり、それが日本ワインの成長を抑制していることも否めない。

表26—3は、消費者にとってより身近な指標であるが、国内市場における国産ワインの地位である。２０２１年現在、輸入ワインが65%、国産ワイン35%である。国産ワインがわずかに上昇傾向にある。なお、国内流通に占める日本ワインは６～７%と推計される（国内製造ワインに占める比率20%と仮定した試算）。

３　ブドウ品種別ランキング

ブドウの品種数は５０００以上と言われるが、産業的には約１５０品種が重要なようだ。日本で栽培されている

表 26–2　国内製造ワイン及び日本ワインの生産量推移

（単位：kℓ）

年度	日本ワイン	輸入原料による国内製造ワイン	国産ワイン計
2015	18,613	82,308	100,921
2016	16,638	69,155	85,794
2017	17,663	69,662	87,325
2018	16,612 (20.2)	65,707 (79.8)	82,319 (100.0)
2019	17,775	67,640	85,415
2020	16,499	74,637	91,136
2021	15,073	90,089	105,162
2022	11,987	32,971	44,958

（出所）国税庁「国内製造ワインの概況」、「酒類製造業及び酒類卸売業の概況」

（注）本データはアンケート調査によるものであり、時系列比較の場合、各年次の回答率が異なる点、留意が必要である。先に表 25–5 で見たように、日本ワインは新規参入が多くワイナリー数は増えてきているので、本表 22 年度のような落ち込みはイレギュラーであろう。

表 26–3　ワイン消費数量の推移

年度	消費数量（kℓ）			構成比（%）	
	国内製造	輸入	合 計	国内製造	輸入
2010	84,254	178,221	262,475	32.1	67.9
2015	110,360	259,977	370,337	29.8	70.2
2020	124,480	223,230	347,710	35.8	64.2
2021	124,602	230,390	354,992	35.1	64.9

（出所）キリン HP、メルシャン㈱「ワイン参考資料」2023。原資料は国税庁酒税課

ワイン用ブドウは、量的には日本固有品種が多いが、近年は世界で好かれて伸びている欧州系品種が増える傾向にある。

表26—4は、白ワイン用、赤ワイン用別に、使用量の多寡によるランキングを示したものである（2018年現在）。白ワイン用では、日本固有品種の「甲州」がトップだ。主に山梨県で栽培されている。次いで、「ナイアガラ」、これは米国系品種で、長野県、北海道、岩手県が主産地である。近年、欧州系品種のシャルドネやソーヴィニヨン・ブランが増える傾向にある。最近の自社畑拡大では欧州系品種の栽培が多い。

赤ワイン用ブドウ品種では、「マスカット・ベーリーA」が一番多い。これも日本固有品種で、昭和の初め、母は米国系品種、父は欧州系品種を交配して作り出された交雑種である。2位は「コンコード」、これは米国系品種である。

表 26–4　ワイン原料用ブドウ受け入れ品種ランキング（2018 年度）

順位	白ワイン用	赤ワイン用
1	甲州	マスカット・ベーリーA
2	ナイアガラ	コンコード
3	デラウェア	メルロー
4	シャルドネ	キャンベル・アーリー
5	ケルナー	巨峰
6	ソーヴィニヨン・ブラン	ブラック・クイーン
7	セイベル	カベルネ・ソーヴィニヨン
8	竜眼（善光寺）	ヤマソーヴィニヨン
9	ポートランド	ピノ・ノワール
10	リースリング・リヨン	ツヴァイゲルト

（出所）国税庁「国内製造ワインの概況」平成 30（2018）年度調査分（令和 2（2020）年 2 月）

（注）調査回答ワイナリーの受け入れ数量の集計であって、厳密には実際の順位とは違いうる。

新しい動きとしては、気候変動に伴い、温暖化対策品種が導入されている。温暖な南フランス、スペインとの国境地帯（ジュランソン地区）の品種「プティ・マンサン」（白ワイン用）など、気候風土が日本に合う海外品種の導入もあるが、国内で温暖化対策の新品種も開発されている。まだランキング表には顔を出さないが、山梨県果樹試験場が開発した「ビジュノワール」がある。

4　ワイン用ブドウの供給体制
——農家減少＝ワイン原料ブドウの減少にあらず——

高齢化による生産農家の減少

さて、日本ワインの未来展望においては、この原料用ブドウの供給が増えるかどうかに左右される。悲観的な見方も多いが、果たしてどうか。

農水省の統計によると、ブドウの栽培面積（生食用を含む）は減少している。**表26—5**に見るように、結果樹面積は1980年の2万7900haがピークで、2000年2万ha、22年には1万6400haに大幅減少した。生産者の高齢化が要因と見られている。

これに対し、加工用ブドウは必ずしも減少しているわけではない。**表26—6**に見るように、加工専用品種で見ると、2010年までは緩やかに減少傾向が続いたが、10年がボトムで、その後、増加に転じている。生食・加工兼用品種も同様な動きであるが、その背景は、例えば、生食用にも加工用にもなる兼用品種「甲州」は、生産者の高齢化に伴い、価格は高いが手間暇のかかる生食向けをやめ、ある程度手を抜いてもいい加工用向けに転換しているからであろう。ただし、21年は急落した。生食用シャインマスカットの爆発的人気に伴い、デラウェア等生食加工兼用品種が減少したことを反映している。今後は、加工用向けの増加要因である生産者の高齢化と、シャインマスカット人気の綱引きであろう。長期的には前者の方が強いと考えられる。

表 26–5　ブドウ生産の推移

年	結果樹面積（ha）	収穫量（t）
1980	27,900	322,200
1985	26,500	311,300
1990	24,200	276,100
1995	22,500	250,300
2000	20,200	237,500
2005	19,000	219,900
2010	18,000	184,800
2015	17,100	180,500
2018	16,700	174,700
2020	16,500	163,400
2022	16,400	162,600

（出所）農水省「作物統計調査」（果樹）

表 26–6　加工用向けブドウ収穫量の推移

（単位：t）

年	加工専用品種収穫量	生食加工兼用加工向け	合計（加工向け）
1993	5,517	13,158	〔18,931〕
1995	6,155	13,044	19,198
2001	7,343	12,842	20,184
2005	6,436	8,586	15,022
2010	4,538	6,935	11,473
2015	5,589	12,365	17,954
2018	5,578	11,383	16,961
2019	6,194	11,424	17,618
2020	6,051	12,915	18,967
2021	6,383	8,170	14,553

（出所）農水省「特産果樹生産動態等調査」

シャインマスカットとの競合による加工用ブドウの供給減少は、長期的には農家高齢化のトレンドの方が強いので、現時点のイレギュラーな動きとなろう。つまり、ブドウ生産の全体は生食用向けを中心に減少が続いているが（**表26―6**）、加工用向けブドウは増加傾向にある。日本ワインの増勢を反映したものだ。

この加工用ブドウの供給は、長野県、北海道、山形県で多い。当然、ワインの成長地域である。ブドウ王国・山梨県は加工専用品種は少なく、生食・加工兼用品種の加工向けが多い。

自社畑・契約栽培・購入の形態別

農家減少＝ワイン原料用ブドウの減少にあらず、ということであるが、具体的にはワイン原料ブドウはどのように供給されているのか。

表26―7に示すように、ワイナリーのブドウ受け入れ形態（調達方法）は、自社農園による生産、契約栽培、購入がある。一番多いのは契約栽培である。次いで、購入。つまり、ワイナリーが自らブドウを生産するのではなく、農家から買っているのである。

自社農園からの供給は15%程度であるが、増える傾向にある。農家の高齢化に伴い、契約栽培等によるブドウ供給が減る方向にあるので、自ら生産を始めたのである。上述した、高齢化に伴う生産農家の減少にもかかわらず、ワイン原料ブドウの供給が減らない理由はここから説明できる。

実際、ワイナリーは自社農園を増やして原料を確保する方向に動いている。改正農地法（２００９年12月施行）に

表 26–7　国産生ブドウの受け入れ形態別受け入れ数量

年　度	2015	2016	2017	2018	2022
自営農園（t）	2,644	2,467	3,076	3,214	2,570
（%）	(10.5)	(11.1)	(13.2)	(15.1)	(17.2)
契約栽培（t）	13,229	11,116	11,673	10,381	6,729
（%）	(52.4)	(50.2)	(50.1)	(48.7)	(45.1)
購入（t）	8,813	8,133	8,153	7,375	5,256
（%）	(34.9)	(36.7)	(35.0)	(34.6)	(35.2)
受託醸造（t）	568	415	400	356	356
合　計	25,254	22,131	23,302	21,326	14,911

（出所）国税庁「国内製造ワインの概況」
（注）本データはアンケート調査によるものであり、各年次の回答率が異なる点、留意が必要である。22 年度の受け入れ数量が著しく少ないのはその統計上の問題であろう。

より貸借規制が緩和され、一般法人（ワイナリー）が農地の貸借が可能になったことも大きい。

もう一つ重要な要素がある。ワイン用ブドウ品種は、欧州系品種（シャルドネ等）と在来品種（白ワイン用なら甲州等）があるが、従来から栽培されてきた在来品種は従来の生産者との契約栽培が多い。したがって、農家の高齢化に伴い、契約栽培は減る方向にある。

一方、近年伸びているのは世界で良質なワイン用ブドウとして認められている欧州系品種であるが、これは既存の農家では高品質なブドウの供給に不安があるので、ワイナリーが自社管理の農場で生産する傾向にある。**表26―7**に示される動きは上述で説明できる。

戦略的プライシング――日本ワインの根本問題

プライス・メカニズム（価格機構）の効果もある。美味しいワインを供給しワイン価格が上昇すれば、低廉水準にある原料ブドウの価格を引き上げることが可能となり、ブドウの供給が増える。低廉な価格のままでは生食用ブドウとの競争に敗れ、原料用のブドウ供給は増えない。これは日本ワインの「根本問題」であり、戦略的なプライシングである。そういうプライシング戦略のワイナリーもある。特に加工用ブドウ生産の専業農家（借地による規模拡大）からのブドウ供給は、この価格機構の効果が大きく出て来る。この点については第Ⅰ

ブドウ農家の高齢化
生食用から加工用への転換
リタイア農家の畑を借地し規模拡大
ワイナリーの自社農場の拡大
プライスメカニズム
（ワイン価格上昇→原料価格上昇→ブドウ供給増加）

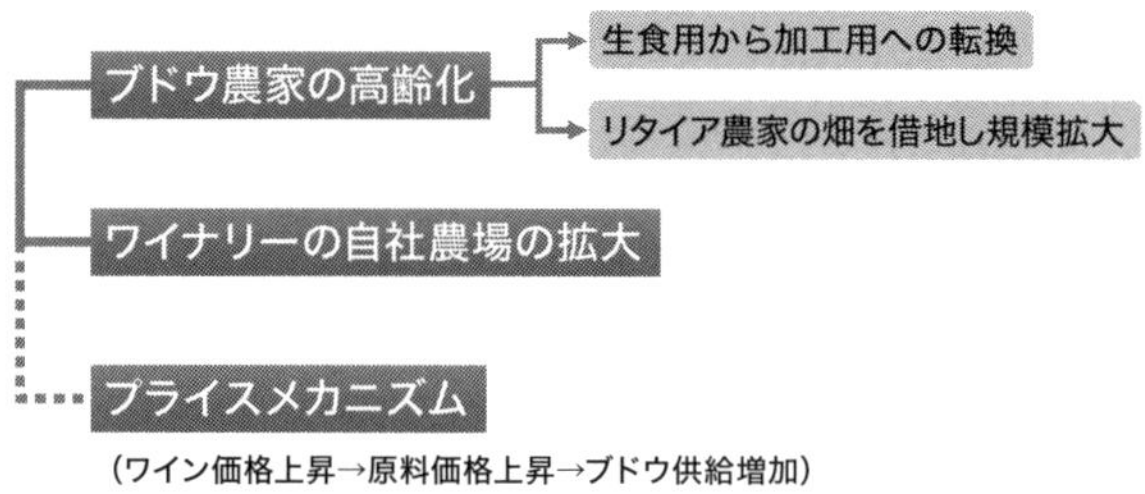

図 26–1　ワイン原料用ブドウの供給メカニズム

部第2章勝沼醸造㈱等参照。

なお、注目しておきたいのは、田んぼを畑に改造してワイン用ブドウを供給する動きである。ワイン造りは〝テロワール〟（風土）を重視し、ブドウは降雨の少ない地域、傾斜地の水はけのよい土壌を好むとされ、ワイナリー立地の選択は重要であるが、その真逆の条件の水田地帯でワイン用ブドウを供給している。それでいて、負けない美味しさのワインができている。

筆者がこの事例に最初に出会ったのは山形県上山市原口地区のワイナリーであるが（第12章参照）、島根県出雲市でも水田改造畑のブドウでワインコンクール金賞を得ていた（第19章参照）。また、特に顕著な事例は長野県塩尻市のアルプスワインで、水田を大規模に転換して自社畑を増やし、日本ワインでは国内第2位の規模に成長している（第15章参照）。もし水田転換で成功すれば、ブドウ畑の規模拡大、低コストにつながる。テロワール論の見直しが必要なのであろうか。

ワイン原料用ブドウの供給は、一般論として図26―1のように定式化できる。生食用ブドウの生産者が高齢化した場合、生食用の生産から加工用に切り替えて生産を続けるケースと（第6章第5節参照）、もう一つは離農し、その畑を加工用ブドウ生産者が借地し規模拡大するケースがある（第5章第3節参照）。したがって、ブドウ農家の減少あるいはブドウ生産の減少は、むしろワイン用ブドウの供給増につながる可能性がある。

もう一つの供給源は〝自社畑〟である。ワイナリーは原料確保のため、特に欧州系品種の供給を増やすべく、自社農場の拡大に動く。これが、ワイナリーの行動様式である。

つまり、農家の減少、ブドウ生産の減少は、ワイン原料ブドウの減少に直結しないのである。したがって、農家の高齢化は進行しても、日本ワインの未来を悲観的に描く必然性はないのである。

ソムリエたちは「ワインは奥が深い」と言う。そして、「生食用ブドウ価格は高く加工用は安いから、ワイン用ブドウ供給は増えない」として、日本ワインは原料制約から成長できないという見方をする人もいる。しかし、上述のように、農家の高齢化等によってワイン用ブドウの供給は増える。

つまり、農村の変化がワイン産業の発展を支えている。生食用ブドウの高価格、加工用栽培農家の減少⇓ワイン原料の限界と捉える図式は、農業・農村の奥深さを知らない人の議論である。農業・農村は「ワイン」よりも奥が深いのである。

5　原料ブドウの流通

表26―7に見たように、ワイナリーの原料ブドウは、自社農場からの受け入れはわずか15%である。これに対し、契約栽培が49%、購入が35%もある。つまり、日本ワインは流通原料を使って醸造している。自社農場で収穫したブドウでワインを造るフランス（ブルゴーニュ）のドメーヌ型ワイナリーは少ない。特に山梨県は然りである。山梨県はワイナリーが多すぎるためブドウ供給が不足、山形県や長野県から購入している。

例えば、ワイン用ブドウの供給産地として知られている長野県高山村の角藤農園㈱は、ブドウを小布施町の小布施ワイナリー、栃木県足利市のココ・ファーム・ワイナリー、新潟県の岩の原葡萄園、山梨県甲府のサドヤに販売している。裏返して言えば、これらの有名ワイナリーは高山村の角藤農園からブドウを購入しているのである（第16章参照）。

表 26–8　ワイン原料用ブドウの都道府県間流通（2018 年度）

（単位：t）

ブドウ産地	ワイン原料用ブドウ生産量	自県ワイナリーの受け入れ数量	他県ワイナリーの受け入れ数量	主な他県受け入れ先
山梨	6,928	5,990（86.5%）	938（13.5%）	岡山 163、新潟 107、京都
長野	5,466	4,866（89.0%）	599（11.0%）	山梨 492、新潟 25、大阪
北海道	3,185	2,880（90.4%）	305（9.6%）	岡山 135、長野 97、栃木
山形	2,244	1,504（67.0%）	739（33.0%）	山梨 214、北海道 111、岩手
岩手	635	562（88.5%）	73（11.5%）	北海道 18、滋賀、大阪
宮崎	403	322（79.8%）	81（20.2%）	北海道 80
全国計	21,326	18,044（84.6%）	3,282（15.4%）	

（出所）国税庁「国内製造ワインの概況」。各ワイナリー報告を集計したもの

なお、ココ・ファーム・ワイナリーの契約栽培は栃木県のほか、北海道余市、山形、長野、山梨、埼玉の5県に及んでいる。それぞれの土地に適したお得意のブドウを作ってもらっているわけだ（第3章参照）。

表26―8は、地域間の流通を示している。山梨県産のブドウは自県内ワイナリーに86%を納め、14%は他県向けである。長野県や北海道は自県内ワイナリーに約90%納め、10%は他県向けである。原料ブドウの過不足を県域を越えた流通で調整している。

これに対し、山形県は他産地と大きく異なる。山形県は自県内向けは67%に過ぎず、他県向けがかなり多い。つまり、ブドウ過剰になっている。山形県は原料ブドウが余っているので、将来のワイナリー成長余地が大きいことを意味している。

付記　本章は既存統計を使って、ワイン産業の大まかな全体構造を描くことを目的にし、統計的把握に限定してきた。ワイン産業の技術革新や価格設定行動、等々については本書第Ⅰ部「現地ルポ」に譲る。

〈コラム〉日本のワイン勃興に薩摩人

いま、日本はワインブームに沸いている。国産ブドウ100%の「日本ワイン」が脚光を浴びているが、全国各地のワイン産地は明治期に薩摩人によって興された。じつはカリフォルニアもそうだ。

日本ワインの主な産地は山梨県、長野県、北海道、山形県で、この4県で全国生産の8割を占める。各産地の生い立ちを見てみよう。

日本ワインのメッカとも言える山梨県がワインづくりを始めたのは明治初期である。我が国のブドウの起源は古く、1300年前、奈良時代に中央アジアからシルクロード経由で伝わってきたとされるが（鎌倉時代説もある）、ワイン製造の本格化は明治期である。

1871年（明治4）、在来種「甲州」によるワイン醸造が甲府（山梨県）で行われ、73年に、大久保利通（薩摩出身）は殖産興業策として葡萄酒づくりを奨励した。74年、山梨県令・藤村紫朗（肥後熊本出身）の指導の下、ワイン事業が発足。77年、後に〝殖産興業の父〟と称された前田正名（薩摩出身）が欧州留学から帰国し、政府のブドウ栽培を主導した。フランスからブドウ苗木等1万本を持ち帰り、三田育種場（旧薩摩藩邸跡地）を開設。山梨はじめ全国に苗木を配った。醸造を学ぶため2人の山梨青年が欧州派遣された時、同行したのも前田であった。前田は88年（明治21年）、山梨県令となり、甲州ブドウの普及に努めた。

一方、山形県のブドウ栽培は、江戸中期に甲州種の栽培が始まっており、明治の1870年代には初代県令・

三島通庸（薩摩出身）により奨励された。ワイン造りは1892年（明治25）、赤湯（現南陽市）に東北地方初のワイナリーができた。

北海道のワイン生産は、北海道開拓使・黒田清隆（薩摩出身）が関わっている。実質的なトップであった黒田は1871年（明4）に渡米、米政府のケプロン農務長官を明治政府の開拓顧問として日本に招聘した。ケプロンは道内を視察し、西洋種のブドウの苗木を普及させる計画を作った。これを受けて、黒田はブドウの新品種導入とワイン産業育成を図る。共感したのが内務卿・大久保利通であり、薩摩2人組で寒冷地に適した作物としてブドウ栽培を奨励、ワイン産業振興を図った。

以上のように、国内各地ワイン産地の勃興には、薩摩藩出身者が深く関わっている。殖産興業を進めた大久保や前田正名は薩摩出身、その方針の下、各地でワインを奨励、産地化を推進したのも薩摩出身の県令たちであった。明治政府が殖産興業政策の一環としてワイン醸造を振興策に挙げたからだ。大久保らの構想には、将来的に輸出産品とする目標もあった。

ブドウ（ワイン）の振興は、文明開化の西欧化の風潮も背景にあったが、コメ不足対策でもあった。酒造原料としてのコメの消費を節減するため、ワインが奨励された。実際、山梨県は水田が少ないため、庶民（農民）はブドウを栽培しワインを飲んだ。勝沼地区では、今日でも、結婚式や懇親の集まりは清酒ではなく、ワインを一升瓶から湯飲み茶碗でがぶ飲みしている。

じつは、国内だけではなく、あの有名なカリフォルニアワインも薩摩人が一役買っている。サムライ長澤鼎（かなえ）だ。幕末、薩摩藩英国留学生の1人だった。

長澤は渡英後、そのまま米国に渡り、最初東海岸ニューヨーク州でブドウ栽培に従事した。1875年、まだ勃興期のカリフォルニア州に移り、ファウンテングローブを開墾。ブドウ園を広げ、一時はソノマ地区ワイン生産の90％を占めるまでに成長、当時「ブドウ王」と呼ばれた。今も、カリフォルニア・ワインビジネスの繁栄の礎を築いたと語り継がれている。

ワイン産業と薩摩人気質は相性がいいのであろうか。明治初期の「県令」は薩摩藩出身が登用されたことが大きいと思われる。

（初出：『南日本新聞』２０１９年10月5日付文化欄）

あとがき

新規参入ラッシュのワイン産業の取材は、産業誕生の歴史的瞬間に立ち会っているような気持ちだった。こんな経験、めったに出来るものではない。産業の生成―発展を、実験室の中で見るような思いである。もちろん、人間が絡んでおり、ドラマティックな人生模様が反映されている。じつに興味深いドラマを目の当たりにし、興奮を禁じえなかった。また、美味しいワインの産地情報もわかった。「ワッハッハー」という気持ちになった旨いワインにも出合った。趣味と実益を兼ねた調査研究の日々であった。

取材は楽しかった。また、現地取材を終えて、自分自身の成長を実感している。ドラマ共有が出版の動機である。

本書は２０１９年から20年にかけて、２年余、全国のワイン産地を駆け巡って調査した現地ルポである。調査結果はその都度、農業誌『農業経営者』に寄稿してきた。自由に取材した小論を受け入れてくれた編集長・昆吉則氏に、誰よりも先にお礼を申し上げたい。また、拙い論文集を本書に仕立て上げたのは藤原書店である。藤原書店は時代をとらえる眼を養うための出版活動が多く、私の改革志向と言うか、未来の新しい産業社会へのビジョンを提案するに一番ふさわしい出版社です。本書を刊行して下さった藤原書店社主・藤原良雄様に感謝したい。

最後にもう１人、家庭を顧みず調査研究に没頭する筆者を支えてくれた妻に感謝したい。齢八十にして著作を発表できるとは夢にも思わなかった。

２０２４年１月

叶　芳和

著者紹介

叶 芳和（かのう・よしかず）

1943年、鹿児島県奄美大島生まれ。一橋大学大学院経済学研究科博士課程修了。元㈶国民経済研究協会理事長、会長。拓殖大学、帝京平成大学、日本経済大学大学院教授を歴任。主な著書は『農業・先進国型産業論』（日本経済新聞社、1982年）、『赤い資本主義・中国』（東洋経済新報社、1993年）、『走るアジア遅れる日本』（日本評論社、2001年）、『新世代の農業挑戦――優良経営事例に学ぶ』（全国農業会議所、2014年）ほか。

日本ワイン産業紀行

2024年3月30日　初版第1刷発行©

著者　叶　芳和

発行者　藤原良雄

発行所　株式会社　藤原書店

〒162-0041　東京都新宿区早稲田鶴巻町523

電話　03（5272）0301

FAX　03（5272）0450

振替　00160-4-17013

info@fujiwara-shoten.co.jp

印刷・製本　中央精版印刷

落丁本・乱丁本はお取替えいたします　Printed in Japan

定価はカバーに表示してあります　ISBN978-4-86578-418-3

この本を、愛と感謝を込めて、ペネロピ——想像しうる範囲で最高の母——にささげます。

日本の読者の皆様へ

この本を手に取っているあなたは，「敗者にはなりたくない」「負け犬と呼ばれるなんてまっぴら」，そう考えているのではないかと思います。でもこの本を読みはじめれば，勝者も敗者も存在しない世界が見えてくるでしょう。実際のところ，成功というものはひとつしかありません——あなたなりの方法で，あなたらしい人生を生きるということです。

今日，とくに東京や香港やニューヨークといった世界的な大都会で成功を遂げようと思うと，多大なストレスをこうむります。成功しなければならないというプレッシャーは，負け組になるのではないかという恐れを呼び起こします。日本人は，勤勉を善とし，長時間にわたって精を出して働くことをいとわず，失敗や不名誉な事態は何がなんでも避けようとすることで知られています。歴史に残る高潔なサムライ魂は，今日にも当てはまるのです——現代日本の場合，サムライとは，文句を言わずに身を粉にして仕事をし，企業社会に自らをささげる，企業のエグゼクティブ，管理職，従業員のことですが。そういった企業戦士の大半は，自分が思うように成功を果たせないとき，もっと一生懸命働くのが解決策だと考えます。その結果，労働時間はどんどん長くなり，心身ともに消耗するいっぽうです。これでは成功へ至るのはたいへん難しく，しかも悲しいことに，なんとしても避けたいはずの「失敗」に至る可能性が高くなります。

この本はそれを防ぐための手段です。もうあなたは成功するために必死にがんばる必要はありません。思っていたよりずっと簡単に成功できることがわかって，びっくりするかもしれません。昔ながらの成功する方法にうんざりしているのなら，本書の中のアドバイスを試してみてください。先へ進むにつれ，だんだん元気がわいてきて，生産性が向上し，いっそう成功へ近づくことでしょう。リラックスして，そのプロセスを楽しんでくださいね！

タレンより

Talane Miedaner

本書に掲載されている指示やアドバイスは、心理学的カウンセリングの代用を目的としたものではありません。著者および出版社は、本書で推奨または言及されている行為から生じた結果について、一切責任を負いません。

クライアントの秘密を保持するために、本書に登場するクライアントの名前および身元を特定できるような特徴は、すべて変更されています。状況、展開、結果は事実です。

新装版 人生改造宣言

成功するための
セルフコーチング
プログラム